カリフォルニア東西動物治療センター獣医博士
シェリル・シュワルツ 著

薬学博士・横浜薬科大学客員教授
監修 根本幸夫

翻訳 山本美那子、園部智子

指圧と漢方でみるみる元気になる

決定版 犬・猫に効くツボ・マッサージ

世界文化社

はじめに

医療で漢方が見直されていることをご存じですか。

医学は大変な進歩を遂げており、以前だったら助からなかったような病気も治るようになってきました。しかし、病気にかかる人は一向に減っていません。最先端の医療技術が進歩する一方、命にかかわりがない半健康の症状や慢性病に対しては、あまり熱心に研究が行われない傾向がみえます。

このような病気に対して、漢方は何千年も昔から治療を行ってきました。実際、こうした症状・病気に苦しむ人々が漢方治療を受け、よい成果をあげており、そのため、現代医学ではなかなか治らなかった症状・病気に苦しむ人々のなかで漢方を見直す気運が高まってきているのです。

さて、犬・猫などペットの場合はどうでしょう。

犬や猫も人間と同じ哺乳類で、人間がかかる病気のほとんどはペットもかかります。ですから、犬や猫の病気でも同様のことが起こっているのです。

私は1978年、獣医学校を卒業してから2年間は現代医学の治療を行っていました。その2年間というもの、私が行った治療のほとんどは抗生物質や抗炎症剤を投与するというものでした。そのなかで、こんなことに気づいたのです。それは、あるグループのペットは耳の炎症を抗生物質で治療したのち、1カ月ほどすると目に炎症を起こしたり、嘔吐《おうと》や下痢《げり》で苦しむことがあるということでした。

当時、私は耳の炎症と、目の炎症やそのほかの症状にどんな関係があるのか全然知りませんでした。その後、現代医学では、もっとも顕著な症状だけを取り出して、その部分だけを問題にし、全体をみることをしていないのではないかという疑問を感じたのです。このような疑問は日に日に深まっていき、現代医学に限界を感じて、ほかの療法をさがしはじめました。そして、国際獣医鍼灸《しんきゅう》学会やアメリカホリスティック医学協会を知り、漢方や食事療法の勉強を始めたのです。そして、こうした全身を治していく治療で、いままで治らなかった病気も治すことができるようになっています。

漢方の病気や症状のとらえ方には、いままで現代医学しか知らなかった人には、不思議に思えることもたくさんあるかもしれません。この療法の本質を知っていただくために、なるべくわかりやすく解説してみました。

シェリル・シュワルツ（カリフォルニア東西動物治療センター獣医博士）

日本語版 監修の言葉

根本幸夫（薬学博士・横浜薬科大学客員教授）

私はかつて2匹の犬を飼っていた。彼女らは母娘《おやこ》で、いずれも柴犬とテリアの雑種であったが2匹とも長命で、親は24年、娘は19年生きた。娘は生まれつき少し具合の悪いところがあって、歯は左右真ん中の部分がなく、前歯とほんの少しの奥歯があるだけで、そのかわり足の指が1本多かった。生まれたときも、他の兄弟たちより小さく発育も悪く、母乳もよく吸えない状態であったので、父が脱脂綿にミルクを浸してしぼって飲ませてやるという状態であった。それでもなんとか成長した。母親のピッコは美犬であったが、娘のチビタは少し器量がおちていたせいか養女先もなく、我が家で飼うことになってしまった。しかし、本音をいえば情が移ってしまって、外に出すのが不憫《ふびん》だったのかもしれない。

私の母が存命中は、母が彼女らの食事のめんどうを全部みていたので、すこぶる元気であったが、他界してから一時、ドッグフードだけの食事に変えたことがあった。母娘とも10歳を超えていたせいもあるが、とたんに白内障にかかってしまった。それからである、彼女らに漢方薬や鍼灸《しんきゅう》の治療を行うようになったのは。中国から豚や牛の経絡図《けいらくず》を取り寄せて、灸や鍼をほどこし、漢方薬の八味丸《はちみがん》を飲ませた。食事も元に戻したらみるみるよくなって、1年もしないうちに治ってしまった。

その後、加齢のためリウマチや神経痛になり、階段を昇れなくなるということがあったが、そのたびごとに漢方薬（多くは桂枝加朮附湯《けいしかじゅつぶとう》を用いた）と鍼灸の併用で短期間で回復した。犬や猫の病気についていえば、人間より数段よく効く。犬や猫の病状の判断はかなり大雑把でも方向性が合っていればけっこう効くものである。風邪などのときも、彼らは皮膚に汗腺がなく、汗をかくことはないが、それでも葛根湯《かっこんとう》はよく効く。薬用量については、通常、体重に比例させて考えるが、普通は人間の大人の3分の1くらいでよいと思う。ツボについては、よくみると弱っているところの経絡やツボの部位の毛並みが悪くなっていることが多い。

これらの経験をあるペット雑誌に紹介したところ、犬や猫ばかりでなく、鳥まで持ち込まれ往生したことがある。あやうく動物病院になってしまうところであった。しかし、それは別として、鳥にも漢方はよく効く。足の捻挫などは煙でむせないように気をつけ、患部に1～2壮灸をすえてやると、1週間もたたないで治る。犬や猫に灸をする場合でも彼らの皮膚は厚いので毛を5ミリほど丸く剃って、米粒ほどの灸をすえても、人ほど熱さを感じず、なれると気持ちよさそうにしている。

指圧や按摩《あんま》の場合は、患部を痛みを感じるぎりぎりまで按圧してポカッと力を抜くとよい。押しているときではなく、抜くときに気血の流通がよくなるのである。また、逆側の同じ部位に治療をほどこしておくと早く治る。これを専門的に巨刺《こし》というが、右の肘《ひじ》が痛ければ、左の肘の同じ場所を揉んだり、鍼灸をしたりするのである。この方法は患部が腫《は》れて痛みがはなはだしく、ふれることができないような場合、とくに有効である。

また外用薬でもよく効くおもしろい療法がある。皮膚病や火傷などで皮膚が潰瘍《かいよう》状になり、いつまでも回復しない場合、紫雲膏《しうんこう》を塗り、その上に田七末《でんしちまつ》を振りかけておく。田七は苦いので、彼らは患部をなめず、早く治る。

最後になったが、原著者のシェリル・シュワルツ氏は、はじめ西洋医学の立場から獣医治療にあたっておられたが、やがて治療の限界を感じ、中医学とホリスティック医学を学び、その立場から、獣医の仕事に取り組み、約30年近くのキャリアをもつ方である。

なお、翻訳にあたっては、薬物療法ではアメリカと日本ではだいぶ違いがあり、日本で入手不能のものも多かったため、それらのものは日本で入手可能なものにさしかえた。

犬・猫に効くツボ・マッサージ――目次

2. 肺と鼻の病気、家庭での治し方　65

3. 消化器の病気、家庭での治し方　89

4. 心臓の病気、家庭での治し方

5. 腎臓の病気、家庭での治し方

6. その他の病気、家庭での治し方

第1章

犬・猫に漢方が効く理由

1．漢方の考え方

●からだの仕組みをどうとらえるか

漢方の特徴のひとつは、からだをひとつの大きな有機体としてとらえることです。ひとつひとつの臓器や組織がおのおの独立しているのではなく、互いに連絡をとりながら生命を維持していると考えるのです。

もうひとつの漢方の特徴は、からだの働きと自然界の動きを重視しているということです。ずっと昔、中国に現代医学が導入される以前は、医師は視覚、嗅覚《きゅうかく》、味覚、聴覚、触覚を駆使して病を治していました。紀元前3～4世紀には、すでに生活の一部として、細かな触診を行い、内臓の動きを観察しています。周囲の状況、つまり大自然の大きな力と、内臓組織との関連も知るようになりました。四季の移り変わりと、動植物の生命力が活発になってやがて死んでいくというプロセスの類似性を発見したのです。

また自然界に存在する風、湿気、熱気・暑気、燥気などが病気の原因となることがあることも発見しました。たとえば梅雨期や湿気のある時期には、胃腸障害や浮腫《ふしゅ》を起こすことがあります。これは湿気がからだに影響を及ぼした例で、このような湿気を「湿邪《しつじゃ》」と呼んでいます。また風には揺れる、動くなどの性質があり、「風邪《ふうじゃ》」におかされると、めまいやけいれんを起こすようになります。

また、漢方はこうした自然界から学んだことがらから、さまざまな学説を組み立てました。その代表的なものが陰陽《いんよう》学説と五行《ごぎょう》学説です。

●陰陽学説とは

陰陽学説は漢方を理論的に裏付ける重要な哲学です。陰陽学説ではこの世の中に存在するものすべては、「陰」と「陽」の2つの要素から成り立ち、互いに対立したり、影響しあう関係にあると考えています。たとえば月が「陰」なら太陽は「陽」、女が「陰」なら男は「陽」となります。このようにすべてのものは「陰」と「陽」に分けられます。

これをからだにあてはめると、五臓《ごぞう》は「陰」で六腑《ろっぷ》は「陽」、からだの内部は「陰」で表面は「陽」です。生理

●人体における陰陽対立

	部位	組織	生理機能
陽	体表部、上半身	六腑、気	相対的な興奮、亢進、活動、熱性
陰	体内部、下半身	五臓、血	相対的な鎮静、衰退、静止、寒性

機能では、鎮静、衰退、静止、寒などは「陰」で、興奮、亢進《こうしん》、活動、熱などは「陽」に属します。漢方では臓器ばかりでなく、生理的なものや病理もこの陰陽学説の影響を受けていると考えます。そして、この陰陽のバランスの崩れが病気を引き起こすと考えています。

たとえば肺は「陰」で、大腸は「陽」です。もし、動物が乾いた咳《せき》をしはじめたら、肺のバランスが崩れたと考えられます。もしこの咳が癒《いや》されないと、大腸にも影響が出て、便秘などの症状が引き起こされます。

現代医学では、病気になると病因と症状だけを問題にしますが、漢方ではひとつの症状が起こると、別の臓器の症状につながると考えます。このお互いのバランスが大事で、バランスを崩さないように、また、元のバランスのとれた状態に戻すことが、病気を予防することであり、健康を保つことと考えます。

●五行学説とは

五行学説は陰陽学説と並んで、漢方の基礎理論をつくる重要な哲学です。五行の五とは「木」「火」「土」「金」「水」を表します。五行の体系ではすべての現象には「木」「火」「土」「金」「水」と呼ばれる5つの要素が含まれており、互いに変化し、影響しあうものと考えています。

「木」「火」「土」「金」「水」は、いうならばこんなイメージをもつものです。大地を構成する土、山々の鉱石、川の水、森の木々、そしてすべてを焼きつくしてしまう火。そしてこういったものと、からだの中で人の生を生命たらしめているものとの関連も考えました。

からだを構成している筋肉、皮膚《ひふ》、息する胸、尿をつかさどる下半身、心臓を鼓動《こどう》させ温かい血を送り出している上半身など。大自然にあるのと同じような原理を古代の医師たちは、人のからだにもみたのです。そして内臓とのつながりを次のように考えました。

「木」は肝臓《かんぞう》、胆嚢《たんのう》などの解毒器官に。

「火」は心臓、小腸などの循環器系器官とホルモンなどの分泌器官に。

「土」は脾臓《ひぞう》、膵臓《すいぞう》、胃などの消化器系器官に。

「金」は肺、大腸などの呼吸器系と排泄《はいせつ》器官に。

「水」は腎臓《じんぞう》、膀胱《ぼうこう》などの泌尿器《ひにょうき》系器官に。

最新の医学を学んだ人々にはおかしく聞こえるかもしれませんが、こういった昔の考え方のほうが、込み入った健康と病気のバランスを説明できる場合があるのです。


五行のサイクルの互いに支えあう関係図（相生図）

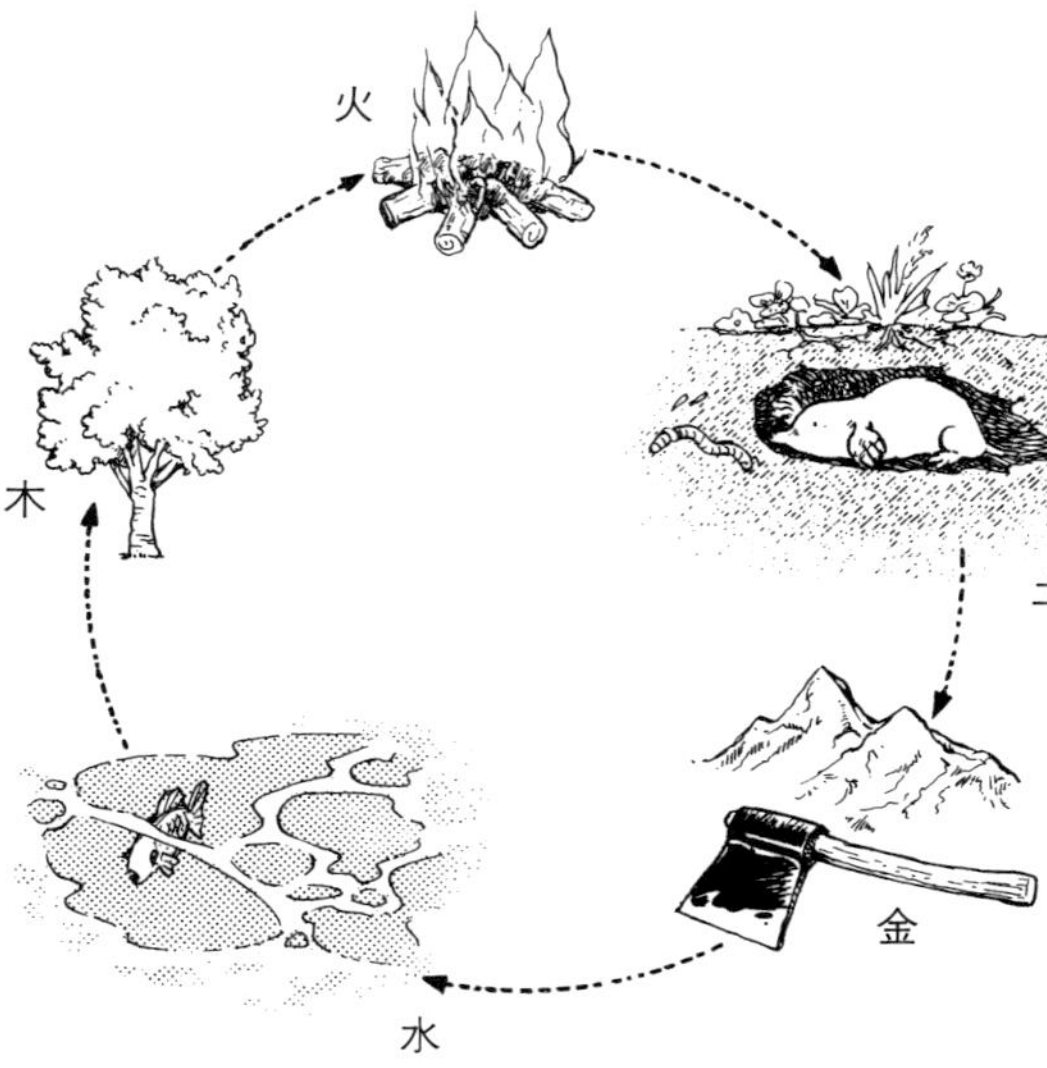

4000年の歴史をもつこの五行論は、現在も鍼灸、漢方薬などの世界で生きています。
山も川もしじゅう移り変わるように、ほかの元素も決して静物ではなく、生まれては死んでいきます。自然現象におけるサイクルは、またからだにおけるサイクルにとてもよく似ています。自然のサイクルはこうです。火が燃え、土をつくり、土は鉱石を含む山をつくり、金属の鉱脈からは水がわき出し、水は木々を育て、木は火の勢いを盛んにします。
大自然のこうした要素と、人のからだの内臓が関連しているという考えに基づいた五行論は、実際、診断と治

●五行の配当モデル

五行	五臓	五腑	五主	五竅	五情	五色	五季	五味
木	肝	胆	筋	目	怒	青	春	酸
火	心	小腸	血	舌	喜	赤	夏	苦
土	脾	胃	肌肉	口	思	黄	土用	甘
金	肺	大腸	皮	鼻	悲	白	秋	辛
水	腎	膀胱	骨	耳	驚	黒	冬	鹹

五行のサイクルの互いに支配しあう関係図（相剋図）

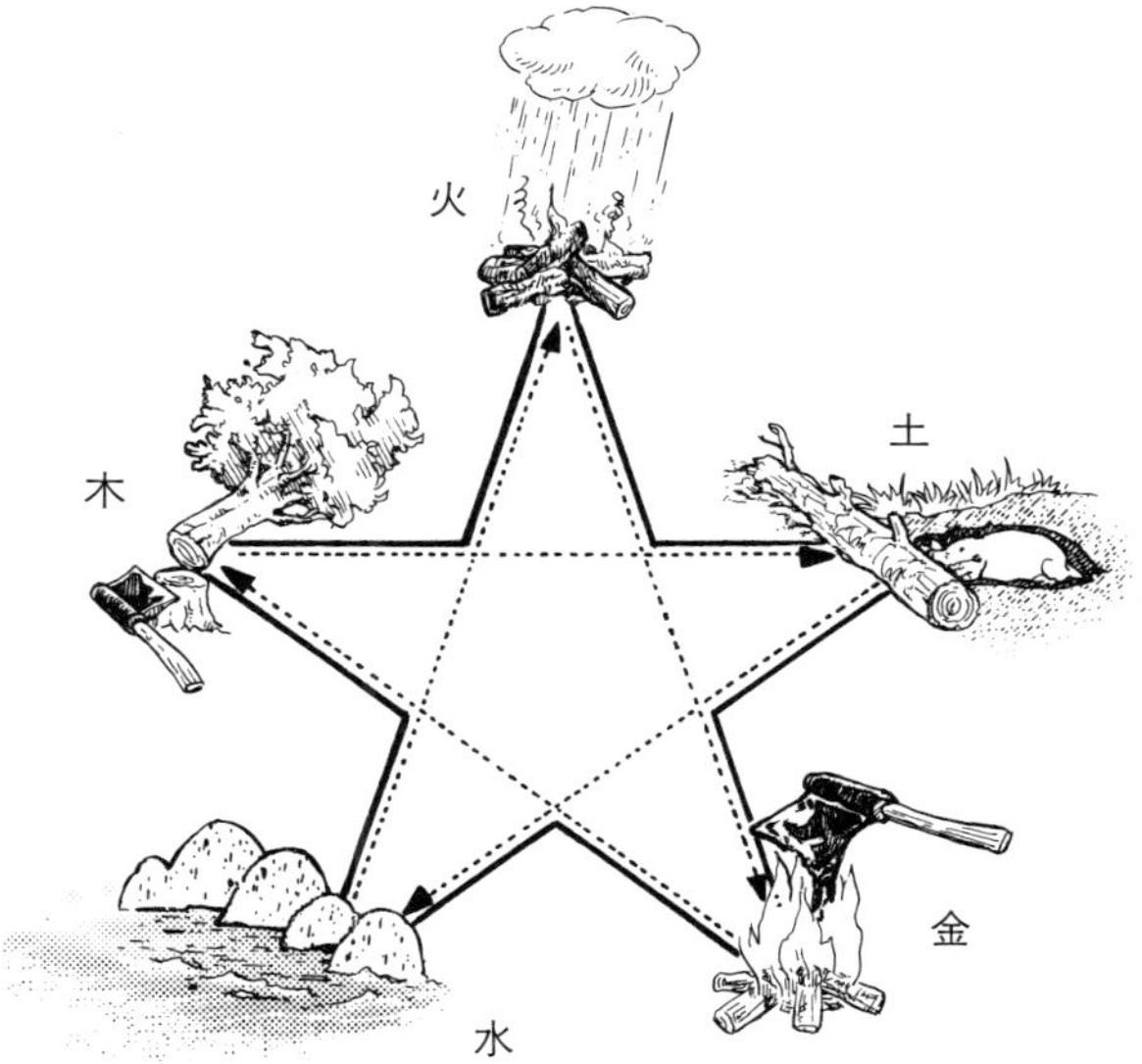

療に役立っています。もし、胃に問題があれば、それは五行サイクルの「金」、つまり大腸にかかわります。また、腎臓病患者が風邪にかかると症状を重くするのは、肺や呼吸器が腎臓を支えているからです。これを専門用語では、五行サイクルの「相生《そうせい》」といっています。支えあう関係です。

また、上図のように、火は金属を熔《と》かし、金属は木を切り倒し、木は土の中に根を張り、土が堆積すれば水が流れなくなり、洪水は火を消してしまいます。これを専門用語では、五行サイクルの「相剋《そうこく》」といいます。支配しあう関係です。

もし、腎臓に故障があれば、からだじゅうに水があふれ、胸にたまった水は心臓の働きを弱め、鬱血《うっけつ》性の心臓《しんぞう》麻痺《まひ》を起こすこともあります。いつも腎臓は心臓に影響を与えているということもできます。このようなとき、現代医学では利尿剤を使いますが、利尿剤が心臓に負担をかけることは、みなさんもよくご存じでしょう。このような場合、漢方では心臓と腎臓のバランスを保つために、心臓を強化させながら腎臓を調節していきます。

とくに人間の場合には、これがずいぶんと込み入った状態になって現れますが、動物の場合にはいちばん影響のある要素を取り出していき、どこにバランスの崩れがあるのかを知ることが可能です。そこから、各要素とそれにかかわりのあるバランスの欠如や病気、治療について考えてみましょう。

2. 経絡やツボというもの

●からだのエネルギー「気」の流れる道

からだの中には、血液、リンパ液、体液、酸素などが循環しています。からだじゅうを血液などが流れるのは、「気」と呼ばれるもののおかげです。「気」は活気ある生命力のもとでもあるし、精神的、感情的なものも「気」に影響されます。この「気」がエネルギーの流れを調節し、生命力を保つと考えているのです。「気」は目にも見えず、ふれることもできないのですが、だれもが先祖から受け継ぎ、成長とともに強化されていき、私たちのからだの中にあり、つねに機能しているものなのです。

何千年も前に、中国医学に携わる人たちは、この「気」の流れを体表に地図のように書き表しています。これが経絡《けいらく》やツボといわれるものです。

●経絡ってなに

いままで述べてきたエネルギーの流れ、循環リズム、内臓などは、互いにどのように関連しているのでしょう。それを理解するためには、鍼灸治療のもとになる経絡という考え方を紹介しなければなりません。

経絡は皮膚《ひふ》の下にあるエネルギーを運ぶ線路のようなものだと考えてください。おのおのの経絡の線路は循環器、リンパ液、筋肉、神経系に従っており、からだじゅうのそれらの線路を結んでひとつのネットワークをつくっています。「気」はそれぞれの経絡の線路を流れ、血液、体液の流動を指示します。この経絡の線路は皮膚の表面に、ちょうど列車の駅のようなものをもちます。駅は直径0・1〜0・5センチくらいの小さなものですが、ここには末梢血管や神経の末端が集結しています。これが、いわゆるツボと呼ばれるものです。このツボを線で結ぶと、14の主な経絡の道筋をたどることができます。

経絡はからだじゅうを走る電線で、ツボはエネルギー、そして内臓につながるスイッチと言い換えてもいいと思います。このスイッチであるツボから、内臓にアクセスできるというわけです。

もしできものができた場合、漢方医はまず、このできものはどの経絡にかかわっているのだろうと考えます。できものがお尻《しり》にできていたなら、その経絡は胆嚢《たんのう》に関係しています。おできのできている場所を治療するのではなく、胆嚢の経絡を治療することによって、もっと根本的な治療ができるというわけです。

入り組んだハイウェイと、その出入り口を想像してみてください。もし洪水で出口がふさがれたら、ハイウェイは大混乱を起こすでしょう。その道沿いにある家の住人も困るし、出口が通れるようになるまで、交通渋滞が延々と続くわけです。それと同じことがあなたのペットのからだについてもいえます。もし同じような渋滞が腰に起こったとすると、腰にいくはずのエネルギーが渋滞してしまい、腰にエネルギーが行き渡らなくなり、背中はかたくなり、痛みが出て、後ろ足は弱ってしまいます。

●十二経絡の分類（人の経絡）

手の3つの陰経	手の太陰肺経、手の少陰心経、手の厥陰心包経 腹胸部→手先に流れる
手の3つの陽経	手の太陽小腸経、手の陽明大腸経、手の少陽三焦経 手の先→頭面に流れる
足の3つの陽経	足の太陽膀胱経、足の陽明胃経、足の少陽胆経 頭面→足先に流れる
足の3つの陰経	足の太陰脾経、手の少陰腎経、足の厥陰肝経 足の先→腹胸部に流れる

それぞれの経絡は互いにつながりあい、また経絡と内臓がつながることによって、からだじゅうの循環が成り立っています。というわけで、流れがつねに順調ならば、バランス、すなわち健康が保たれます。

●どんな経絡があるか

胴体では3つの「陰」の経絡が胸部に始まって、前足の内側に続いています。これらは肺経《はいけい》、心包経《しんぽうけい》、心経《しんけい》の経絡です。そして後ろ足の裏に至って、それぞれの「陰」の経絡は、「陽」の経絡と出会い、腕の内側を通って、顔、頭に達します。これらは大腸経《だいちょうけい》、三焦経《さんしょうけい》、小《しょう》腸経《ちょうけい》の経絡です。頭と顔の周辺では、「陽」の経絡が他の「陽」の経絡と出会います。「陽」の経絡は胆経《たんけい》、膀《ぼう》胱経《こうけい》、胃経《いけい》です。これらの経絡は頭から下り、からだに沿って後ろ足の裏側を通り、後ろ足の指まで下りてきます。ここで「陰」の経絡である、肝経《かんけい》、脾経《ひけい》、腎経《じんけい》と出会います。これらの3つの「陰」の経絡は後ろ足の後面を遡って、肺経、心経、心包経に達する胸部に至り、完全なサイクルをつくります。

このほか、サイクルに参加しない経絡が2つあります。そのひとつは腹部の中央を走る任脈《にんみゃく》と、背骨の中央を走る督脈《とくみゃく》です。ちょっと複雑ですが、経絡やツボはこのように全身を覆っていることを覚えておいてください。

経絡の種類

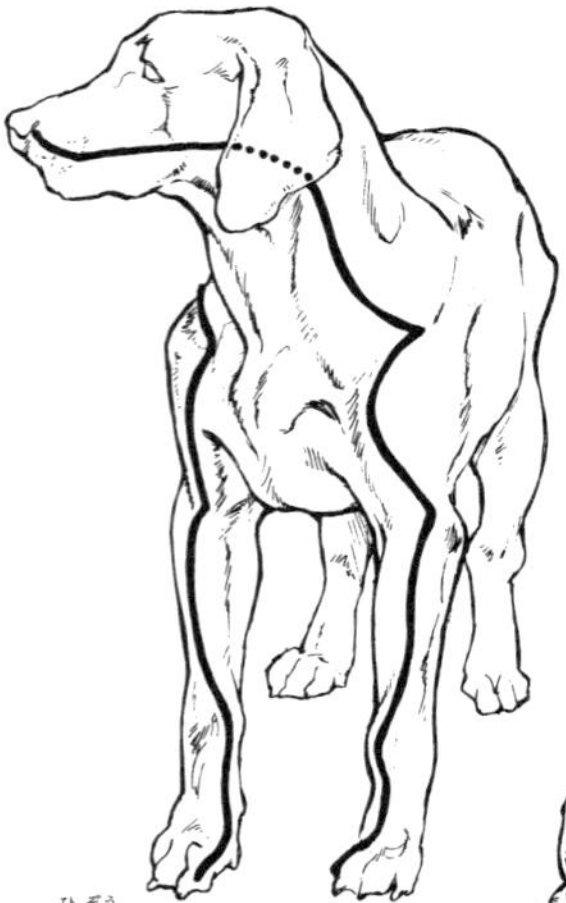

●**大腸の経絡**　前足第１指に始まり、前足の側面を通り鼻孔まで達する。20のツボがある。

●**肺の経絡**
胸から始まり、
脇の下近くからからだの表面に出てきて前足の前面を通ってペットの前足の第１指に達する。11のツボがある。

●**胃の経絡**　鼻の脇から目の下まで、もうひとつは鼻の脇から腹部に達し、後ろ足の前面を通り後ろ足の第３指に至る。45のツボがある。

●**脾臓《ひぞう》の経絡**　後ろ足の第１指の内側から始まり、後ろ足の内側を通り、鼠径部から腹部を通って胸部に達する。21のツボがある。

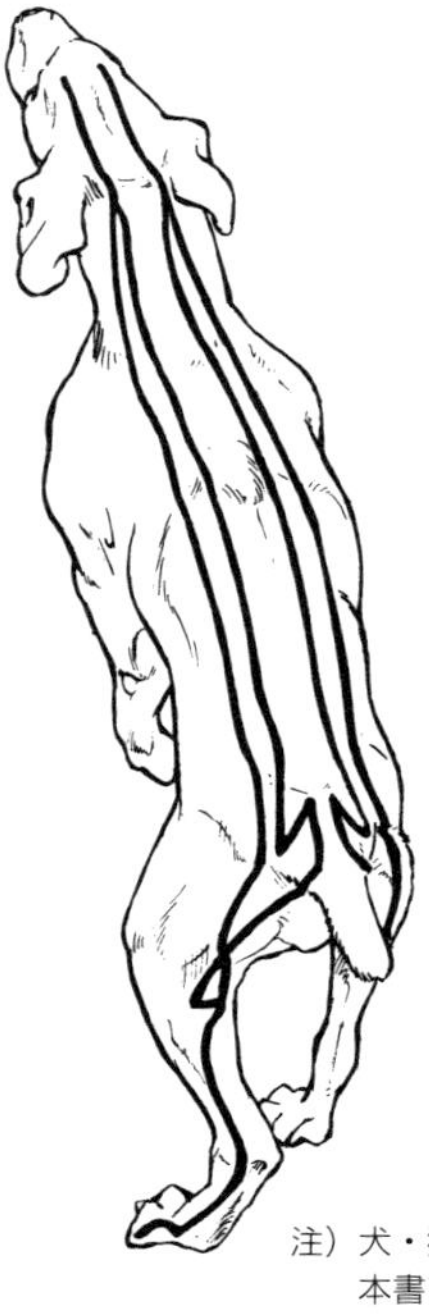

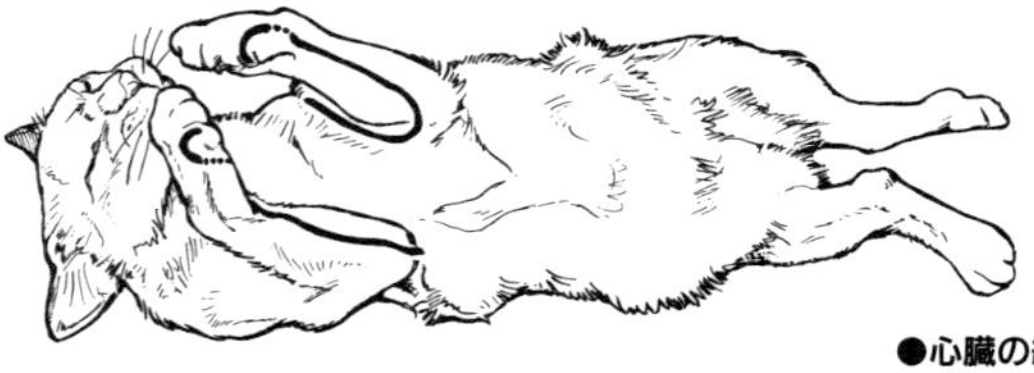

●**心臓の経絡**　胸部に始まって脇の下に達し、前足の内側を通って前足の第４指に至る。９のツボがある。

●**膀胱《ぼうこう》の経絡**　目の内側から始まり、鼻を通って後頭部から首に達し、２本に分かれて脊髄に平行に走り、膝関節の後ろで１本になり後ろ足の第４指に至る。67のツボがある。

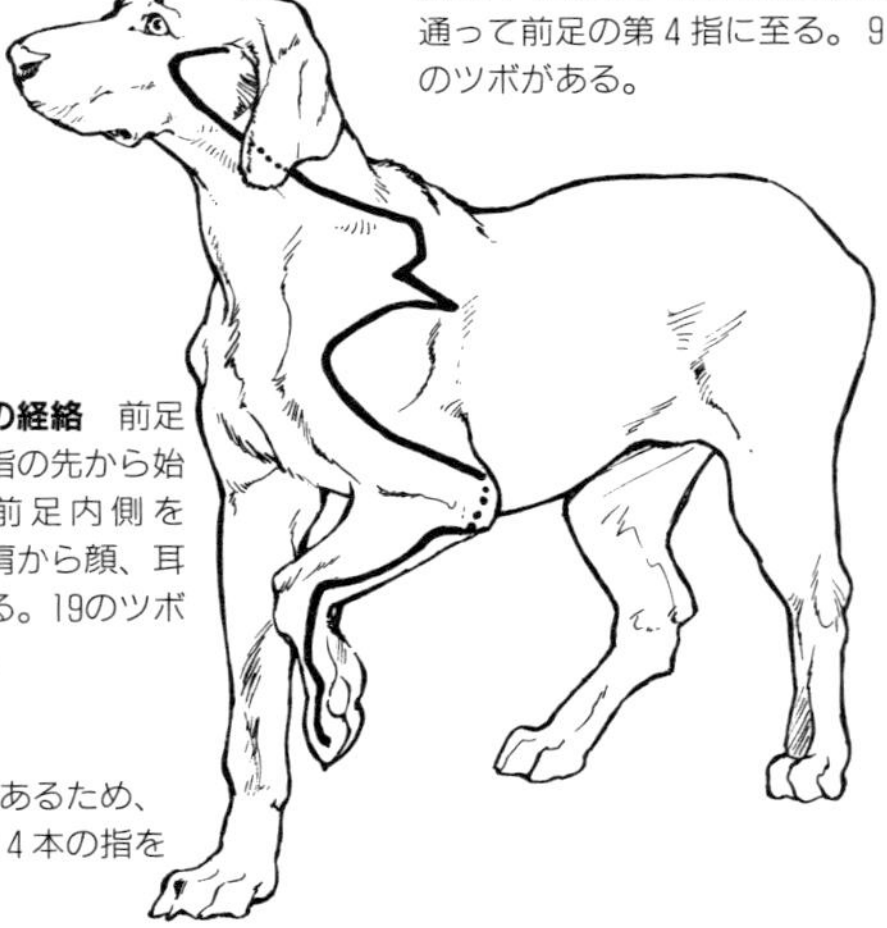

●**小腸の経絡**　前足の第４指の先から始まり、前足内側を通って肩から顔、耳に達する。19のツボがある。

注）犬・猫では前足、後足の指の数に違いがあるため、本書では、犬の狼爪、猫の親指を除いて４本の指を第１指、第２指……としています。

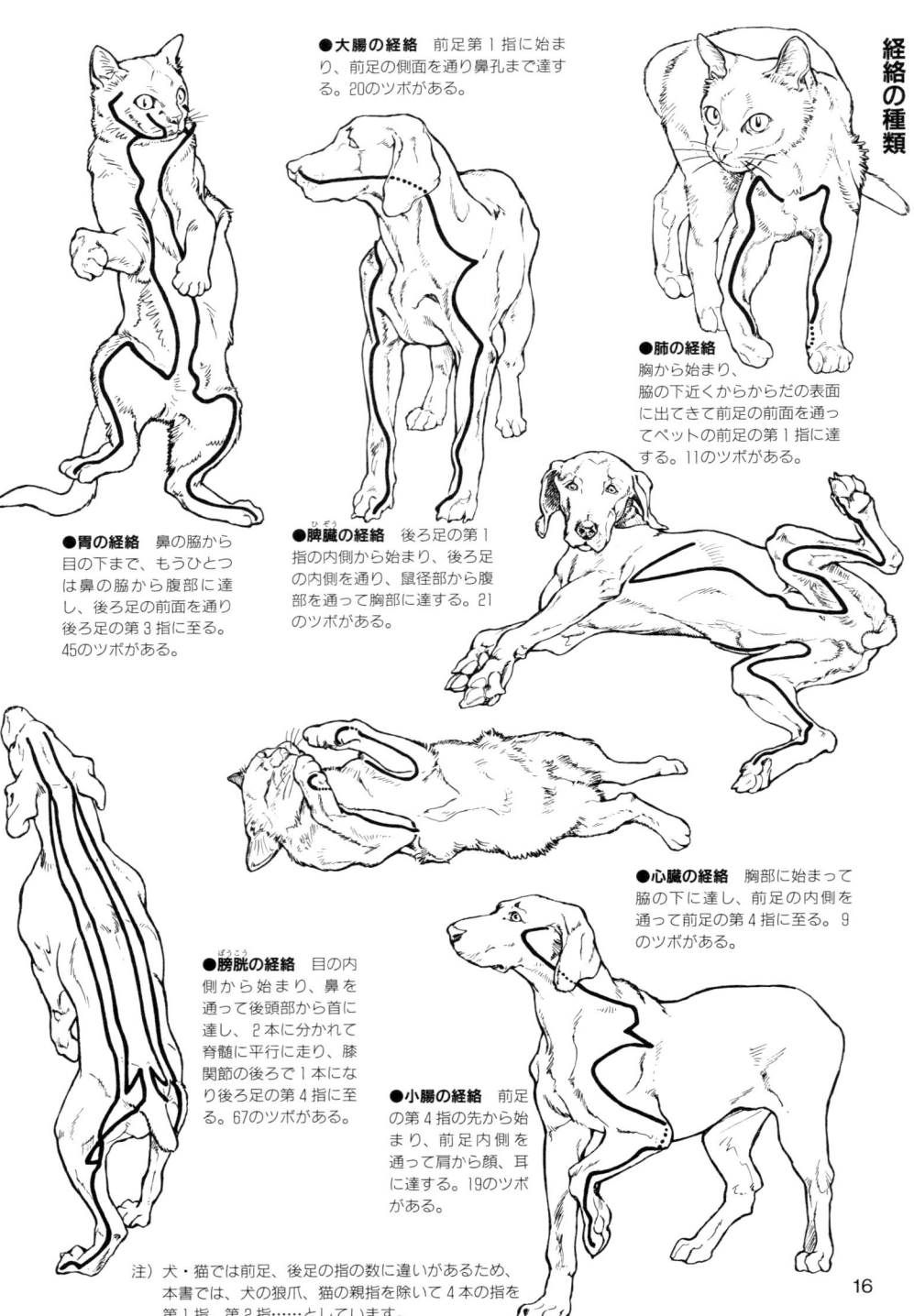

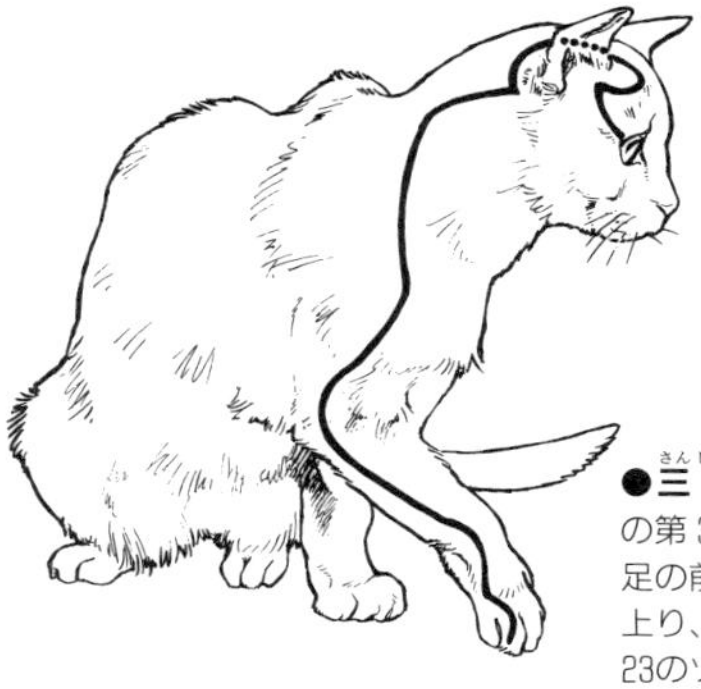

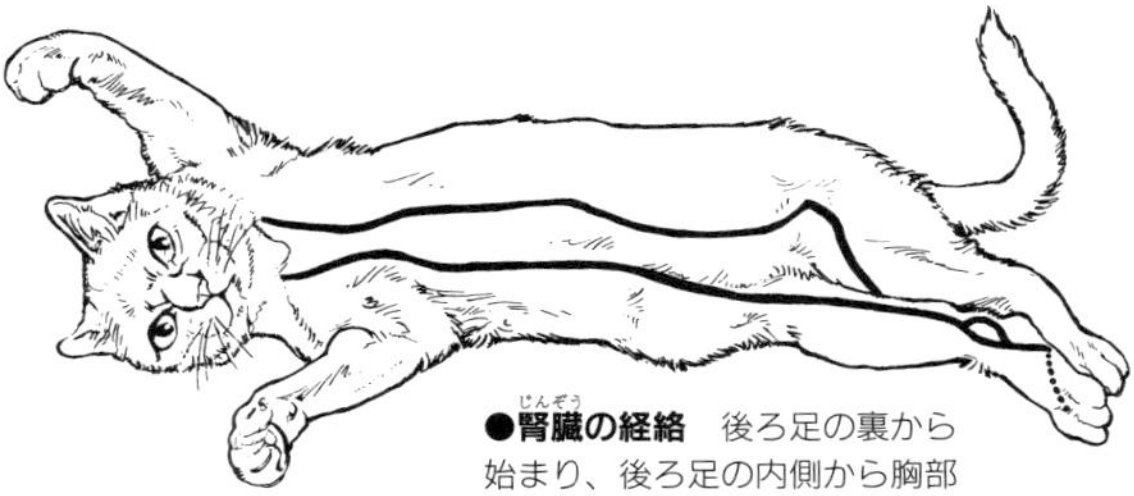

●**腎臓《じんぞう》の経絡**　後ろ足の裏から始まり、後ろ足の内側から胸部に達する。27のツボがある。

●**三焦《さんしょう》の経絡**　前足の第３指に始まり、前足の前面を通り、肩に上り、目尻に達する。23のツボがある。

●**心包《しんぽう》の経絡**　胸部に始まり、前足の内側中央を通り、前足の第３指の先に達する。９のツボがある。

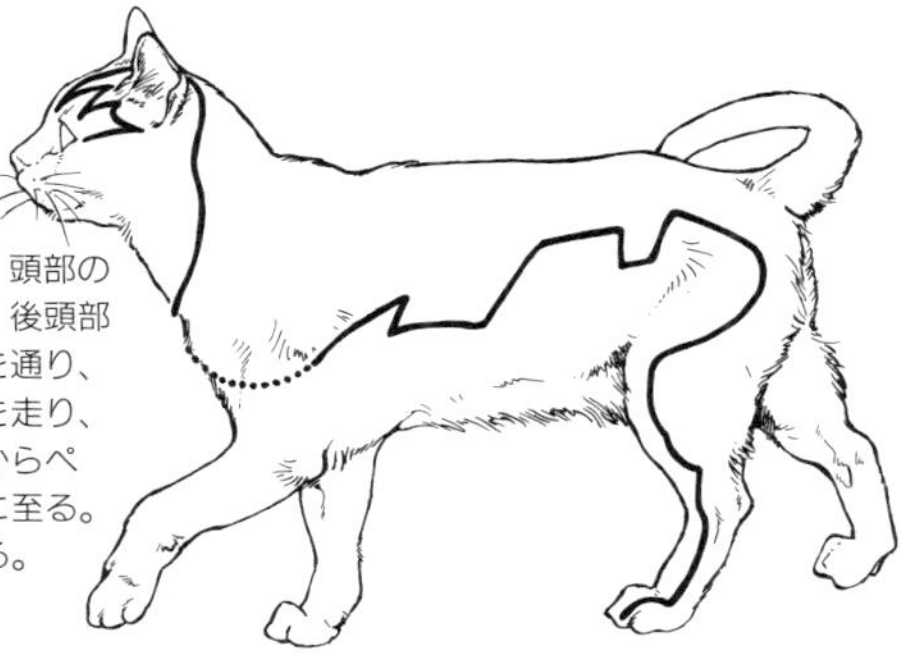

●**胆嚢《たんのう》の経絡**　頭部の側面に始まり、後頭部を経て肩の下を通り、からだの側面を走り、後ろ足の外側からペットの第３指に至る。44のツボがある。

●**任脈《にんみゃく》**　会陰部から始まり、腹部の正中線を上り、唇の下で終わる。24のツボがある

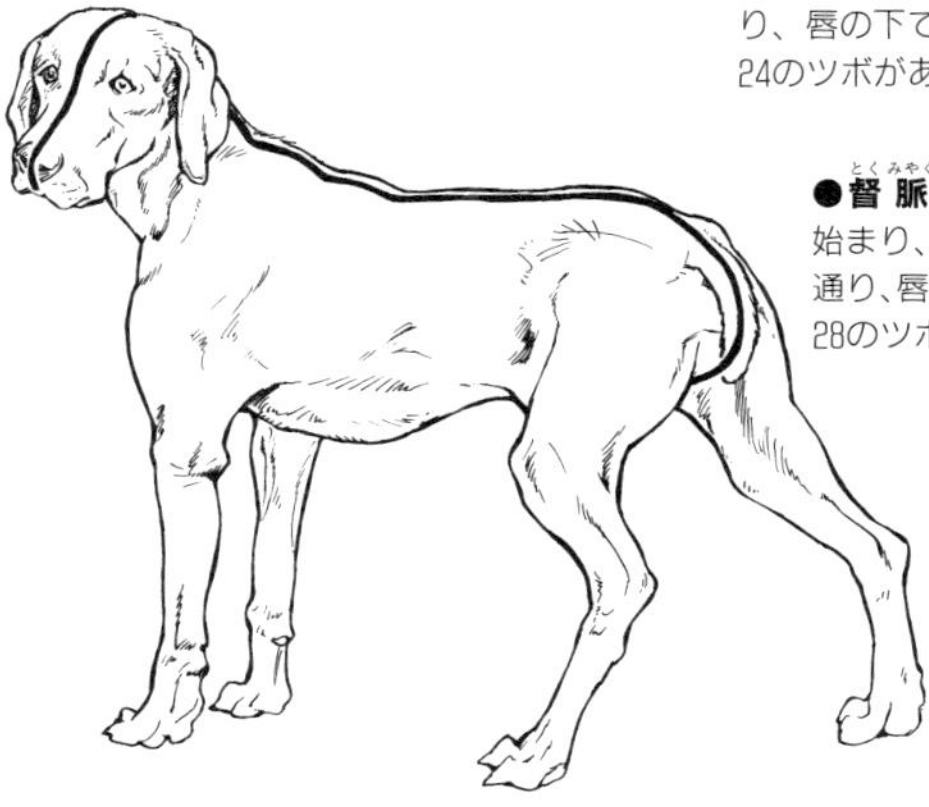

●**督脈《とくみゃく》**　会陰部から始まり、背中の中央を通り、唇の上で終わる。28のツボがある。

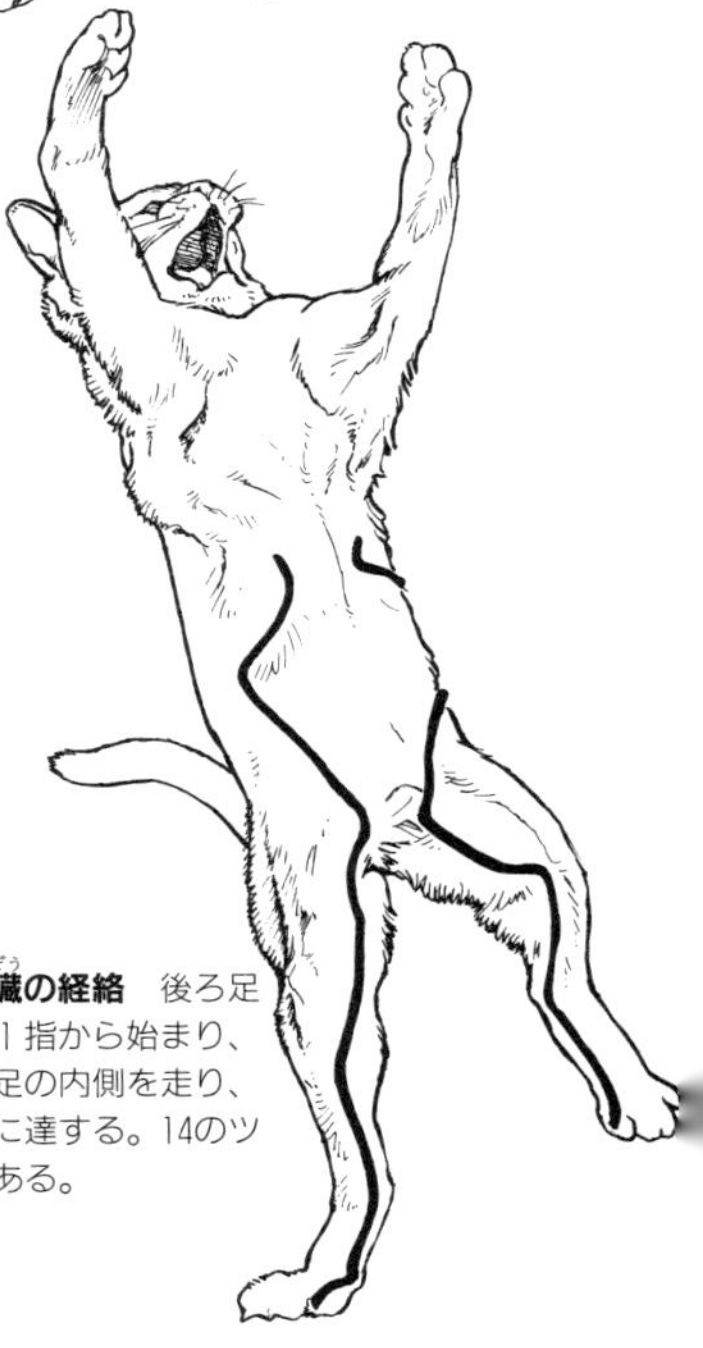

●**肝臓《かんぞう》の経絡**　後ろ足の第１指から始まり、後ろ足の内側を走り、腹部に達する。14のツボがある。

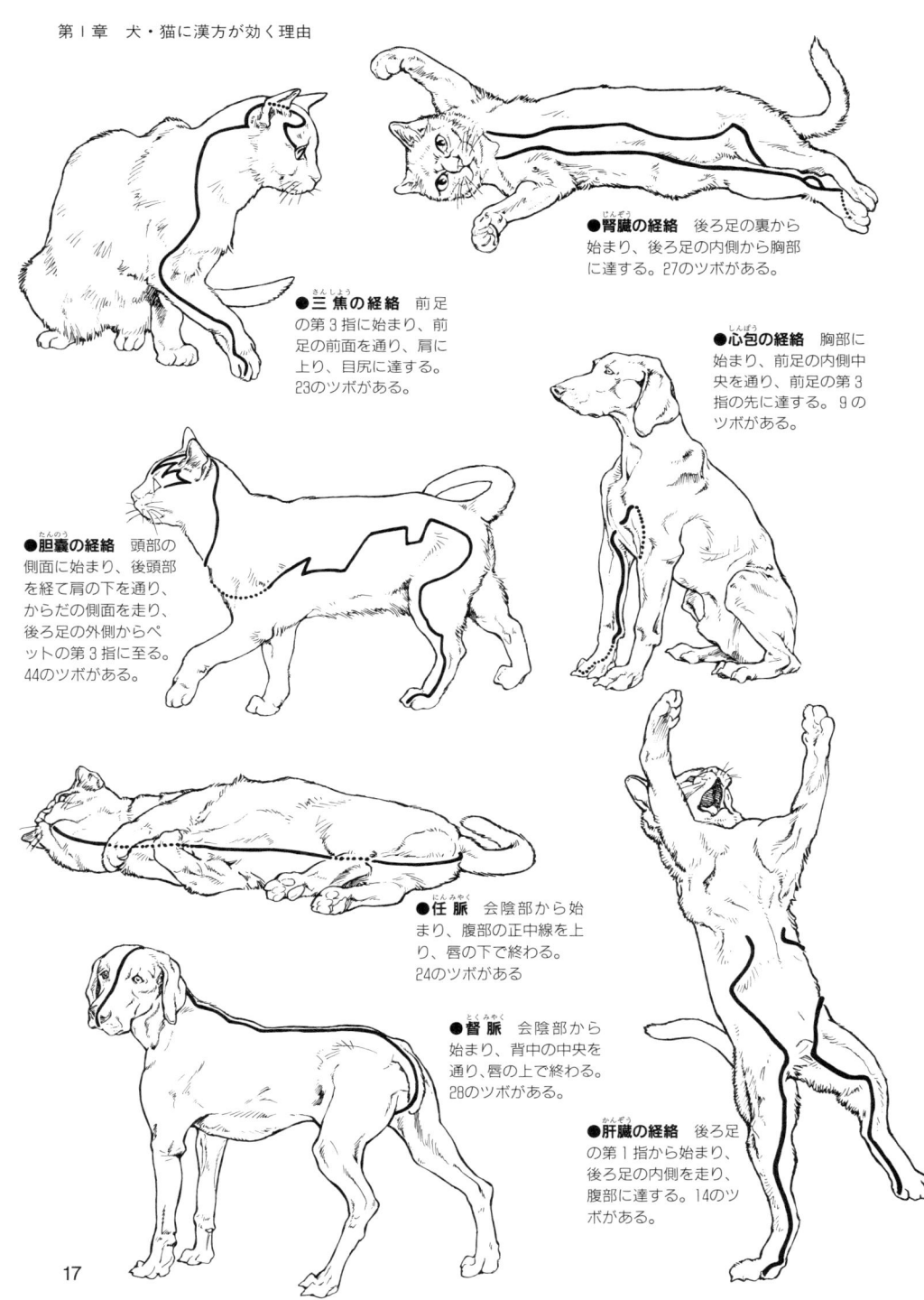

3. 診断に欠かせない8つの区分と病邪

●8つの区分とは

漢方では、病気の状態をとらえるために使用する8つの区分があります（専門用語では「八綱《はっこう》」といいます）。この考え方は「陰」と「陽」を中心に、病状の質、量、場所などを問題にしたものです。

それは次のようなものです。

・陰陽
・寒熱
・表裏
・虚実

質では病態や症候の傾向が「陰」か「陽」か、あるいは「寒」か「熱」かを指します。量は病状が「実」なのか「虚」なのか、場所はからだの「表」にあるのか「裏」にあるのかを指すのですが、それぞれについては後で詳しく述べます。

これらに加えて、外の環境も考慮します。これらは「邪」と呼ばれ、もし、これらが強烈で、またからだが弱っていると、病理学的現象を現します。

外的要因、「邪」とは、

・強風
・少量あるいは多量の湿気
・夏の暑さ
・冬の寒さ
・乾燥

以上のものは、からだのバランスの不均衡を的確に表現するために役立ちます。漢方では、これらのことを考慮して診断や治療を行います。

漢方の原理は不慣れな概念ばかりで、最初は外国の映画の字幕を読んでいるような、もどかしさがあると思います。でも、なにを学ぶにも同じで、基本的な語彙《ごい》を知ることが漢方の概念を理解することになり、またそれを駆使するために必要なことをわかってください。

●「陰」と「陽」

陰陽学説のところで述べたように、漢方からみれば、健康の基礎は「陰」と「陽」のちょうどよいバランスの上に成り立っているので、「陰陽」の不均衡は病気の原因になるとされています。

「陰」は冷たく重い水のようです。「陰」はからだの内外をうるおし、体液がからだを流れ、涼しくさせます。「陽」はいってみれば火のようで、温めたり、循環させたりする力をもっています。「陽」はエネルギッシュな力でからだの活動をつかさどります。エンジンと馬力の関係のようで、エンジン自身は「陰」の物質ですが、「陽」のエネルギーをつくり出します。「陽」は興奮や活動にも深く関係しています。「陰」のパートナーである「陽」は、からだの表面近くを循環して、「陰」を守ろうとしています。ここでひとつ覚えておかなければならないことは、「陰」と「陽」は別々に存在することはできないということです。言い換えれば、まったくの「陰」、まったくの「陽」ということはありえないのです。たとえば、からだの中においては、胃は活発に食べ物を消化することから、まずは「陽」とされていますが、その湿った胃壁は「陰」と考えられています。からだじゅうすべての部分に「陰」と「陽」は共存しているのです。

●「寒」と「熱」

「寒」とは寒さや冷たさ、「熱」は温かさに置き換えることができます。寒体質の場合は寒がりで、風邪をひきやすく、不活発で、眠たがり屋です。便は水様便で、病気になっても症状がワーッとは出ません。熱体質の場合は、暑さに弱く、夏は苦痛以外のなにものでもありません。神経質で落ち着かず、興奮しやすい傾向があります。しょっちゅう爆発し、何事にも激しく反応します。病気になると高熱を出し、リンパ腺を腫《は》らします。便の色は濃く、においが強い特徴があります。寒体質とは反対に、病状は激しくてもすぐに治ります。

●「表」と「裏」

この原理は病状の場所を表します。風邪や気管支炎はウイルスが外から、あるいは体表からからだに入ったわけで、こういう症状はふつう強烈でも短期間であり、長期にわたって影響は与えません。このような段階を病気が「表」にあるといいます。

しかし、このからだの抗体がこのウイルスを退治しないと、もっとからだの中、つまり「裏」にまで病状が及びます。「裏」という場合は、病状が体表ではなく、内臓を冒しており、通常、困難な問題を引き起こします。

●「実」と「虚」

「実」とは過度のことです。「実」が高じると、熱気が強くなり、皮膚《ひふ》の炎症を招きます。「実」のタイプでは声も動きもドスが利いて、骨組みががっちりしていて、筋肉隆々、肥満の場合が多く、態度も大きく、いつもなにかを欲しがっています。

「虚」とは何かが不足していることです。たとえばエネルギーの不足は疲れやだるさになり、赤血球の不足は貧血になります。また、内臓の水分の不足は便秘や乾いた便の原因になります。「虚」のタイプの人は小さな声で、とまどいがち、いるのかいないのかわからないといったところがあり、やせて弱々しいことが多いのです。もっと何かが欲しいと思っても、それを態度に表すことができないということもままあります。

以上、8つの区分について述べてきましたが、動物にしろ人にしろ、これらの組み合わせで成り立っているのです。

エロイーズとマックスの場合

猫のエロイーズは、水はほとんど飲まないのですが、食べることは大好き。でも食事は彼女にエネルギーを与えるよりも、疲れさせてしまうようです。冷え症で、暖かい夏の日やストーブのそばなら動き回ります。実際、夜中に寒さが増すと、膀胱《ぼうこう》の括約筋《かつやくきん》が収縮して、おねしょをすることもあります。目やにや鼻水をよく出し、便はいつもやわらかめです。性格はやさしく、静かで、しかも温かさを求めて人の膝に見境なく乗りたがるので、だれもがエロイーズをかわいがらずにいられません。このエロイーズは「寒」の状態の典型です。

マックスは巨大で、自信たっぷりに肩で風を切って歩くような、ロットワイラーによくあるタイプの犬です。吠《ほ》え方もすごく、まるで四方に響きわたれと言わんばかりです。食事中にはだれも近寄ることはできませんし、ほかの犬たちも彼のしゃぶっている骨を取ろうなどとは考えも及びません。1リットルの水を一気に飲んでしまいますが、それでも足りないという顔をします。マックスはもともと暑い気候に弱く、冬に強いのですが、前年の夏には、すぐに治ったにせよ、40度もの熱を出し、3日ほど寝込んでしまいました。「熱」の状態の典型です。

●病気の原因、「外邪」の話

以上あげた8つの区分に加え、まわりの環境も診断の基準に加えられます。というのは、漢方ではある種の気候がからだに影響を及ぼすと考えられているからです。事実、外の環境は、からだの内部に同じような症状を引き起こします。この外の環境の影響とは、風、湿気、暑さ・寒さ、乾燥などです。こうしたものを「邪」あるいは「外邪」と呼んでいるのです。

これらの現象はずいぶん抽象的に聞こえますが、たとえばリウマチを患っている人がからだの調子で雨を予測したり、砂漠に住む人の肌《はだ》がかさかさに乾いていることを考えてください。物理的なまわりの環境がいかにからだに影響するのか、おわかりになると思います。

中国では「風邪《ふうじゃ》」は、背中と後頸部からからだに入り込むといわれています。ここには「風池《ふうち》」といわれるツボがあります。扇風機やエアコンの風が頭に直接当たるところに座った経験をおもちの方は、しばらくたつと首がこってくるのをご存じでしょう。「風邪」はこのように筋肉をこらせたり、抵抗力も弱めます。

「湿邪」はまさに湿気のことです。からだに「湿邪」が入り込むと循環が緩慢になり、重苦しく、動き回る気もなくなってきます。膝《ひざ》に水がたまるのは、「湿性」タイプのリウマチです。消化管も湿邪におかされやすい器官です。湿タイプの犬のおなかは垂れ下がり、ビール腹のようになっています。また、ある種の食べ物はからだの湿気を助長させ、ゆるい、ぐちゃぐちゃ便の原因になりえます。湿気過多の気候がこうした症状を悪化させることもあります。

「燥邪」も外界の病因です。「燥邪」は「湿邪」の逆で、燥タイプの人は、からだの内外をうるおす水が少ないのです。乾燥したかゆみを伴う湿疹《しっしん》、肛門瘙痒症《こうもんそうようしょう》、喉《のど》の渇きなどは、「燥邪」の明白な結果です。

4. 生命の本質

●「気」「血」「津液（体液）」というもの

中国では生命の本質は、「気」「血《けつ》」「津液《しんえき》」にあると考えています。これらは生きていくうえで欠かせないもので、これらが十分にあるか、不足しているかが、健康であるか病気であるかを決めているのです。

◇「気」とは

「気」は生命力、生きるエネルギーです。さわることはできませんが、機能が存在しているものと考えるとよいでしょう。手にふれなくても、強いエネルギー、生命力を感じさせる人がいる一方、そばにいるだけで疲れてしまうような、生命力に欠ける人もいます。「気」には遺伝的にもっている「先天の元気」と、脾臓《ひぞう》と胃によって食べ物から生じる「後天の元気」とがあります。「衛気《えいき》」と呼ばれる特殊な「気」もあります。「衛気」は体表近くを循環している「気」で、病気がからだに入り込もうとするとき、最初に戦うのがこの「衛気」です。「衛気」が弱まると、病原体が体内に入り込み、病気になります。狭義の意味では精神的な部分も「気」と考えます。

◇「血」とは

「気」と「血」は非常に近い関係にあります。「気」が働かなくなると、「血」もまた働かなくなります。双方は「陰」と「陽」のように絡みあっていて、どちらか一方なしには存在しえないのです。「血」は漢方では、脾臓と胃によって食べ物からつくられる栄養分を指します。

◇「津液」（体液）とは

津液《しんえき》（本書では体液といっています）は、血液はもちろんのこと、涙、唾《つば》、関節液、リンパ液、尿、中枢神《ちゅうすうしん》経《けい》系の液を含みます。体液は細胞の構成要素のすべてをうるおしています。体液は多すぎても、少なすぎても、からだのバランスを崩すもとになります。

アレルギー性皮膚炎のバスト

サルギー犬のバストはものすごいアレルギー性皮膚炎《ひふえん》のために、私の診療所に連れてこられました。白血球と赤血球に不安定な病歴があり、そのときも病状は紫色の斑点《はんてん》ができだしてから、悪化したということでした。バストは疲れて落ち着きがなく、気分が悪いので歩き回ろうとしても弱りすぎて動けず、体重も減ったという状態でした。診察してわかったことは、脈が速く弱いこと、舌が少し紫がかった色をしていること、さわると熱く、ところどころカサブタができていること、脊髄《せきずい》に沿った筋肉がしぼんでいること、下腹がたるんで、ふつうはすらりとしたこの種の犬が太鼓腹にみえることでした。

バストは多数の内臓器官のバランスを欠いていたのです。現代医学からいえば、抗体にかかわる症状であり、おそらく自分のからだの赤血球を襲い破壊させる溶血性貧血の一種ということになるでしょう。

漢方ではバストの問題は、「血」と「気」にあると考えます。脾臓が「血」を血管内にとどめきれないで、内出血を起こしたというのに加え、弱まった「衛気」が食欲不振と筋肉の弱体化を引き起こしたということになります。彼女の病状は遺伝的な腎臓《じんぞう》の弱さのため治らず、同じ症状が繰り返されているのです。脾臓が十分に機能できないため、心臓がたっぷりとした血液をあびられなくて、そのことが彼女の落ち着きをなくさせ、気分を悪くさせているのです。さわると熱いのは、筋肉組織や皮膚に十分な血がめぐっていないからです。私はバストには、鍼《はり》、ダイエット、薬草によって、「血」、「気」、腎臓、脾臓、心臓を強化する療法で対処しました。

糖尿病だったウイットニー

ウイットニーは個性豊かな老猫ですが、糖尿病を患っています。長い間に彼女に与えられるインスリンの量は確実に増やされています。よくならず、後ろ足がどんどん弱まっていますが、異常な喉《のど》の渇きがあり、しょっちゅう排尿しています。診察すると、ねばねばした唾が口の中にたまり、舌自体は乾いていても、唾のため、舌に歯がくっついています。目は乾いており、毛は弾力を失い、皮膚は薄い皮がフケのような状態になっています。からだを動かしたり、立ち上がったりするときに、ギシギシという音がし、息をするたびに、肺が乾いた少々荒い音がします。

ウイットニーは「体液」に障害があり、そのうえいくつかの内臓障害も絡んでいるのは明白でした。乾いた肺が、乾いた音、異常な喉の渇き、乾いた皮膚をもたらしたのでした。脾臓と胃が口を渇かし、腎臓が頻尿と、背骨や後ろ足あたりのギシギシという音の原因でした。けれどもすべての元凶は「体液」のバランスを欠いたことにあったのです。「体液」を増やし、それを支える鍼と薬草療法を行ったところ、徐々にインスリンの量は減り、後ろ足も強くなって、渇きも尿の回数も通常の状態になり、いまでは普通の猫と変わらない日々を送っています。

5. 診断と治療

●漢方の診断

漢方の獣医の診療所では、現代医学の診療所とちょっと違う診察の仕方をします。診察台にペットを乗せる前に、まず、その動物の生い立ち、くせなども聞かれます。そのペットは日向で寝ころがっているのが好きか、木陰にいるほうが好きか、ソファの背もたれや壁のようなかたいものに寄りかかっているほうが好きか、枕のようなやわらかいもののほうがいいのか。水を飲むときには、一気にたくさん飲むか、少ししか飲まないか。そしてまた、どういう症状があるのかなどです。こういった質問は最初は変に思えるかもしれませんが、おのおのの質問には、バランスの欠如がどういったものかを知るうえで、大切な意味があるのです。

　こういったわけで、漢方の獣医に行くときには、診断に時間がかかります。現代医学には不要に思えることでも、かなり子細なことでも覚えておくなどの準備が必要なのです。

　個々の人間も、動物も、肉体、感情、心理的な面から成り立っていますので、生活状態、ストレスの起こりうる状況、行動の傾向などを質問されるわけです。漢方では、食事療法もあるので、どんな食事をしているかも検討の対象になります。

　漢方医は視覚、嗅覚《きゅうかく》、聴覚、触覚、場合によっては味覚といった五感を大切にします。近代の漢方獣医のなかには血液検査やその他の検査も必要とするかもしれませんが、病状のほとんどの情報は、どんな検査結果よりも、最初に診察したときに探りだしたものが優先されます。もっとも、ここで大切なのはどんな患者もただ、腎《じん》臓《ぞう》だけとか、肝臓《かんぞう》だけ、耳だけというのではなくて、患者そのもののすべてをみるのが漢方なのです。

　現代医学の診断では行いませんが、漢方で重視する診断に舌の診断があります。舌の表面の色、質感、湿り気などは、胃の状態を反映します。舌筋の質感は脾臓《ひぞう》、「血」、心臓の状態を表し、ひびは「気」の衰弱、あるいは「血」の不足を意味します。健康な犬の舌の表面は、薄い白い色をしています。猫の舌は犬より厚いのですが、表面は風邪をひいたり、もっと深刻な慢性の「裏」の疾患によっても変わります。舌の表面はすばやく変化します。

もうひとつ、漢方独特の診断法は脈ですが、これは熟練しないとむずかしいので、漢方獣医は脈診を行うということだけを覚えておいてください。

●実際の治療

漢方的な診断が終わると治療に入りますが、漢方の獣医の診療所では漢方薬の投与、鍼灸、マッサージなどを中心に行います。本書ではホリスティック医学の立場から薬草療法、栄養補助食品、食事療法なども加えてあります。いずれも家庭療法には欠かせないものだからです。

（注）漢方薬の分量はだいたい体重で決められます。約60キロの人の場合、エキス剤で1日分10グラム前後（1日3回に分ければ3～4グラム前後）です。そのため、大型犬の場合はほぼ人間と同じでよいですが、中型犬では人間の2分の1、小型犬と猫では3分の1以下を目安にしてください。

「虚熱」だったサリー

サリーは若いときには活発だった、年をとった猫です。暑く乾いた砂漠地帯に、やさしくしてくれる家族といっしょに住んでいます。

しかし、やたらに喉《のど》が渇くようになり、いくら水を飲んでも飲み足らず、いつも口が渇いています。舌の湿り気はほとんどなくなり、皮膚は乾き、かゆく、さわると熱く感じられます。

専用の出入り口からいつでも出入りできるのですが、近頃は落ち着きがなく、少し弱っているようにみえます。外に行っても、陰になっている涼しいところをさがし、大きな音におびえ、すぐに機嫌が悪くなります。いつも喉が渇いていて、水は飲むのですがあまり排尿しません。やせてしまって、以前は人の膝に乗るのが好きだったのに、人と接するのは熱くてかなわないといった様子です。

サリーの喉の渇き、舌に湿り気がないこと、いらだち、便秘などの症状はからだに水分が不足していることを表しています。人の膝にせよ、外の暑さにせよ暑さに耐えられないのは「熱」の印です。本来の「熱」ではありませんが、「熱」のようにみえるのも「虚熱」なのです。

ペペが診察室に来た

コッカースパニエルの雑種、ペペが初めて診察室に来たとき、まずそこらじゅうをくまなく嗅ぎ回ってから、ゆっくりと壁に沿って歩き回っていました。そして、最後に落ち着いたところは飼い主が座っているイスの下で、おどおどした目を飼い主の足の間からのぞかせていました。

私のペペの第一印象は、おどおどして自信がないということでした。このような自信のなさは、ペペのからだのバランスが崩れていること、そして栄養分である「血」の不足があることを示しています。漢方では、充分な「血」に満たされていると、それは精神にも及び、自信を与えるとされています。幸福であるという気持ちをもたせる精神は、心臓を循環する「血」によって与えられるため、心臓の「血」に不足があると、自信喪失を招くのです。

もし、ペペがイスの下で震えていて、家にいるときでも大きな音や人をこわがるタイプだとすると、恐怖の感情に関係している腎臓のバランスが崩れている可能性がとても高いのです。

漢方ではこのように、ペットが診察室に入ってきた瞬間から診察は始まります。

犬や猫の歩き方が力強いか、弱々しいかなども対象となります。これによって腎臓の働きである骨格の強度、手足の筋肉のしなやかさなどを計ることができるのです。動きに活気がみなぎっているかどうかも、対象になります。活気があるのは、血液の循環、「気」つまりエネルギーが充実していることの反映だからです。しなやかで動きのなめらかな筋肉は、脾臓のバランスがとれていることを表しています。目の輝きは、肝臓の働きが正常であることを表しています。

犬や猫が人やほかの動物と遊んでいるときに、集中力があるかないかということも問題になります。集中力がない場合は、「気」が弱っている証拠です。

現代医学の獣医と同様、漢方でも毛並みのチェックは重要です。毛並みは栄養分である「血」と体液と深く関係し、臓器では肺と大腸にかかわりがあります。乾いてつやのない毛は呼吸器の弱まりか、「血」や体液不足を意味しています。ひどい「血」の不足は貧血になりますが、「血」の不足が即、貧血を意味するわけではありません。この不足は内臓や組織をうるおし、育《はぐく》んでいくという「血」本来の務めが果たせないという意味です。そのため、「血」の不足の兆しはまず、皮膚の乾きや毛並みに現れます。

第2章

病気の症状と家庭での治し方

漢方治療法入門

治療にあたって、まずはじめにしなければならないのは、漢方流にペットを観察し、診断することです。それを少しでもやりやすくするために、犬・猫用診断表を用意しました。からだの状態をつかむことが、病気のときでも、ふだんでも、犬や猫の健康状態を向上させる、もっとも効果的な方法を決める助けになります。

漢方ではどんな患者の場合でもいろいろな角度からみる、ということを思い出してください。動物というものは、生まれつきの本能によって、崩れてしまったからだのバランスにさまざまな形で敏感に反応します。そのさまざまな形が、からだのバランスを取り戻すいちばんよい治療方法を選ぶときのかぎになるのです。そこがこの治療法のユニークなところです。

とはいえ、この本は、専門の獣医の治療の肩代わりをしようというものではありません。治療法のなかには、現代医学では、ほとんど、あるいはまったくふれられてはいないものもありますが、大部分の治療が現代医学との併用によって、めざましい効果を発揮することでしょう。いちばん大事なことは、漢方というのは実用的で実際的な医学だということです。ですから、もし漢方獣医から専門的なアドバイスを得たときには、ぜひとも実用的、実際的なものとして受け取っていただきたいのです。

これから紹介するのは、簡単に家庭でできる療法で、緊急事態ではない場合に限っています。私が実際に診察してきた、もっともありふれたバランスの狂いや疾患を、動物の頭から始めて、後ろ足のつま先まで、すべてあげてあります。漢方医学では、この解剖学的な配置は、特別な名称を使っています。それを「焦《しょう》」と呼んでいます。「上焦《じょうしょう》」というのは頭から横隔膜《おうかくまく》あたりまでで、頭、胸、前足が含まれます。「中焦《ちゅうしょう》」は横隔膜からへそあたりまでで、肝臓《かんぞう》、胆嚢《たんのう》、脾臓《ひぞう》、胃が含まれます。「下焦《げしょう》」はへそ部以下で、腎臓《じんぞう》、膀胱《ぼうこう》、腸、性器、そして後ろ足が含まれます。

それぞれの症状については、西洋流の病やバランスの崩れに、漢方流診断を結びつけて説明しています。次に、指圧、マッサージ、薬草や食事による療法を含む、漢方式治療法を書きました。私がいままでに発見した、それぞれの状態に合った栄養学的な補助食品を加えてあるものもあります。

まず最初に、診断表に書き込んでください。そうすれば、あなたのペットのふだんの状態や、明らかにバランスが崩れた状態であるかどうかがはっきりとつかめます。次に、現代医学流の病気用語をみてください。たとえば「くしゃみ」とか「肝臓病」とかです。なかには、私が患者として取り扱ったときの実例を記しているものもあります。適切な指圧法や、マッサージ療法の詳しい説明のあとには、ツボや経絡《けいらく》の正しい場所や使い方に関する技術が書いてあります。ツボの名称は、伝統的に、古代中国の医師が解剖学にのっとった位置や機能をふまえて名付けているので、その場所を特定したり、どんなふうに使うか、わかりやすいようになっています。

読み進めていけばわかることですが、たくさんの同じ指圧のツボが、いろいろな症状の治療に使われています。同じツボが、目の病気にも耳の病気にも下痢《げり》の場合にも出てくるといったことも、めずらしいことではありません。そういったツボは、五行《ごぎょう》の体系や八綱《はっこう》といった漢方の理論に含まれる、からだの内部の経絡や内臓とつながりがあることを思い出してください。

食べ物の味

食べ物の味は、甘み、塩辛い味、酸味、辛み、苦みの5つに分けられます。それぞれの味には違った役割があり、偏った味のものばかりを食べていると、さまざまな病気の原因となるバランスの欠如を起こすことがあります。

甘い食べ物は消化を助け、「気」を充実させます。甘いといっても、これは砂糖の甘さというわけではなく、米やトウモロコシ、カボチャなどその食べ物の味自体にある甘さです。海草のような塩辛い食べ物は、腫瘍《しゅよう》などをやわらかくするのに使われます。酸味のある食べ物は、粘膜を乾かしたり、尿や汗が必要以上に出るのを防ぎます。ですからレモン汁は喉《のど》の粘膜の痛みや、下痢を止めるのに役立つのです。ニンニクやタマネギのような辛い食べ物は、発汗を促し、消化を助けます。苦い味は消化を助け、下痢と便秘の両方によく効きます。

指圧、マッサージ入門の手引き

・始める前に、あなた自身が、1～2分間精神を集中させる。
・治療の目的を果たしたときのことをイメージする。器官がバランスを取り戻す、痛みがなくなるなど。
・病気・症状によって、筋肉と骨の間の「谷間」にある効果のあるツボをさがす。
・ツボの部位、病気や症状によって、しっかり押したり、軽く、またはほどよい強さで押したりする。
・ペットのエネルギーの動きが楽になるように、指圧する人は息を吐きながら押す。

ツボを「押す」と書いてあるときには、ペットにとって心地よい深さまで、一定の強さで押すようにしてください。特別の指示がないときには、15秒間から60秒間押しつづけてください。

治療編には非常にたくさんの情報が含まれていますから、わからないことがあったら、何度でも、第1章に戻って、読み直してください。

ツボのさがし方と指圧のテクニック

多くのツボは筋肉と骨の間にあるくぼみに位置しています。私が最初にツボを教わった先生からは、「ツボは谷間にあり、頂上にはない」と言われたものでした。ですから、まずは筋肉や腱《けん》、靭帯《じんたい》の間にあるくぼみをさがしてみてください。

ペットに指圧するときは、指は曲げずにまっすぐ押します。指は親指でも人差し指でもかまいません。押すときはゆっくりと押していき、徐々に深めていきます。どのくらいの強さがいいのか、どのくらいの深さがいいのかわからないときは、ペットに聞いてみることです。気分が悪いと、いやな顔をしたり、手を噛んだりして「いや」というはずです。こうしたことは、指圧をしてあげるうちにだんだんわかってきます。

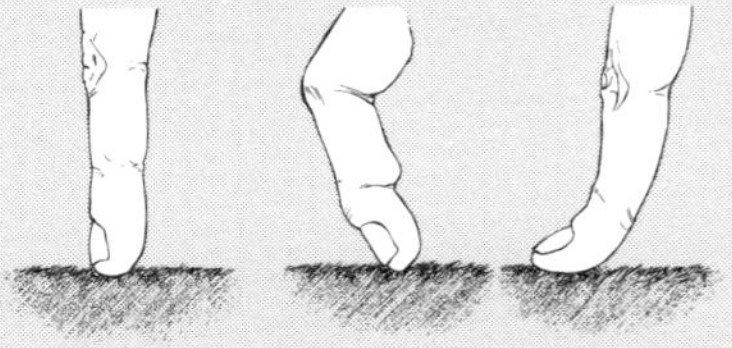

正しい押し方　　まちがった押し方

犬用の診断表

現在の症状

●五行の体系からみた体質の分類　（木、火、土、金、水）	
●症状の起きるサイクル	（時間、季節）
●環境の影響	（症状が悪くなったり、よくなる条件）
●症状の状態	（表〈急性〉、裏〈慢性〉）
●患者の体質	（暑がり、寒がり）
●音を聞く	呼吸（大きい、浅い、弱い、乾いている、せわしない） 咳（苦しそう、乾いている、湿っている） 声（大きい／強い、小さい／弱い）
●舌	色（ピンク色、赤、白っぽい、斑点がある） 舌苔（白、黄色、なし） 形・大きさ（膨らんでいる、縮んでいる、歯形がある）
●毛皮	（乾燥している、脂ぎっている、ごわごわしている、抜け毛がある）
●におい	（焦げくさい、むかむかするような、くさったような、甘ったるい） 注：息、耳、鼻、皮膚、生殖器のにおい
●排出物	（透明、色がついている、濃い、水っぽい） 注：目、耳、鼻、生殖器からの排出物
●脈	小型犬　　　　　　大型犬 速さ：速い　＞110　　速い　＞80 　　　遅い　＜60　　遅い　＜40 様子（糸のようにか細い、大きい、間欠的、普通、表面的、深い） 力（強い、弾力がある、弱い）
●足取り	（しっかり、よろよろ）
●排泄の習慣	尿（頻度、色、におい、痛み） 糞（頻度、硬さ、色、におい、いきむ）
●機嫌／行動の変化	（怒りっぽい、落ち着かない、おびえているなど）
●気の評価：食欲、活力（午前／午後）、嘔吐	
●陰の評価：喉の渇き、暑さの許容度	
●陽の評価：寒さの許容度	
●栄養状態：現在の食事療法、栄養補助食品	
●使用中の薬	

猫用の診断表

現在の症状

●五行の体系からみた体質の分類	（木、火、土、金、水）
●症状の起きるサイクル	（時間、季節）
●環境の影響	（症状が悪くなったり、よくなる条件）
●症状の状態	（表〈急性〉、裏〈慢性〉）
●患者の体質	（暑がり、寒がり）
●音を聞く	呼吸（大きい、浅い、弱い、乾いている、せわしない） 咳（苦しそう、乾いている、湿っている） 声（大きい／強い、小さい／弱い）
●舌	色（ピンク色、赤、白っぽい、斑点がある） 舌苔（白、黄色、なし） 形・大きさ（膨らんでいる、縮んでいる、歯形がある）
●毛皮	（乾燥している、脂ぎっている、ごわごわしている、抜け毛がある）
●におい	（焦げくさい、むかむかするような、くさったような、甘ったるい） 注：息、耳、鼻、皮膚、生殖器のにおい
●排出物	（透明、色がついている、濃い、水っぽい） 注：目、耳、鼻、生殖器からの排出物
●脈	速さ：速い　>180　　遅い　<80 様子（糸のようにか細い、大きい、間欠的、普通、表面的、深い） 力（強い、弾力がある、弱い）
●足取り	（しっかり、よろよろ）
●排泄の習慣	尿（頻度、色、におい、痛み） 糞（頻度、硬さ、色、におい、いきむ）
●機嫌／行動の変化	（怒りっぽい、落ち着かない、おびえているなど）
●気の評価：食欲、活力（午前／午後）、嘔吐	
●陰の評価：喉の渇き、暑さの許容度	
●陽の評価：寒さの許容度	
●栄養状態：現在の食事療法、栄養補助食品	
●使用中の薬	

目・耳・歯の病気、家庭での治し方

目の病気

漢方では肝臓と深い関係がある器官 ペットがマットに目をこすりつけたり 目を前足でかいていたら要注意

●目は肝臓と関係が深い

現代医学では結膜炎《けつまくえん》などの目の病気の多くは、細菌やウイルスの感染で起こる病気と考えられています。しかし、漢方ではもともと細菌やウイルスに感染しやすいからだのゆがみがあるために起きていると考えます。そして、からだのゆがみをととのえることで病気を治していきます。

漢方では目と視力は、肝臓《かんぞう》と関係の深いものと考えています。目のまわりには3つ経絡《けいらく》が走っていて、指圧にはその経絡を使います。その3つとは胆経《たんけい》と膀胱経《ぼうこうけい》と胃《い》経《けい》です。現代医学しか学んでこなかった方々には不思議に思われるかもしれませんが、消化の機能や体液の不足は、目に影響を及ぼすのです。

目に問題が起きるのは、目をうるおす水分が足りなくなったとき、あるいは体内の余分な「熱」がからだの上のほうに上がってきたときです。どちらの状態でも目は乾き、赤くなって、かゆくなり、炎症を起こします。それに加えて、目は「風邪《ふうじゃ》」の影響を受けやすいので、涙目になったり、乾き目になったりします。

現代医学では、ほとんどの目の病気の治療には抗生物質か副腎皮質《ふくじんひしつ》ホルモンを使います。けれども、漢方では、あなたのペットの目の具合が悪いのは、体液の不足からきているのか、それとも、過剰な「熱」からきているのかを見極めて、その状態を改善させていきます。そのため、治療法はどちらが原因かで異なります。

からだが乾燥していると目がかゆくなる

からだ全体が乾いていると、肌《はだ》が乾燥肌になったり、喉《のど》が渇くようになって、目の縁が赤く、かゆくなります。からだが乾燥するのは、肝臓の機能が弱り、栄養分である「血」や水分が不足するのが原因です。

ペットは、イライラして目をマットにこすりつけたり、前足でかいたりするようになります。すると、目の状態はますます悪くなって、太陽や熱をいやがるようになります。こうした慢性的な炎症のせいで、まぶたは細菌に感染しやすくなって、目やにが出るようになります。

このように肝臓の「血」や水分が足りないペットは、おびえやすく、こわがりで、落ち着きがありません。なでるときには、やさしくなでてあげてください。そうすれば目薬をさすときにも、びくびくしないようになります。

結膜炎や涙目は不要な「熱」でも起こる

五行《ごぎょう》の考え方では肝臓は「木」に属する臓器です。「木」と関係の深い感情が怒りなのは覚えていますね。「真っ赤になって怒っている」といいますが、イライラと怒っているときに顔が赤くなることは、だれでも知っています。ストレスが続いたり、怒ったりすると、たしかに目が赤くなります。

肝臓のところも参照してほしいのですが、肝臓は

以前、サミーという犬の患者をみたことがあります。サミーはすきをみては塀《へい》を飛び越えて、逃げだしていました。飼い主はうんざりして、裏庭の長い洗濯紐《ひも》に滑車をつけてつなぎました。サミーは、たしかに走り回るのには自由でしたが、正気を失ったように走り、その間じゅう吠《ほ》えつづけました。やがてサミーの目がおかしくなりました。目が乾き、かゆくなって、ひどく赤くなり、そのうち緑色っぽい、においのある目やにが出てきました。サミーは、目がかゆくてたまらないので草にこすりつけたため、ますます炎症はひどくなりました。かかりつけの獣医の指示通りに手当てをすれば、当座はよくなりますが、やめてしまうと、たちまち再発するのです。

私がサミーを診察したとき、目が乾いていて、頭にさわると熱をもっていました。この犬は日常生活のなかで、肝臓が不活発になって調子が悪くなるようなストレスや怒りをずっと抱えつづけているにちがいない、と私は思いました。私は飼い主と話し合い、裏庭では紐をはずし自由に動き回れるようにしました。サミーはこれで吠えなくなりました。そして、指圧と、肝臓を鎮める効果のある薬草を食事に混ぜて、上半身の熱をとるようにしました。少しずつ、サミーの目はよくなり、3カ月後にはほとんど治りました。その間、目薬はなにも使わず、指圧とハーブ療法だけでした。

「熱」をもちやすく、そのために不活発になりやすい臓器です。

もし肝臓の「熱」が高くなって、肝臓から「熱」が上がってくると、その「熱」はからだの上部の炎症を引き起こします。なかでも、目が重要な的になります。赤くなり、「熱」をもち、かゆくなって、涙が出て、目とまぶたが腫《は》れぼったくなります。

犬のからだの中で炎症が起こると、飼い主の注意を引こうとしたり、縄張りを守ろうとして、ひっきりなしに吠《ほ》えつづけたりします。猫というものは、本当は、家で飼われるときには、1匹だけのほうがいいのですが、別の猫と家の中で競争しなければならなくなると、目の病気にかかりやすくなることがあります。

肝臓の「熱」が高くなって起きる目の病気にかかると、しばしば、濃い目やにが出ます。その色は灰色か黄色か緑色で、くさいにおいがすることもあります。ひっきりなしに流れる涙で目のまわりの毛が燃え尽きてしまうのも、「熱」の上がりすぎが原因です。

肝臓のバランスが崩れると、脾臓《ひぞう》へ影響を与え、過剰に働かせるようになりがちです。そうなると消化機能も、からだの中をめぐる水分の流れもめちゃめちゃに崩れてしまいます。目のまわりの組織が湿って、「熱」をもち、炎症を起こして、ねばねばしたものがついているのは、肝臓と脾臓が「熱」と「湿」のためバランスを失った結果です。

●「風邪」が原因の場合

たいていの犬は走っている車の窓から首を出して、風に吹かれるのが好きですが、これをやったために、目がうるみ、涙が出てくる犬がたくさんいます。もし、風が暖かかったり、犬の体温が上がっている傾向があると、流れる涙はひりひりとしみるかもしれません。ペットが日光に対して神経質になる（日光過敏症といいます）とか、風がなくても涙が出る場合は、風邪《ふうじゃ》におかされているといっていいでしょう。風の強い日に、必ず外に出る猫も、そうなることがあります。

現代医学では目や鼻が外的環境のせいでおかしくなると、アレルギーということになりますが、漢方では「風邪」の侵入といいます。一般的にいって、「風邪」によってどう影響を受けるかは、それぞれの根底にある体質によって違いますが、いずれの状態になっても、涙がひっきりなしに流れるようになります。

ひっきりなしに涙が流れるようになると、肝臓の中にある体液、つまり水分を使い果たしてしまって、目の表面をいつもうるおすために必要な涙がつくれなくなります。その結果、目の表面がいちじるしく乾いてしまいます。この場合の乾き目は、「風邪」と乾燥と「熱」が加わって起きたものです。

●食べ物のアレルギーと目

目の症状に関係するそのもうひとつの原因は食事です。現代医学を学んだわれわれは、肝臓は食べたものによって影響を受けることを知っています。私たちの目も、食べ物の影響を受けるのです。たくさんの食品アレルギーによって、とくに猫は目やにが出たり炎症を起こしたりします。もし、あなたの飼っている猫がいつも目やにが多かったら、実験をしてみてください。

まず、あなたがあげている食べ物のタンパク質に注目してください。もし、鶏肉をあげていたら、牛肉か羊肉か魚に替えてください。また、イーストに敏感なペットもいるので、キャットフードの内容物分析表をチェックしてください。食事を変えることで、たいていの目やにはよくなるものです。

食品アレルギーに加えて、ある種の食品はからだの上部に作用し、「熱」をつくり出します。そういう食品の一例はニンニクです。ニンニクを1片食べてみてください。顔が温かくなってきたり、汗をかきはじめるのがわかるでしょう。目が乾くのを感じる人もいるかもしれません。ニンニクは、犬や猫の消化を助けるだけでなく、ノミを防ぐのにも役立ちます。けれども、もし、あなたのペットの目が赤かったり、かゆがっていたら、ニンニクを減らすか、やめるかしなければいけません。

エビのような海産物や野生の獣の肉は過剰な「熱」のもとになり、体温を上げます。脂肪分の多い乾いた食品も、「熱」や「血」の停滞のもとになります。ですから、もし、あなたのペットの目が赤く、かゆがるようになってきたら、あなたがやっているタンパク質や栄養補助食品のタイプに気をつけ、徐々にほかのものに替えるようにしてください。

目が赤くなって乾く

目をかゆがったり床に押しつける

●症状の現れ方

ペットが目をかゆがったり、床やマットに目を押しつけているような場合、ペットの目をみると赤くなったり、乾いていることがあります。これは、肝臓《かんぞう》の栄養分である「血」や、体液、つまり水分が不足しているのが原因です。舌をみてみると、乾いていて、苔《こけ》はほとんどの場合ありません。後ろ足の内側にふれる脈は、細くて弱々しく、ほとんど感じられません。私のところにきた大きなロットワイラーの患者は赤くかゆそうな目をしていましたが、その犬の脈は細くて、ふつうのロットワイラーの脈の3分の1以下しかありませんでした。

漢方では肝臓は栄養分である「血」をためるだけでなく、それをとどこおりなく循環させる働きもあると考えます。肝臓の「血」が十分にないと、循環がとどこおり、「熱」を助長させ、いっそう乾きがひどくなり、目は赤く、かゆくなります。

原因が、体液、つまり水分の不足なのか、それとも肝臓からの「熱」の上がりすぎなのかを区別するには、前の説明を読み直してください。日ごろからひ弱で「虚《きょ》証《しょう》」のペットは、気分がすぐれない状態ではあっても、ふつうは、目のまわりを治療するのをいやがりません。からだががっちりしている「実証《じつしょう》」の動物は、たいていは痛みがあって、目のまわりの治療をいやがります。

●ツボ療法で治す

治療の目的は、肝臓のバランスを元に戻すと同時に、「風邪《ふうじゃ》」の兆候を排除することです。

①風池《ふうち》の指圧

頭の後ろにあるこのツボは、「風邪」を追い払うだけでなく、目の「熱」や赤味も取り去ります。

②合谷《ごうこく》の指圧

前足にあるこのツボは、頭部疾患を治す代表的なツボです。目のまわりの「血」や「気」の循環を助けます。

③三陰交《さんいんこう》の指圧

このツボは「血」と体液を補い、強化します。

④睛明《せいめい》の指圧

⑤瞳子髎《どうしりょう》の指圧

⑥承泣《しょうきゅう》の指圧

これらのツボは、患部に栄養を与えたり、経絡《けいらく》や内臓を強化するのに使います。それぞれのツボを、軽く10秒間指で押します。もうひとつの方法は、目やこめかみ、

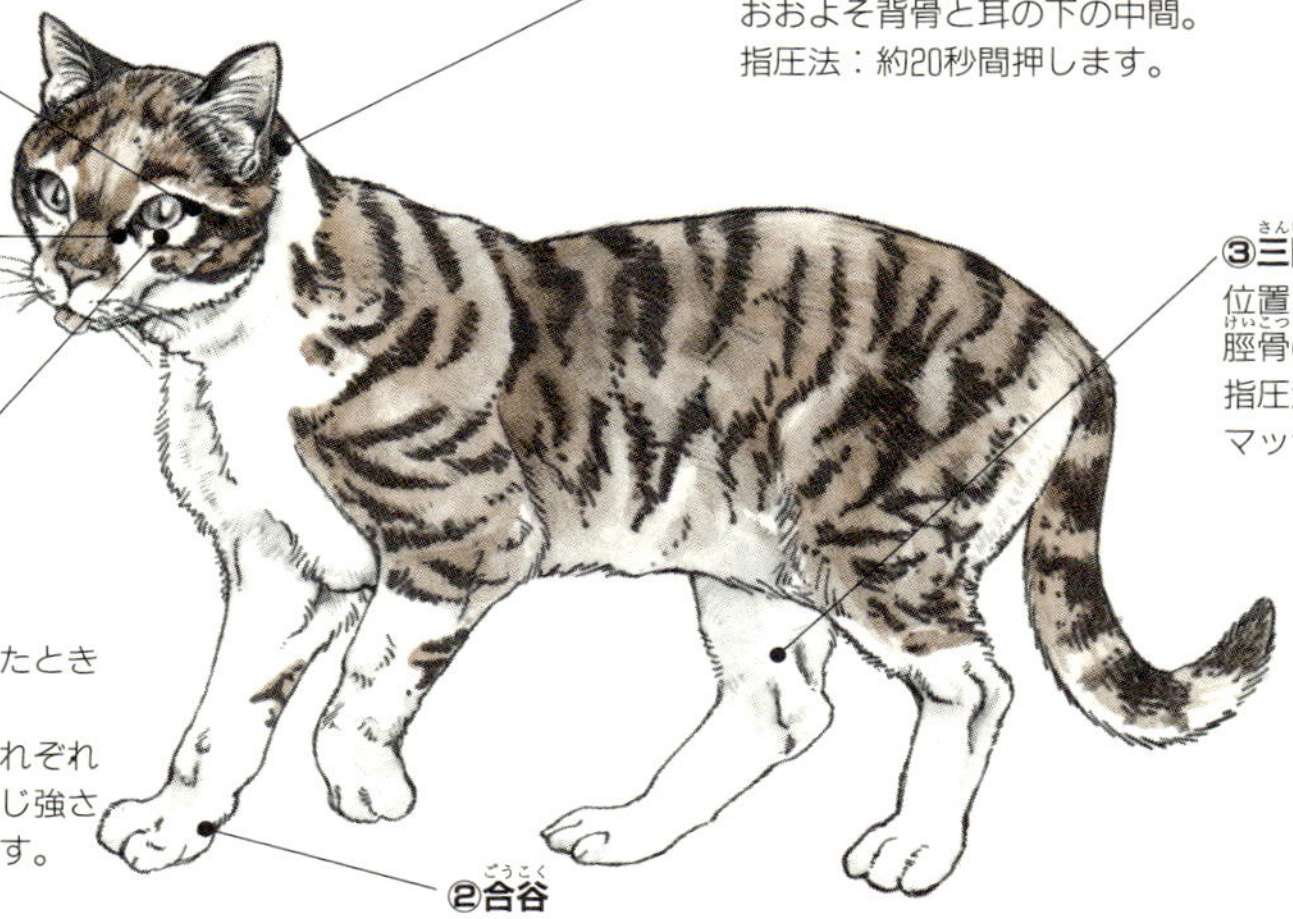
⑤瞳子髎《どうしりょう》
位置：目尻のすぐ横。
①風池《ふうち》
位置：頭の後ろで、首の両側にあるくぼみにあり、おおよそ背骨と耳の下の中間。
指圧法：約20秒間押します。
④睛明《せいめい》
位置：目頭と鼻の付け根の中央。
③三陰交《さんいんこう》
位置：後ろ足の内側で脛骨《けいこつ》の真後ろ。
指圧法：小さく前後にマッサージ。
⑥承泣《しょうきゅう》
位置：まっすぐに見たときの眼球の真下。
目のツボ指圧法：それぞれのツボを、軽く、同じ強さで10秒間指で押します。
②合谷《ごうこく》
位置：前足の親指と最初の長い指との間にある膜の中。
指圧法：人差し指と親指を使って、指の間の膜全体をマッサージしてあげるといいでしょう。親指と足の間を、前後に動かしてマッサージします。

顔のまわりを、小さく円を描くようになでます。

●食事療法で治す

食事は次のようなものがお勧めです。ジャガイモ、卵、タラ、牛肉、牛のレバー、鶏の砂肝《すなぎも》、脂肪分を取り除いた豚の挽肉などです。穀物では、やわらかく炊いた玄米やトウモロコシです。またセロリ、ホウレンソウ、レタスなどは炎症を治すのを助けます。

さて、ここまでの説明を読んで、矛盾していると思われる方がいるかもしれません。猫や犬のなかには、鶏肉や穀物でアレルギーを起こすものがいるからです。けれどもいったん肝臓の「血」が指圧や薬草で強化されると、こういったアレルギーは消えて、鶏肉や穀物を、だんだん食事療法に取り入れられるようになります。

薬草・漢方薬名	効能・作り方
ドクダミ	ドクダミ2グラムを1カップの水で煎じて冷ます。この液で1日数回、目に湿布する。目の炎症を鎮める働きがある。
黄連《おうれん》解《げ》毒湯《どくとう》	目に「熱」をもっていて、いつも充血し、炎症を起こしているときに効く。

犬のドライアイ

「熱」が原因の慢性的な病気

●症状の現れ方

犬のドライアイは慢性的な病気です。原因は体内の上がりすぎた「熱」が、目をうるおしている水分を蒸発させているか、あるいは潜在的にある栄養分である「血」や体液、つまり水分が不足しているかです。目が乾きはじめたときには、水分を多く与えるより前に、まず目の「熱」をとらなければなりません。

治療法としては、まず「熱」をとる指圧や食事療法を行ってください。基本的な治療法を1カ月続けた後、栄養分である「血」や体液が不足したときの治療法に変えるのもいいでしょう。

いったん、「熱」が解消され、ペットが目のまわりをそれほど気にしなくなってから、目の周囲にある局部的なツボ指圧をします。

●ツボ療法で治す

①承泣《しょうきゅう》の指圧
②睛明《せいめい》の指圧
③瞳子髎《どうしりょう》の指圧

これらのツボは、患部に栄養を与えたり、経絡《けいらく》や内臓を強化するのに使います。

それぞれのツボを、軽く、同じ強さで10秒間、指で押します。もうひとつの方法は、目やこめかみ、顔のまわりを、小さく円を描くようになでます。

●目のための健康運動で治す

目のための健康運動も効果があります。

マッサージは小さな円を描くように、次のような順序で行います。

①目頭の横から目の下にいき、目尻の横を通って目の上にいき、目頭に戻ります。
②次に方向を変えて、目頭から上にいき、目尻から下を通って目頭に戻ります。

②睛明《せいめい》
位置：目頭と鼻の
付け根の中央。
①承泣《しょうきゅう》
位置：まっすぐに見たとき
の眼球の真下で、眼球と眼《がん》
窩《か》下縁の中間。
③瞳子髎《どうしりょう》
位置：目尻のすぐ横。

両方向に数回ずつ、軽く、一定の力でマッサージします。

これがすんだら、耳の前も上から下へマッサージします。このツボは顔の「気」や「血」の循環も促します。

●薬草で作る洗眼液で治す

犬の角膜の表面が乾いていると、通常のなめらかさが失われ、にごったり、色がついたりします。ドライアイの場合はペット用の点眼液を使うのもよいでしょう。もし、材料が手に入れば、薬草で洗眼液を作って目を洗ってあげると、症状の改善に役立ちます。

・メグスリノキ

日本の山野に生えるカエデ科の植物です。名前の通り、目の症状を改善させるために使われてきました。メグスリノキの乾燥させた葉を2グラム、1カップの水で煎じてこし、冷まします。これで1日1〜2回、目を洗ってあげます。

・エビスグサ

マメ科の植物ですが、ほとんどが栽培品。漢方薬局で決明子《けつめいし》の名前で販売されています。この種子1グラムを1カップの水で煎じて、1日1〜2回、目を洗ってあげます。

結膜炎
目やにと涙目が目安

●症状の現れ方

ペットが結膜炎《けつまくえん》にかかると、しばしば濃い黄色か緑色の目やにを伴います。涙も「熱」をもち、そのせいで目のまわりの毛がなくなってしまう場合もあります。肝臓《かんぞう》に「熱」があると、しばしば脾臓《ひぞう》も疲れさせ、からだの水分の循環もうまくいかなくなって、涙目を起こします。このような症状のペットは、一般に食事のあとで悪化します。注意してみていると、食事のあとでがぶがぶ水を飲むことに気がつくでしょう。

ひっきりなしに涙が流れるようになると、肝臓の中にある体液、つまり水分を使い果たしてしまいます。すると目をうるおす涙がつくれなくなって、今度は逆に乾いてしまうこともあります。

結膜炎にかかっているペットの目は、見るからに痛そうです。下まぶたの内側は生のハンバーグのようです。排出物は、熱い燃えるような涙から、灰色や黄色の膿《うみ》までさまざまです。

結膜炎には、外部からの病原菌に感染して急激に発病する、急性のものがあります。そのすばやさは「一陣の風」のようです。このようなものを漢方では、「風邪《ふうじゃ》」による病気といっています。

この場合の治療は、肝臓の「熱」を冷やすのが目的です。そして栄養分である「血」や水分のとどこおりを解消して、循環をスムーズにします。結膜炎を起こしているときは、組織はうるおいすぎて鬱血《うっけつ》し、炎症を起こしています。水分の排泄《はいせつ》を促進させるツボを加えるとよいかもしれません。

患部が「熱」をもち、かつ「風邪」が関係する結膜炎の場合は、ツボは「熱」を下げ、肝臓の「熱」を冷やすために使います。また、そのうえに、「風邪」を追い払ったり、取り除くツボも加えます。

●ツボ療法で治す

①風池《ふうち》の指圧

頭の後ろにあるこのツボは、「風邪」と「熱」を追い払います。

②曲池《きょくち》の指圧

前足にあるこのツボも、風池と同様の作用をもちます。

③合谷《ごうこく》の指圧

前足にあり、頭と顔の疾患のための重要なツボです。

④行間《こうかん》の指圧

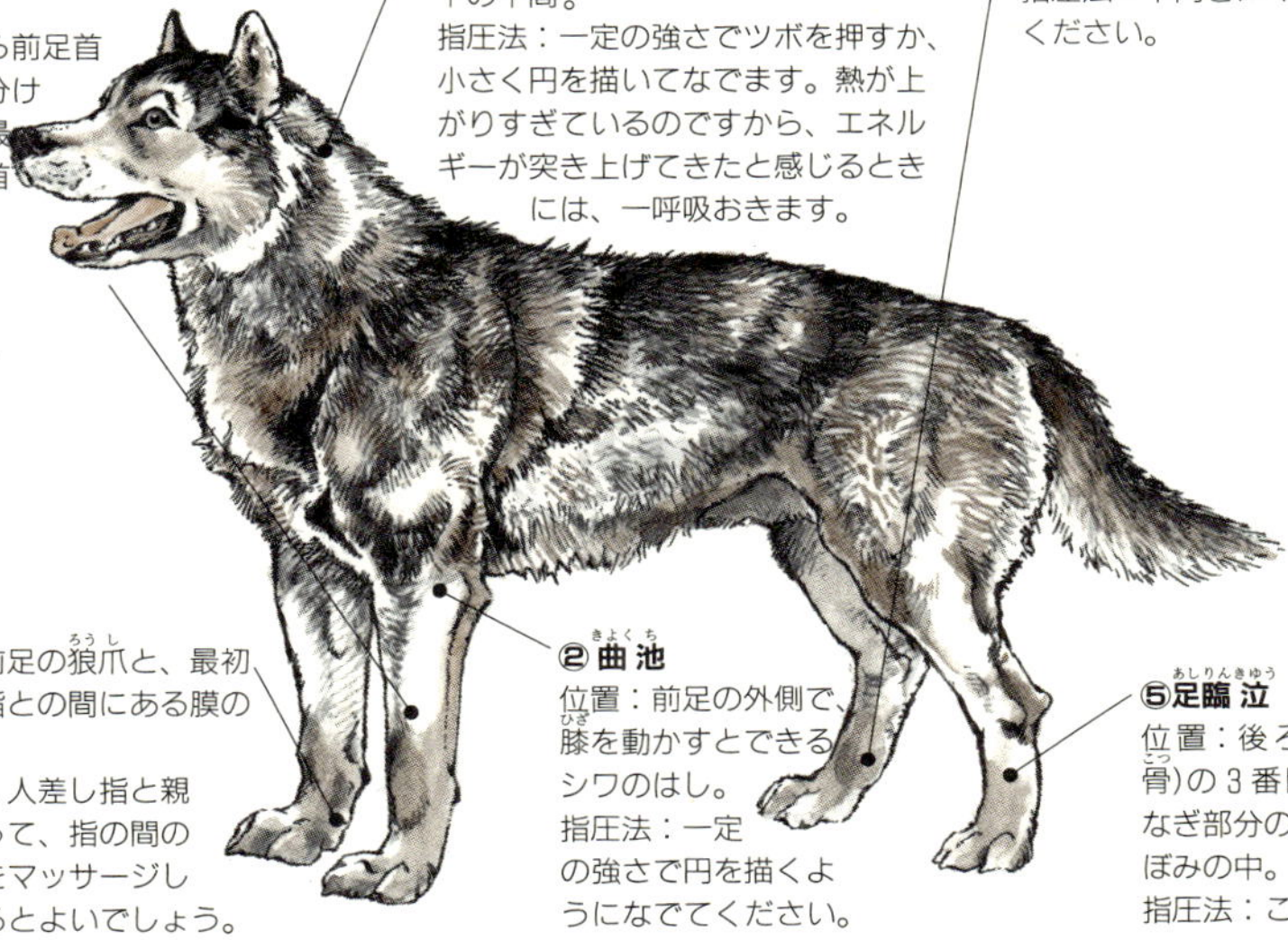
①風池《ふうち》
位置：頭の後ろで、首の両側にあるくぼみにあり、おおよそ背骨と耳の下の中間。
指圧法：一定の強さでツボを押すか、小さく円を描いてなでます。熱が上がりすぎているのですから、エネルギーが突き上げてきたと感じるときには、一呼吸おきます。
④行間《こうかん》
位置：後ろ足首の内側の上、ちょうど足指の骨が足の骨と出会うところ。
指圧法：下向きにマッサージをしてください。
⑥外関《がいかん》
位置：前足を膝から前足首まで６つの部分に分けると、このツボは最後の６番目、前足首に近いところ。
指圧法：指先で上下の方向にツボをこすってください。
③合谷《ごうこく》
位置：前足の狼爪《ろうし》と、最初の長い指との間にある膜の中。
指圧法：人差し指と親指を使って、指の間の膜全体をマッサージしてあげるとよいでしょう。
②曲池《きょくち》
位置：前足の外側で、膝《ひざ》を動かすとできるシワのはし。
指圧法：一定の強さで円を描くようになでてください。
⑤足臨泣《あしりんきゅう》
位置：後ろ足の骨（中束《ちゅうそく》骨《こつ》）の３番目と４番目のつなぎ部分のすぐ前にあるくぼみの中。
指圧法：ここを押します。

後ろ足にあるこのツボは肝臓の「熱」を下げ、目や頭を冷やして落ち着かせます。肝臓の「血」を冷やすと、頭部へ上がる「気」と「血」も落ち着きます。

⑤足臨泣《あしりんきゅう》の指圧

後ろ足にあるこのツボは充血を緩和し、「熱」と「湿」を取り除きます。行間と組み合わせて使います。

急性結膜炎の場合

急性結膜炎の場合は、風池、曲池のツボに加えて外関《がいかん》のツボが効果があります。

⑥外関の指圧

外関と呼ばれるこのツボは、「風邪」など外（病）邪による疾患と「熱」の症状をやわらげます。

薬草・漢方薬名	効能・作り方
マリーゴールド、タンポポ、カミツレ	結膜炎で目のかゆみや赤みがあるときに洗眼液として用いる。１カップの水に薬草を２グラムずつ入れて煎じ、冷えてから濾紙《ろし》でこして、１日２～４回、目を洗う。
竜胆瀉肝湯《りゅうたんしゃかんとう》	肝臓の「熱」を鎮め、余分な水分も取り去る処方。また肝臓の「血」を補い、肝臓の働きを正常にして結膜炎を治す。

日光過敏症

風や日光に当たるのがいや

●症状の現れ方

たくさんの猫と繁殖された愛玩用犬が、この問題に悩まされているようです。風の吹く日に涙が出るのは、「風邪《ふうじゃ》」の影響です。治療法のねらいは「風邪」を追い払うことです。

目の過敏症は、太陽の光や、場合によっては部屋の中の明かりによることもあります。犬や猫の体質によって、原因が「寒」なのか「熱」なのかは違ってきます。寒いと症状が悪化するようだったら、治療法は「風邪」を排除してからだを温め、循環を促します。もし、涙が熱くて、目が燃えているように見え、目のまわりの毛が燃え落ちていたら、治療法は「風邪」を排除して目を冷やすことです。

●ツボ療法で治す

①風池《ふうち》の指圧

頭の後ろにあるこのツボは、「風邪」を追い出します。

②光明《こうめい》の指圧

後ろ足にあるこのツボは目をよく見えるようにし、肝《かん》臓《ぞう》の働きを正常にします。

③命門《めいもん》の指圧

背中にあるこのツボは、からだを温める主要なツボのひとつです。もし涙が冷たいタイプだったら、このツボが症状を改善させるのに役立ちます。

④三陰交《さんいんこう》の指圧

後ろ足にあるこのツボは、肝臓の「血」を補う働きがあります。

●食事療法で治す

寒さで悪化するようなペットの場合は、からだを温める食べ物をあげるようにしましょう。たとえば動物性タンパク質では鶏肉、羊肉、サケなどです。生の野菜や貝類は避けます。ニンニクはからだを温める食べ物の代表ですから、毎日、少量ずつあげてもよいでしょう。

涙が熱く、暖かいと悪化するような場合は、からだを温めすぎるものはあげないようにします。ドライフードはいっそうからだを温めるので、必ずほかのものを25%以上混ぜてください。ほかのものとは、やわらかく炊い

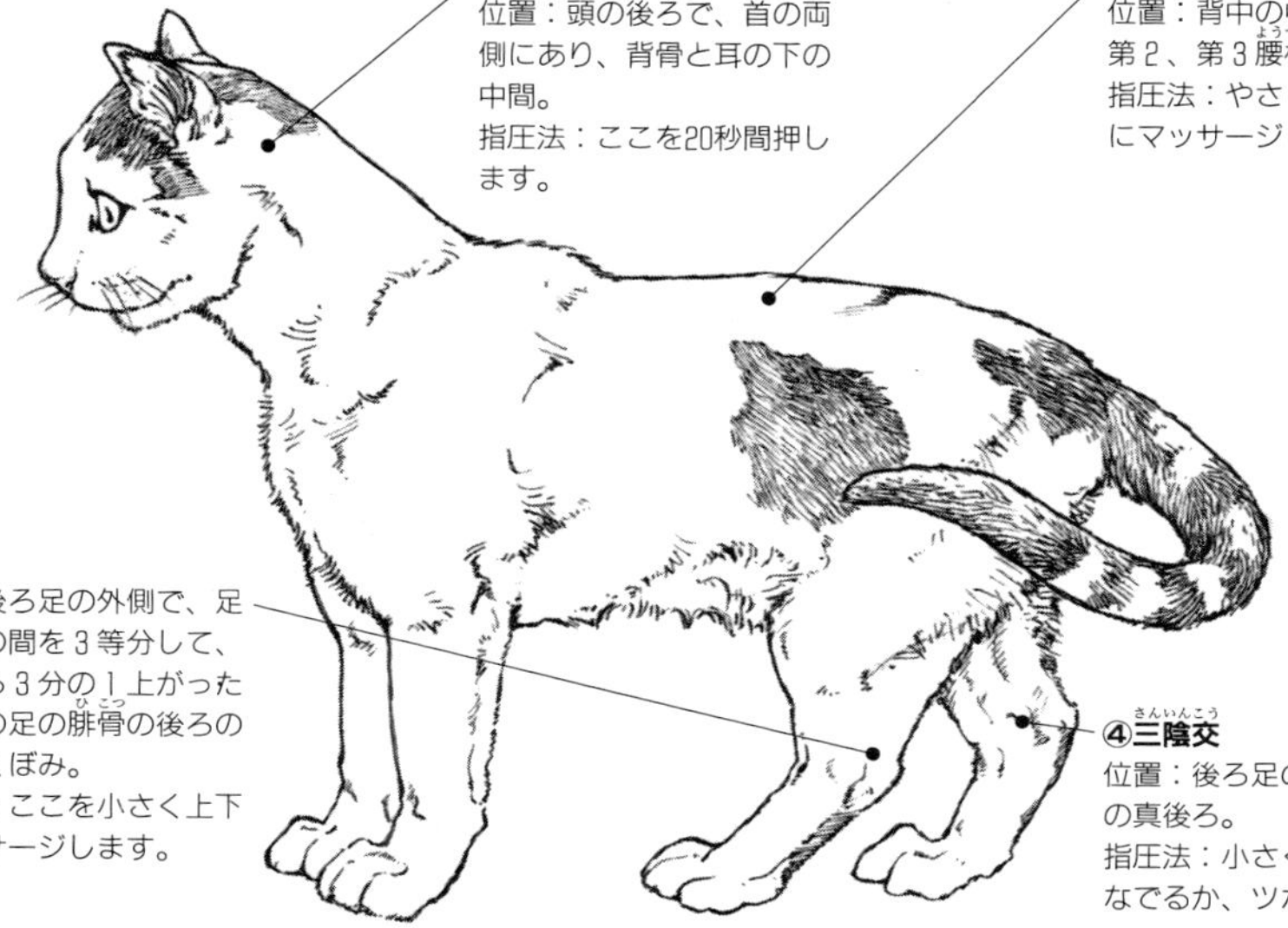
①風池《ふうち》
位置：頭の後ろで、首の両側にあり、背骨と耳の下の中間。
指圧法：ここを20秒間押します。
③命門《めいもん》
位置：背中の中心線上で、第２、第３腰椎《ようつい》の間。
指圧法：やさしく指で前後にマッサージします。
②光明《こうめい》
位置：後ろ足の外側で、足首と膝《ひざ》の間を３等分して、足首から３分の１上がったところの足の腓骨《ひこつ》の後ろの筋肉のくぼみ。
指圧法：ここを小さく上下にマッサージします。
④三陰交《さんいんこう》
位置：後ろ足の内側で脛骨《けいこつ》の真後ろ。
指圧法：小さく円を描いてなでるか、ツボを押します。

た玄米、ジャガイモ、大麦かアワです。家で食事を調理している場合は、穀物を犬なら60％以上、猫なら30％以上混ぜます。あげてよい動物性タンパク質は豚肉か牛肉の赤身、白身の魚です。犬にはセロリ、マッシュルーム、ホウレンソウ、ニンジン、ブロッコリーなどを食事量の20％まで混ぜます。猫はふつう、野菜はほとんど食べません。

●栄養補助食品で治す

①ビタミンＡ

肝油はよいビタミンＡの補給食品です。１日に猫や小型犬なら小さじ半分、中型犬は小さじ1、大型犬は小さじ2が目安です。

②ビタミンＥ

マツヨイグサのオイルがよいでしょう。これは主要素は脂肪酸で、酸化防止作用があり、炎症を鎮めます。ビタミンＥ量として猫や小型犬は１日50～１００ＩＵ、中型犬２００ＩＵ、大型犬４００ＩＵが目安です。

③ビタミンＣ

あげすぎると、下痢《げり》をすることがあります。便がゆるくなるようだったら、量を減らしてください。猫と小型犬は１日１２５ミリグラム、中型犬２５０ミリグラム、大型犬５００ミリグラムが目安です。

耳の病気
信じられないほど表情豊かな
ペットの耳は病気になりやすい

●ペットの多くに耳の病気

室内で飼っている、四本足のペットの非常に多くが、耳の病気をもっているようです。円錐形の形をした耳は、まるでレーダー基地のように働き、人間の耳より、はるかに高いレベルの音をとらえています。犬や猫の耳は人間の耳よりずっとよく動き、よく回るうえに、信じられないほど表情に富んでいます。すべての行動パターンが、耳の位置から推し量れます。たとえば、猫が耳をぴったりつけた「飛行機耳」をしたときは、なにかに襲いかかろうとして、とびかかる直前です。犬の耳は家の人たちが帰ってくると、ぴんと立ってうれしそうにあいさつします。どんな理由ででも、動物の耳はよく動き、また、すべての病気に敏感に反応するようです。

現代医学ではある種の耳の病気は、その種のペットにはあたりまえなこととしてかたづけられています。たとえば、これといって理由もないのに、頭を振るペットがたくさんいます。それは、犬の耳が人間よりも長いので、耳の中を走る管が長く、空気や湿気を耳の中にたくさん取り入れてしまいがちだからといわれています。

耳の病気が始まるのは突然かもしれませんが、たいていは長引きます。とくに犬は、耳の具合が悪くて一生苦労することも、めずらしくありません。耳ダニをべつにすると、猫は犬よりも、耳での苦労は少ないようですが、私のみるところでは、猫の仲間にも、以前より耳の悩みが増えてきたようです。

実際に獣医が診察する耳の病気の、いちばん多い症例は、聞こえが悪い耳、赤くなったり、乾いて炎症を起こしている耳で、これには、耳垢《みみあか》がこびりついているものも、なにもないものもあります。また、スープのような水っぽい、くさくて、じとじとした耳垢なども問題です。

●耳はからだ全体の縮図である

耳のまわりには、胆経《たんけい》、小腸経《しょうちょうけい》、三焦経《さんしょうけい》の3つの経絡《けいらく》があります。この経絡に加えて、昔から「耳はからだの管が出会う場所」といわれています。

また耳はからだ全体の縮図でもあります。耳介《じかい》や耳輪《じりん》の上には、からだの器官がどのように位置づけられているかをもとにして、経絡のあらゆる分流が集まっているのです。分布図によれば、胎児《たいじ》のように頭は耳の根元に向かって下向きに位置し、目は耳たぶのところにあります。足は上部の平らな部分にあって、耳の先に向かっています。背骨は耳輪のカーブに沿って1列に並んでいます。内臓は耳の中心部で、耳の穴を囲んでいます。耳には200以上の指圧のツボがあるのです。

耳は、からだのあらゆる器官に通じているとはいえ、主な要素は腎臓《じんぞう》に関連しています。腎臓の体液、つまり水分や「血」の動きによって耳がちょうどよくうるおい、その結果、耳は聞こえるようになるのです。耳の働きに必要な十分な水分、つまり体液をつくる腎臓の能力が弱っていると、聴力に問題が出てきます。

腎臓は生まれ持った元気と、食物などから得る後天的な元気を貯蔵している臓器で、腎臓が弱る原因はいろいろあります。非常に乾燥しているところや、こわいことが多すぎる環境で暮らしている場合、あるいは年をとることも原因になります。こわいことがあって、そのストレスにいつもつきまとわれていると、その動物の腎臓は悪くなります。これは、火事とか地震とか竜巻といった大災害の際に、よくみられます。

五行《ごぎょう》の体系で腎臓と関係が深いのが肝臓《かんぞう》で、腎臓が弱ると肝臓にうまく栄養が行き渡りません。そうなると、肝臓に蓄えられている栄養分である「血」が影響を受けます。するとからだの乾燥が進み、肌《はだ》や目、耳や毛が乾燥します。腎臓の五行の体系でいう相対する関係が弱くなると、心臓、小腸、心《しん》包《ぽう》、三焦といったからだの「熱」をコントロールしている器官のバランスが崩れます。

体内に過剰な「熱」が生じると、どこのものでも上昇して、炎症や乾燥の原因になります。とりわけ、耳を含む、からだの上部が影響を受けます。

耳の聞こえが悪い
大きな音や突然の音にイラつく

●症状の現れ方

人間のための漢方医学書では、「耳鳴り」のことがたいてい取り上げられています。このような本では、ほとんどの場合、老化で腎臓《じんぞう》の機能が低下するために起きていると説明されています。腎臓の機能が悪化すると、耳に適切な量の水分や、栄養分である「血」が行き渡らなくなって症状が起きます。

　こういう異常がペットに起こっても、よほどひどくなるまで気がつきません。犬や猫が、大きな音や突然の音にイライラするときは、耳の調子が悪いときです。びっくりしやすくなったり、隠れるものをさがして駆けだしたり、ところかまわず隠れようとするものもいます。

　五行《ごぎょう》の体系では、腎臓の「水」を調節する役割は小腸の支配下におかれています。もし、腎臓の体液、つまり水分が不足していると、耳鳴りとして現れ、聴力の減退や不快感が増してくるのです。

　私のところにくる年とった患者のなかには、特定の音なら聞こえるという患者がいます。そういう犬は飼い主に呼ばれてもしらんぷりしているのに、台所でバナナをむいている音は外にいても聞こえるのですから。

　こんな犬の患者がきたことがあります。ある種の音がどこから聞こえてくるのかわからないという、変わったことで悩んでいるというのです。飼い主が言うには、道の反対側からその犬を呼ぶと、うろたえて、飼い主をさがして四方八方に駆けだすのだそうです。飼い主のところにこられるのは、目でとらえられたときだけです。飼い主はこれは聴力がゆがんでいるからだと考えました。この犬は喉《のど》の渇きもひどく、落ち着きもありません。私はこれは腎臓と小腸のバランスが崩れているために起きている症状と考え、バランスをととのえるツボ指圧をしたところ、その犬の方向感覚はみるみる回復しました。

●ツボ療法で治す

①耳門《じもん》の指圧
②聴宮《ちょうきゅう》の指圧
③聴会《ちょうえ》の指圧
④翳風《えいふう》の指圧
⑤太谿《たいけい》の指圧
⑥陽谷《ようこく》の指圧

　後ろ足にあるこのツボは、腎臓を強化します。
　前足にあるこのツボは、小腸の「火」を鎮めます。

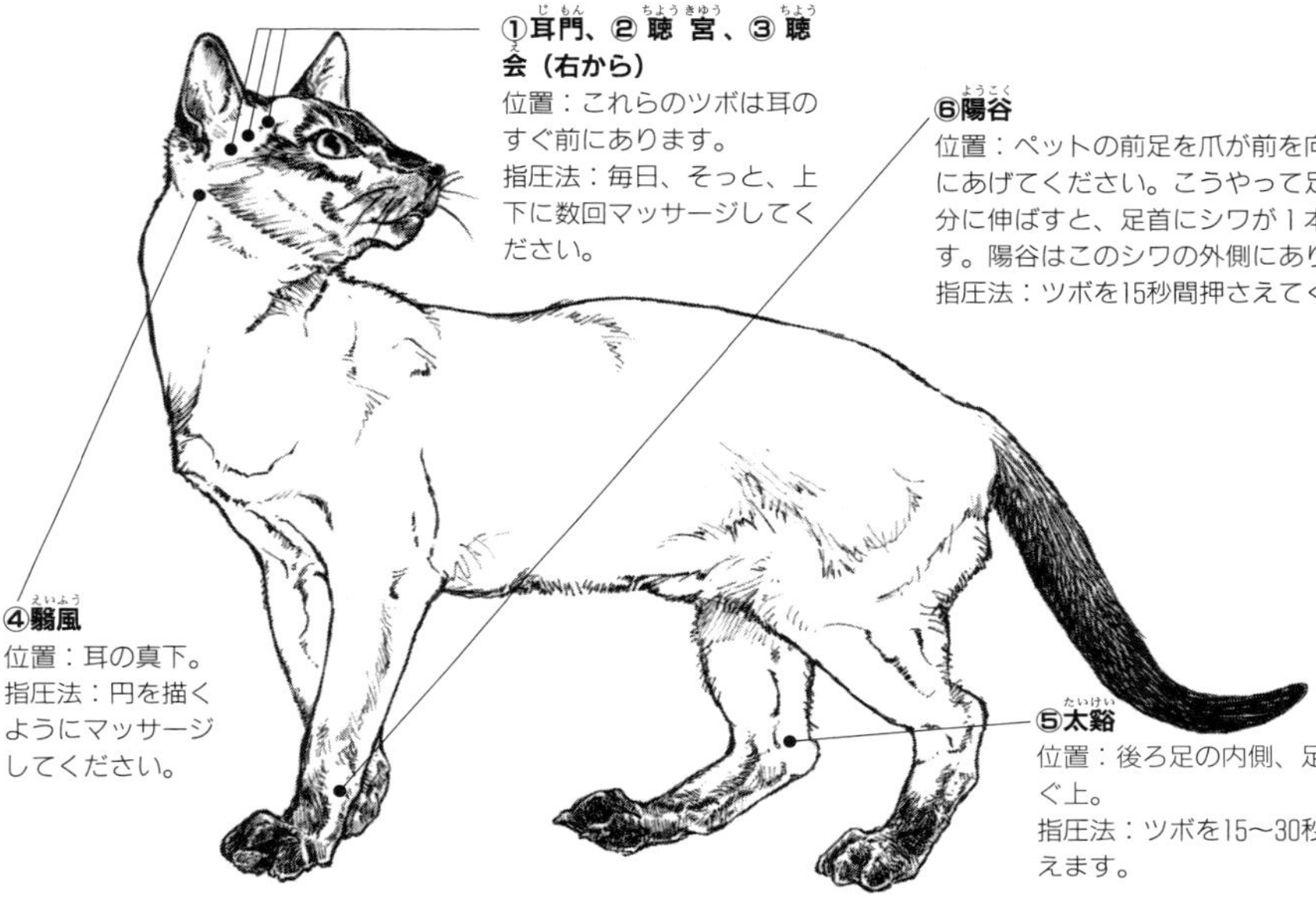

①耳門《じもん》、②聴宮《ちょうきゅう》、③聴会《ちょうえ》（右から）
位置：これらのツボは耳のすぐ前にあります。
指圧法：毎日、そっと、上下に数回マッサージしてください。
⑥陽谷《ようこく》
位置：ペットの前足を爪が前を向くようにあげてください。こうやって足首を十分に伸ばすと、足首にシワが１本よります。陽谷はこのシワの外側にあります。
指圧法：ツボを15秒間押さえてください。
④翳風《えいふう》
位置：耳の真下。
指圧法：円を描くようにマッサージしてください。
⑤太谿《たいけい》
位置：後ろ足の内側、足首のすぐ上。
指圧法：ツボを15〜30秒間押さえます。

電話やドアベルに反応しなくなった

コーキーという名前のとても変わった犬が、長年、私の患者にいました。年をとって、とうとう腎臓が弱ってきはじめると、飼い主はコーキーの聴力もなくなりかかっているのに気がつきました。というのもコーキーが電話やドアのベルに反応しなくなったからです。私は聴力のツボと同時に、腎臓のツボの指圧もしました。コーキーの飼い主は、まもなくコーキーが、また電話やドアのベルが聞こえるようになったと報告してきました。半分冗談のように、飼い主は、次にはテーブルの上に乗れるようになるかしら、と聞いたものです！

薬草・漢方薬名	効能・作り方
黒豆	黒豆は腎臓を丈夫にし、老齢のために耳の聞こえが悪くなっているペットの症状をやわらげる。やわらかく煮たものを食事に混ぜる。
六味《ろくみ》地黄丸《がん》	これは昔からある腎臓の強壮用《きょうそう》漢方薬で、地黄《じおう》と山茱萸《さんしゅゆ》という強壮作用のある生薬《しょうやく》が入っている。腎臓の機能が弱って、聴覚に障害が出ているときに有効。

耳が赤くなって乾く

体力が弱っていないか

●症状の現れ方

ペットの体力が弱ったとき、耳のまわりや、耳道《じどう》の中が赤くなって乾くことがあります。赤くなったり乾いたりするのは、体液、つまりからだの水分不足が原因です。体液の貯蔵量が少なくなると、通常のからだの中の「熱」を冷やす働きが十分でなくなります。その結果、「虚熱《きょねつ》」と呼ばれる熱が増加してきます。この熱は、「活動的な、力のありあまった熱」からきたのではなく、むしろ、ちょうどよい温かさを維持するための体液を生み出すことができない、からだの弱さからきています。

栄養分である「血」と、体液、つまり水分をつくるからだの器官は腎臓《じんぞう》、肝臓《かんぞう》、脾臓《ひぞう》です。体液が完全に不足していると、耳は乾いて赤くなり、炎症を起こして厚ぼったくなります。ペットの耳にさわると、少しいやがるでしょう。でも、そっと、やさしくふれれば、たいていはさわらせてくれるものです。

もし、栄養分である「血」の不足が根本的な原因だとしたら、ペットはこんな症状をみせます。舌が乾いて、舌の上には、にこ毛がほとんどないか、まったくなく、皮膚《ひふ》は乾燥してフケが出て、少し喉《のど》が渇きぎみです。おびえやすくなっていることもあります。

●ツボ療法で治す

治療は栄養分である「血」を増加させて血行をよくし、「虚熱」を解消させることがねらいです。こうすると、適当な水分が耳の組織に戻ってきます。

①風池《ふうち》の指圧

頭の後ろにあるこのツボは、頭部の疾患の治療によく使われるツボです。耳から不快感と「熱」を追い払います。

②曲池《きょくち》の指圧

前足にあるこのツボは、頭部から「熱」を追い払います。

③列缺《れっけつ》の指圧

前足にあるこのツボは、肝臓の働きを活発にして、からだの「気」と水分の流れをよくし、頭部に水分を与えます。

④腎兪《じんゆ》の指圧

背骨の両側にあるこのツボは、腎臓機能を丈夫にするツボです。

●塗り薬で治す

ビタミンEのクリーム、アーモンドかオリーブのオイルなどが使えます。毎日、カミツレか紅茶で、ペットの

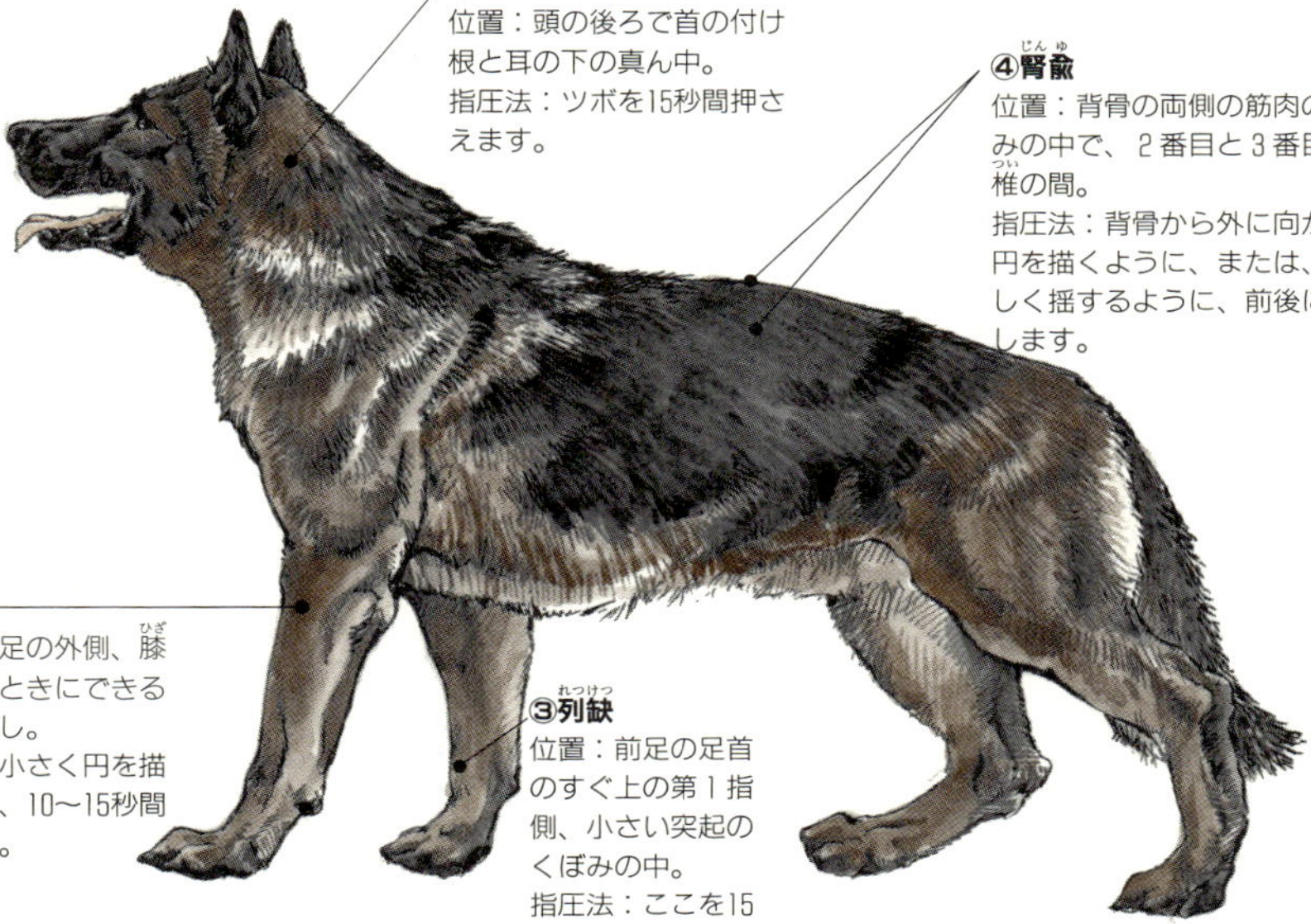
①風池《ふうち》
位置：頭の後ろで首の付け根と耳の下の真ん中。
指圧法：ツボを15秒間押さえます。
④腎兪《じんゆ》
位置：背骨の両側の筋肉のくぼみの中で、2番目と3番目の腰《よう》椎《つい》の間。
指圧法：背骨から外に向かって円を描くように、または、やさしく揺するように、前後に動かします。
②曲池《きょくち》
位置：前足の外側、膝《ひざ》を曲げたときにできるシワのはし。
指圧法：小さく円を描くように、10〜15秒間なでます。
③列缺《れつけつ》
位置：前足の足首のすぐ上の第1指側、小さい突起のくぼみの中。
指圧法：ここを15秒間押します。

耳を湿布してあげると、耳の炎症が鎮まります。

●食事療法で治す

犬のためには野菜をたくさん、肉は少なめにしてください。赤い肉は「血」をつくるためにはいいのですが、食べすぎるとからだの中に「熱」を生み出します。猫には豚の赤身の挽肉、鶏の砂肝《すなぎも》、サバ、卵などがいいでしょう。

サヤインゲン、ブロッコリー、キャベツ、ニンジンやインゲンマメなどの野菜や豆類はお勧めです。野菜は生か煮たものを、もちろん豆類はよく煮てください。ドライフードは控えめにしたいものです。なぜならドライフードは体内で消化されるときに「熱」を出すうえに、ほとんどのものが脂肪分をたくさん含んでいるからです。

薬草・漢方薬名	効能・作り方
アロエゼリー	アロエのゼリーを赤くなった耳に塗ると、炎症を鎮めてくれる。皮をナイフではいで、中にある透明なゼリー部分を使用する。
小柴《しょうさい》胡湯《ことう》	しょっちゅう耳の炎症を起こす、比較的ひ弱なペットに向く処方。耳の炎症が慢性化したときにも有効。

耳垢が多い
どんな耳垢かよく観察を

●症状の現れ方

ペットの耳垢《みみあか》が多く、なんとかしてあげたいと思っている飼い主もたくさんいることでしょう。

表面が乾燥してかたくなった、べたべたする耳垢は、なめらかな耳垢をつくるだけの体液は十分にあることを示しています。ところが、肝臓《かんぞう》の「熱」がからだの上部に上がっていく間に、その体液を使い果たしてしまうことがあるのです。

前項の、赤く、「熱」をもった乾いた耳の炎症がある患者は、体液が非常に不足しているので、排出物、つまり耳垢はなにひとつつくれません。それにくらべて、乾いて、表面がかたくなった、べたべたする耳垢が出る患者は、肝臓に「熱」をもっているのがわかります。肝臓は限界に近いぐらいバランスが崩れていますが、そのため、「熱」が上昇して体液の流れがとどこおっているのです。ふだん耳の器官をなめらかな状態に保っているバランスも崩れています。

この時点では、通常は、においはそれほどひどくなくて、わずかに不快なにおいがするだけです。患者は、乾いた耳の患者よりも、耳にふれられるのをいやがります。でも、いったんさわらせると、たまっている耳垢をとるためにこすってもらうのを喜ぶようになります。

耳垢は、肝臓の「熱」による場合以外にも、さまざまな臓器のバランスの崩れで起きます。原因によってにおいが違います。においは五行《ごぎょう》の体系で判断します。

・不快なにおい＝肝臓のバランスの崩れ
・病的な甘さ＝脾臓《ひぞう》のバランスの崩れ
・焦げたようなにおい＝心臓と小腸のバランスの崩れ
・腐敗による悪臭＝腎臓《じんぞう》のバランスの崩れ
・なまぐさいにおい＝肺のバランスの崩れ

●ツボ療法で治す

治療の目的は耳の「熱」をとる一方、体液のとどこおりを解消し、肝臓のバランスを取り戻すことです。

①曲池《きょくち》の指圧

前足にあるこのツボは、からだの上部の「熱」をとります。

②行間《こうかん》の指圧

後ろ足にあるこのツボは、肝臓の経絡《けいらく》上にあり、肝臓の「熱」をとるのに使います。このツボは、不快なにおいの耳垢に悩んでいるペットに、とくに有効です。

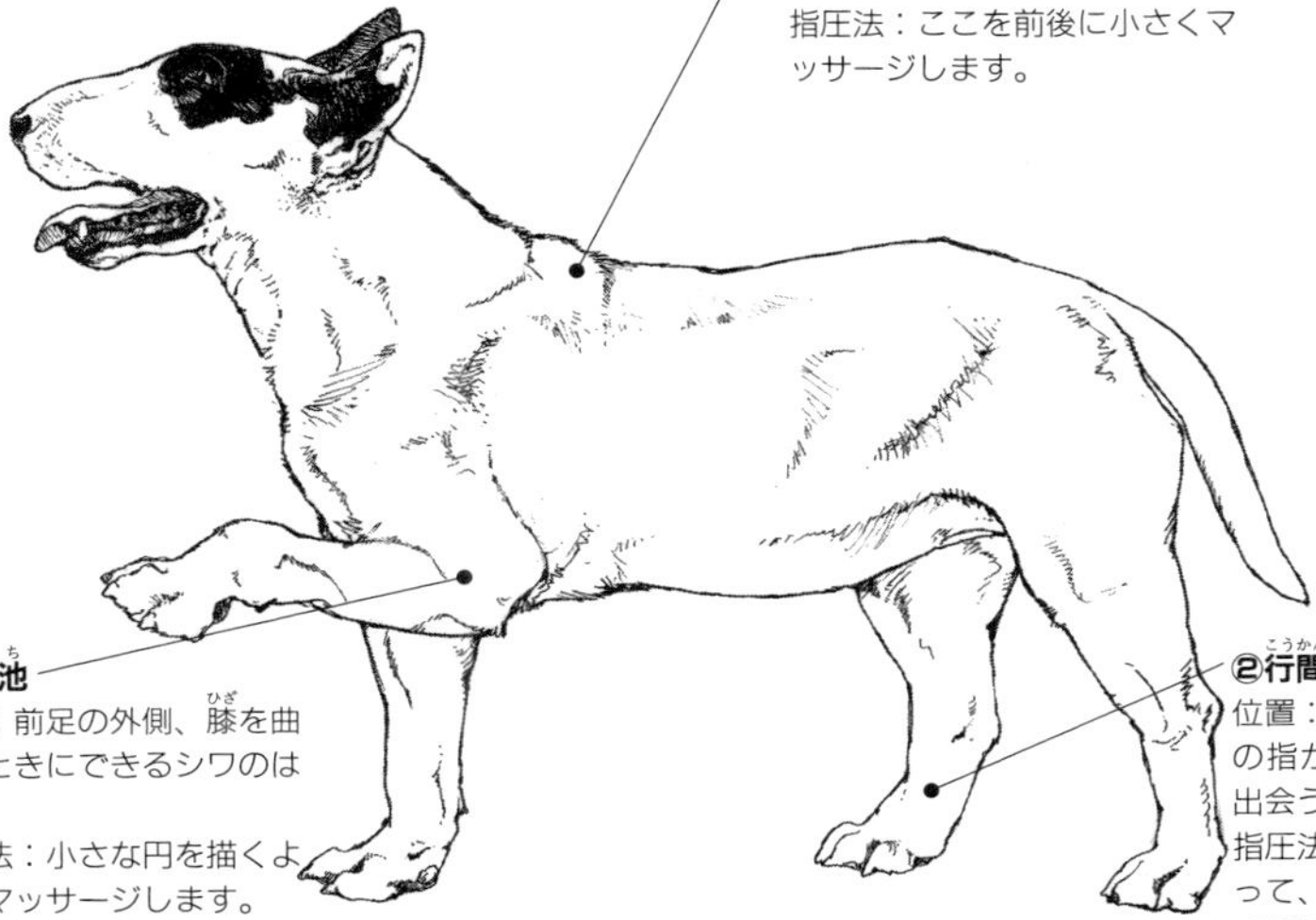

③肺兪《はいゆ》
位置：第3胸椎《きょうつい》と第4胸椎の間、背骨の両側のくぼみ。
指圧法：ここを前後に小さくマッサージします。

①曲池《きょくち》
位置：前足の外側、膝《ひざ》を曲げたときにできるシワのはし。
指圧法：小さな円を描くようにマッサージします。

②行間《こうかん》
位置：後ろ足の内側で、足の指が足の骨（中束骨《ちゅうそくこつ》）と出会うところ。
指圧法：後ろ足の内側に沿って、下向きに「軽く」なで下ろします。

③肺兪《はいゆ》の指圧

背中にあるこのツボは、からだの上部に水分を与えるのに有効です。

●塗り薬で治す

・アロエゼリー

点滴ピペットで数滴耳に落としてマッサージして、余分なものは綿棒で取り除きます。そのほか、耳をふくときにも使えます。しかし、症状を改善するには、塗り薬で手当てするよりは、指圧や食事療法のほうが効果的でしょう。

●食事療法で治す

肝臓のバランスをよくする大麦、アワ、全粒粉、緑黄色野菜、キャベツ、セロリなどが有効です。鶏肉などは肝臓に「熱」を生じさせるので避けてください。

漢方薬名	効能
越婢加朮湯《えっぴかじゅつとう》	じゅくじゅくした耳垢が多いペットに向く。
十味敗毒湯《じゅうみはいどくとう》	乾いた耳垢が多いペットに向く。耳に炎症があったり、熱っぽい場合にもよい。

耳垂れが出る

慢性的に湿っぽい耳

●症状の現れ方

あなたのペットが慢性的に湿った耳をしていたら、それは水分が多すぎるか、「熱」のバランスが崩れたために起きているのです。膿《うみ》のような黄色いものが出ることもあります。耳をいじられると痛がって、なかなかさわらせてくれません。においや赤みが強いものは、「熱」があるためで、ペットの精神はイラだち、不愉快そうにしています。

水分にいちばん敏感な臓器は腎臓《じんぞう》です。五行《ごぎょう》の体系では脾臓《ひぞう》は腎臓を支配し、肝臓《かんぞう》は脾臓を支配しています。余分な水分が存在するという感覚は、尿の増加や軟便でわかります。舌をみるとぼってりとして、両側に歯形がついています。よだれを垂らしていたら、脾臓に余分な水分があることを示しています。

慢性的なじとじとした耳垂れの治療をするときには、からだの中から治さなくてはなりません。外用薬にばかりたよっていると、耳に薬を塗るのをやめたとたんに、ぶりかえしてしまうからです。

●ツボ療法で治す

治療のねらいは耳のじとじとを乾かし、「熱」をとることです。それから、からだのバランスの崩れに取り組みます。とくに指示を受けていない場合は、ツボを10～30秒間押さえてください。

①陰陵泉《いんりょうせん》の指圧

後ろ足にあるこのツボは、じめじめしたところを乾かすのに役立ちます。

②合谷《ごうこく》の指圧

前足にあるこのツボは、頭部の疾患を治すツボです。

③曲池《きょくち》の指圧

前足にあるこのツボは、上半身の「熱」をとります。

④翳風《えいふう》の指圧

耳の下にあるこのツボは、耳の疾患の治療によく使われます。体液を循環させます。

薬草・漢方薬名	効能・作り方
ドクダミ茶	耳垂れを治す効力がある。乾燥させたドクダミ5グラムを1カップの水で煎じる。
竜胆瀉肝湯《りゅうたんしゃかんとう》	肝臓の「熱」を取り去る代表的な漢方処方。ペットがイライラしているようなときなどに使うと効果的。

④翳風《えいふう》
位置：耳の真下。
①陰陵泉《いんりょうせん》
位置：後ろ足の内側で、膝《ひざ》のすぐ下で、長い骨（脛骨《けいこつ》）とそれに近い筋肉（腓腹筋《ひふくきん》）の間のみぞの中。
②合谷《ごうこく》
位置：狼爪《ろうし》と第１指との間の膜にあります。
指圧法：この膜をマッサージします。
③曲池《きょくち》
位置：前足の外側。膝を曲げたときにできるシワのはし。

耳がとてもくさかったトニー

ある日、トニーという名のコッカースパニエルがクリニックの待合室に入ってきました。すると、診察室の奥にいる私のところまで、胸が悪くなるような、肉のくさったような、いやな耳のにおいがただよってきました。そのにおいがあんまりくさいので、トニーだってこれではたまらないだろうに、と思うほどでした。飼い主は、このにおいは治っては悪くなりを、５年間も繰り返していると言います。トニーはこれだけでは足りないとでもいうように、くさい軟便や下痢《げり》を繰り返し、また、よだれの量も異常に多くて、したたり落ちています。

トニーの耳をみてみると、どろっとした、膿のような、黄色いものが出ていて、顔の横の毛を焼き尽くしていました。耳をいじられると痛いことは、みただけでわかります。漢方ではこのような症状は水分の過剰と考えます。においは、焼き尽くす排出物、神経過敏は、「熱」があることも訴えています。このような、湿っぽい慢性的な耳垂れは、水分と「熱」のバランスが崩れたためです。舌はぼってりしていて、両側に歯形がついています。

治療は根深いからだのバランスの崩れを治すことから始めました。きっとトニーの症状は改善していくことでしょう。

耳の炎症

獣医で感染症かどうか調べる

●症状の現れ方

もし、あなたの犬か猫が耳のまわりをさわったり、耳を持ち上げたときに、突然耳が痛くなったそぶりをみせたり、耳に炎症が起きたり、耳がくさかったり、排出物が出たり、頭を振りつづけたり、耳を伏せてしまったりしたら、獣医に調べてもらってください。たぶん外耳炎か中耳炎などの耳の感染症でしょう。

急性の耳感染症は漢方におけるすべての急性症状と同様、「風邪《ふうじや》」の仕業と考えます。結膜炎《けつまくえん》などと同じで、「風邪」は突然入ってきてペットの耳に炎症を起こします。急性の耳感染症は、たいてい「熱」を伴います。

●ツボ療法で治す

治療は「風邪」を追い出し「熱」を下げることを目標にします。痛みがあるので、おとなしいペットでも局部の治療はがまんできないかもしれません。とくに指示されていない場合は、ツボを15〜30秒間押さえてください。

①大椎《だいつい》の指圧

首の付け根にあるこのツボは、侵入してきた「風」を追い払います。

②曲池《きよくち》の指圧

前足にあるこのツボは、上半身の「熱」と「風」を追い払うためのツボです。

③風池《ふうち》の指圧

頭の後ろにあるこのツボは、「風邪」を追い出し、「熱」を冷まします。ただし急性症の場合、このツボをさわると痛むので、さわらせてくれたらでよいでしょう。

薬草・漢方薬名	効能・作り方
ユキノシタ	ユキノシタの生葉は中耳炎、外耳炎で耳が腫《は》れて痛むものによく効く。葉を細かくきざんですり鉢ですり、そのしぼり汁をつける。
葛根湯《かっこんとう》	急性の「風邪」による疾患を治す代表的な漢方処方。耳に熱感があり、痛みがあるようなそぶりをみせるときに効く。発病したてに効き、使えるのは発病して2〜3日目まで。
越婢加朮湯《えっぴかじゅっとう》	しょっちゅう耳の炎症を繰り返し、炎症の程度が強い場合に向く。

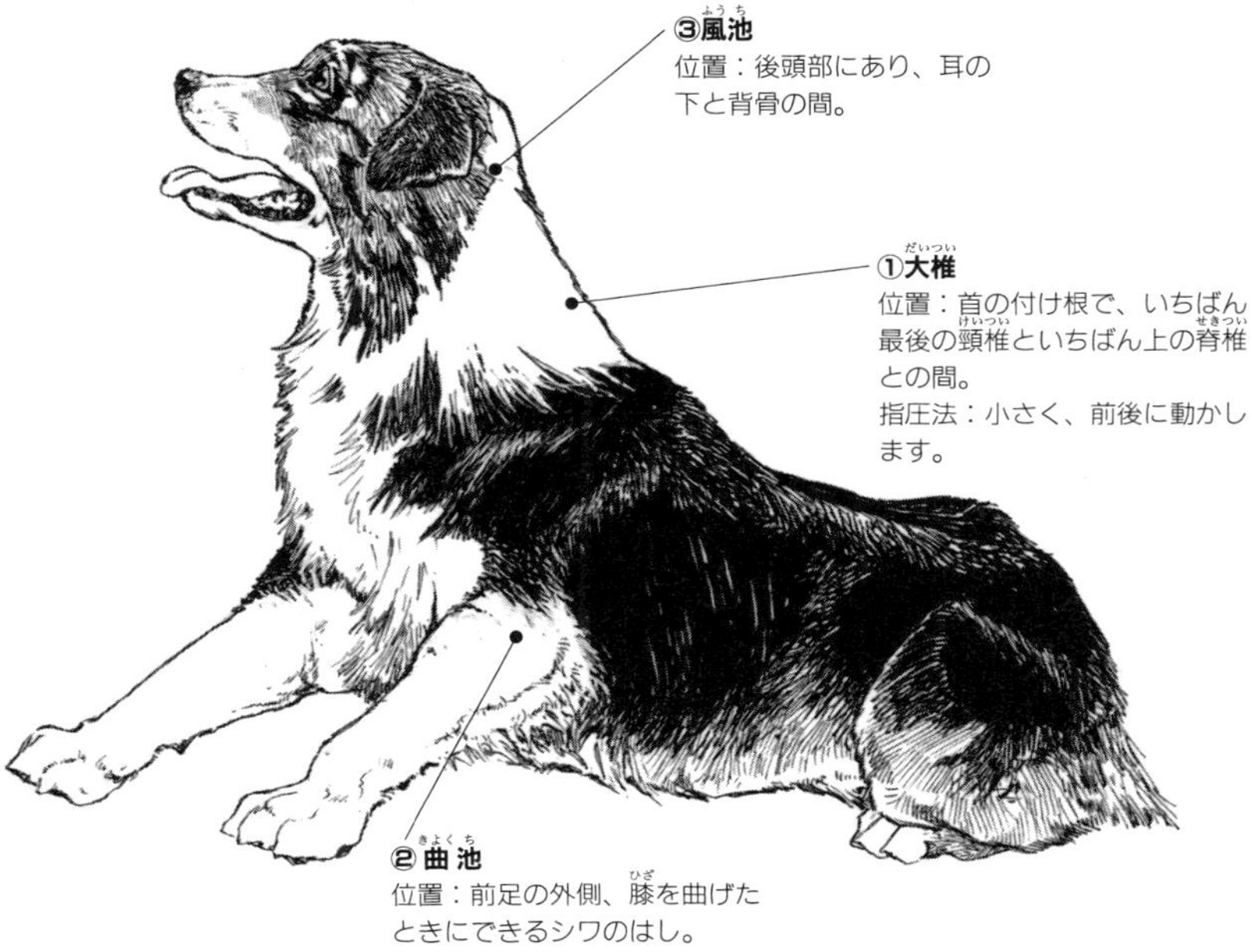
③風池《ふうち》
位置：後頭部にあり、耳の下と背骨の間。
①大椎《だいつい》
位置：首の付け根で、いちばん最後の頸椎《けいつい》といちばん上の脊椎《せきつい》との間。
指圧法：小さく、前後に動かします。
②曲池《きょくち》
位置：前足の外側、膝《ひざ》を曲げたときにできるシワのはし。

頭振りをするペット

ペットのなかには頭をやたらに振って、飼い主をイライラさせるものがいます。獣医が耳を調べても、耳垂れもなく、痛みや炎症も見あたりません。以前、かわいいティアというドーベルマンクロスがいました。この犬は肝臓《かんぞう》ガンと診断されていましたが、現代医学の獣医が考えていたよりもずっと長生きさせることができました。

ティアはいくつか不思議な行動をとりました。そのひとつは肝臓の具合が悪化すると、しきりに頭を振りはじめることです。調子がよくなると、頭を振らなくなります。ときには運動をさせると、おさまることがありました。運動が血液の循環をよくしてくれたからです。

頭振りのもうひとつの原因は、耳管の内部の圧力が違うときです。上昇していく飛行機の中では、高度が急に変わっていくので、私たちはあくびをしたり、大きく口を開けたりします。これと同じことが、鼻腔《びくう》になにかしら問題がある犬や猫にも起こります。ペットたちが頭を振るのは、気圧を同じにするためです。

食物アレルギーで頭を振る動物もいます。食後10分もたたないうちに頭を振りはじめるようだったら、食べ物を替えてみるといいかもしれません。耳のまわりの経絡《けいらく》をマッサージしてみてください。とくに、胆嚢《たんのう》、三焦《さんしょう》、小腸の経絡を。風池や曲池などのツボも効果的です。

歯と歯茎

息がくさかったら要注意
腎臓のバランスの崩れでも起こる

●**ペットの口の病気**

きょう、あなたのペットの息はくさくはありませんか。キスをしたくなるような、さわやかな息ですか。ことに犬は、なめたり、キスしたりしたがりますから、どんな具合かはよくわかります。猫の場合は、毛づくろいやあくびをしたときに、もし、息がくさかったら、すぐに気がつくはずです。

口腔《こうくう》衛生は、動物病院の重要な診療部門になってきました。大部分の室内飼育動物の平均寿命がのびたことによって、歯の消耗が激しくなり、歯磨きが必要になって、虫歯治療や歯根を埋めたり、歯を抜いたりしなければならなくなりました。歯茎は、歯肉炎という、炎症を起こす病気に注意しなければなりません。口にはたくさんのバクテリアがいるので、もし、動物の歯や歯茎が弱体化すると、心臓を含めたからだのほかの部分にストレスを与えることになります。

ほとんどの犬は若いときから、皮膚《ひふ》のかゆみが原因で皮膚を噛《か》みすぎるために、歯がすり減っています。また若い猫のなかにはひどい歯茎の病気にかかっているものも多く、ウイルスに感染しやすいものもいます。さらに、歯石ができていることもあります。

●**腎臓が弱ると虫歯になりやすい**

漢方では歯は骨格に属し、五行《ごぎょう》の体系では腎臓《じんぞう》、つまり「水」に支配されています。腎臓が弱ると、虫歯になりやすくなったり、歯が透明になって、抜けてしまったりします。また、腎臓が弱ると、腎臓の「精」も弱り、いわゆる「先天の元気」が弱くなります。こうした弱った腎臓は、からだのほかの器官にも影響を与えます。

五行の体系でみると、腎臓のバランスをとっているのは脾臓《ひぞう》と胃です。腎臓の役目はすべての内臓を冷やし、うるおいを保つことなので、もし、腎臓が弱いと、胃の中の余分な「熱」が上がって、消化機能に大混乱を起こすかもしれません。胃の炎症は胃酸の分泌、唾液《だえき》の状態を変え、嘔吐《おうと》の回数を増やしたりします。

消化というものは、口から始まるのですから、消化のバランスの崩れは歯茎、頬《ほお》や舌の表面も含めた口の組織を弱めることになります。胃が分泌する消化液は、健康な舌苔《ぜったい》をつくるといわれ、舌には薄く、白い苔《こけ》ができます。もし、胃と脾臓がうまく機能を発揮していないと、口の中のやわらかい粘膜組織に問題が起きます。歯茎がスポンジ状になったり、血が出やすくなります。潰瘍《かいよう》ができるのも胃の「熱」が大きくなりすぎた結果で、くさい息や歯石のできる原因にもなることがあります。

胃の「熱」が過剰なペットは、むさぼるように飲み食いするようになりますが、これは「熱を消そう」とするからです。本当に、紙や石を食べたり、セメントをなめたり、手当たり次第、あらゆるものを口に入れてしまいます。

五行の体系でいうと、脾臓が腎臓を支配するのに対して、腎臓は心臓を支配してバランスをとります。もし腎臓が弱っていると、心臓は影響を受けます。これは、とても興味深いことです。というのも、現代医学の視点からみると、虫歯や歯茎の疾患はたくさんの細菌が繁殖するため、心臓弁膜症や腎臓疾患の原因となることがあるとされているからです。その結果、漢方でも現代医学の見地からも、不健康な歯や歯茎は腎臓と心臓に影響を及ぼすということになります。

口臭があり歯茎が赤い

本当の熱か、うその熱かを見分ける

●どんな病気？

ペットの口が熱っぽく、口臭があったり、歯茎が腫《は》れている場合、本当の熱（実熱《じつねつ》）とうその熱（虚熱《きょねつ》）の違いを見分けるのは、対処するうえでとても大切なことです。どっちが原因で口の病気になったかで、治療の方法が違うからです。

本当の熱（実熱）は実証《じっしょう》タイプのペットがバランスを崩したときに起きる炎症です。実証タイプのペットは意志が強く、独断的で、自信家です。このタイプのペットが病気になると、高い熱を出してイライラと落ち着きがなくなり、喉《のど》は腫れて、ひどく水を欲しがります。そこで、「熱」を下げ、「熱」の原因である要素をおさえなければなりません。この場合、強力な、熱冷ましのハーブが必要になり、そのハーブは「気」を弱め、下痢《げり》を起こしますが、強い実証タイプのペットは耐性があるので、大丈夫です。

虚証《きょしょう》タイプのペットはおとなしくて、静かな性格で、このタイプがバランスを崩すのは、冷やす機能がおかしくなって、いつもの体内温度を調節することができなくなってしまったからです。そこで、結果として「熱」が上がってしまうのです。虚証タイプのペットは、感染したときの反応もおだやかで、寒気があって熱はほとんどありませんが、慰めてあげることが非常に大切です。喉が渇いているときには、少しずつ、たびたび飲みたがります。虚証の「熱」は下げてやらなければなりませんが、ずっとおだやかな方法をとらなければいけませんし、同時に内臓を強化する必要もあります。

このようなものを「虚熱」といいますが、この場合、

薬草名	効能・作り方
カミツレ	このおだやかな西洋のハーブは甘みと苦みがあって、胃と心臓の「熱」を鎮め、炎症を緩和させるために使われる。煎じて飲ませたり、食事に加えたり、綿にひたして歯茎をふいてもよい。
オオバコ	痛みをとり、炎症を鎮めるために使われ、消毒剤のような作用がある。外用にはガーゼに小さじ半分の乾燥したものか生のオオバコを包んで、小さな包みのようなものを作り、湯に10分間つけておく。これで毎日、歯茎を湿布する。

舌苔《ぜったい》はほとんどありません。とくに舌の中央は顕著です。舌の中央がはげているということは、「熱」の状態を示しています。「熱」が舌の毛を食い尽くしてしまったのです。舌に苔《こけ》がないのは、虚証タイプの状態を反映しています。この問題は生まれつきの慢性的なものですから、状態を変えるのは至難の業です。つまり、大事なのは、「ペットがこんなにひどい状態になるまで、ほうっておくな！」ということです。もし、息、歯茎の色、歯石や初期の虫歯など、なにかしらいつもと違うと思ったならば、獣医といっしょにチェックすることです。

●ツボ療法で治す

治療は「熱」をとるのが目的ですが、腎《じん》臓《ぞう》とともに脾《ひ》臓《ぞう》と胃を元通りにして、バランスの回復もめざします。次にあげるツボは、胃と脾臓を冷やし、バランスをとる一方で、腎臓の水分を増強します。どのツボも、実証、虚証、両方のタイプのペットに使えます。

もしペットがいやがらなかったら、口の

ティッシュペーパーを食べるモー

モーは5歳の短毛でかわいい、室内飼いの猫です。ティッシュペーパーや草をみつけ次第食べてしまうというので、病院にきました。モーの口はとてもくさくて、歯茎は熟したイチゴの中身のようでした。喉の下のリンパ腺はひどく腫れているので、口を開けると痛がります。いつも喉が渇いているのですが、一度に飲む水の量はほんのなめるほどです。舌は暗赤色で、舌苔はほとんど生えていません（舌の真ん中は、つるっぱげといってもいいぐらいでした！）。

飼い主に聞いてみると、この猫、モーは呼吸器にとても深刻な問題があって、そのせいで不足しているものがたくさんあるようでした。そのときには口の潰瘍《かいよう》はありませんでしたが、抵抗力は弱っていて、寒そうにしていました。そして、ときどき吐いてしまうのですが、そのあとで、それをまた食べるのだそうです。「一日じゅう、食べ物を欲しがるんですよ」と飼い主は話していました。「太りすぎにもならないし、いったい、食べたものはどこに行ってしまうんでしょうね。それに、イライラするようになって、食事の合間にはティッシュをいっぱい食べてしまうんですよ」と飼い主は言います。

モーの状態は、奥底にある「熱」からきた、胃の「熱」の顕著な例といえるでしょう。ティッシュペーパーを食べるのは、胃の中の燃えている酸を吸い取ろうとしているからです。モーの喉が腫れているのはたぶん、生まれつき腎臓の「精」が弱いのでしょう。モーの「気」は不足状態です。食べ物から「気」をつくっているのは脾臓と胃ですから、ここでのバランスが悪いと胃に「虚熱」が生み出されるのです。

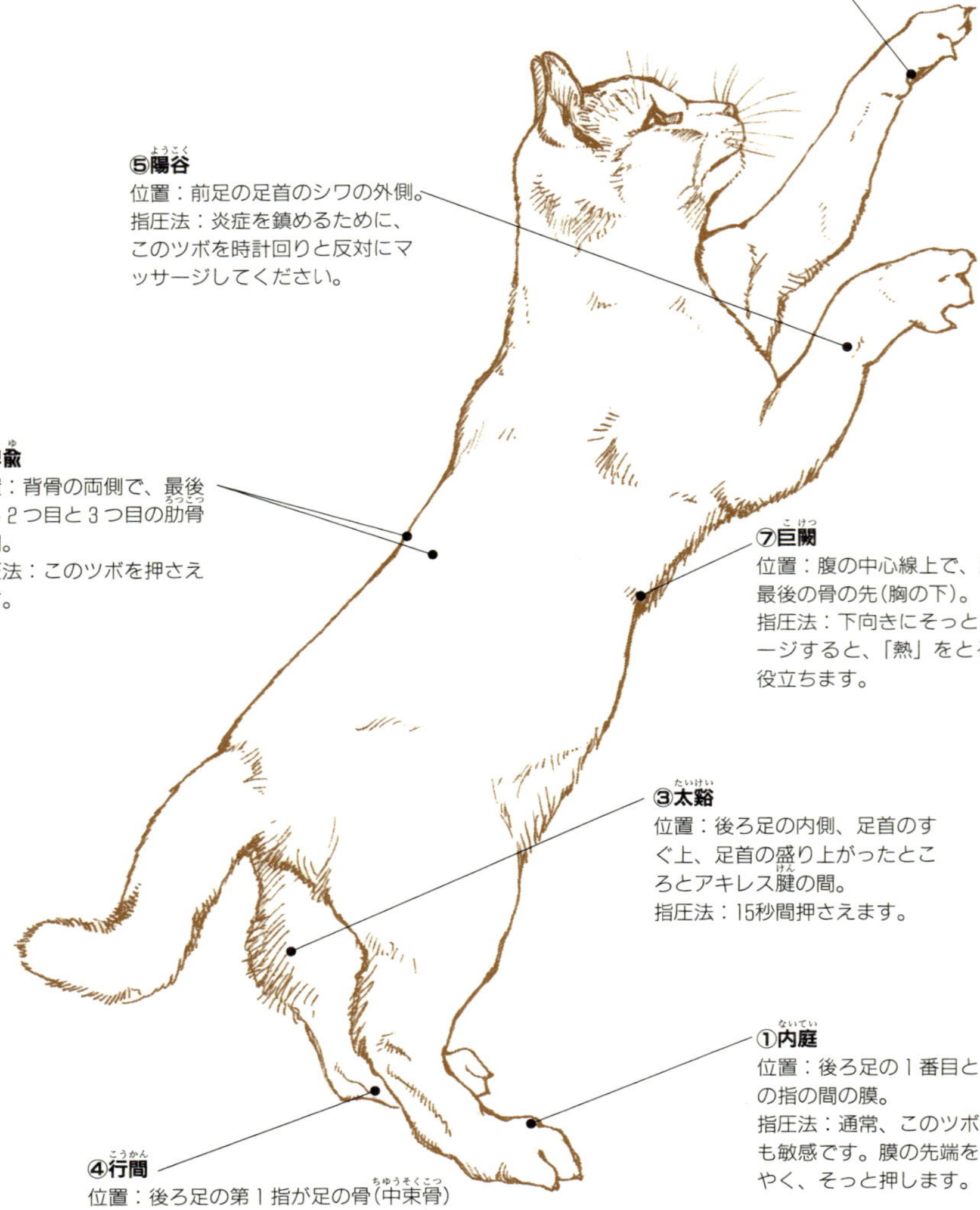

②合谷《ごうこく》

位置：前足の内側の親指と第１指との間の膜。

指圧法：ツボを15秒間押してください。

⑤陽谷《ようこく》

位置：前足の足首のシワの外側。

指圧法：炎症を鎮めるために、このツボを時計回りと反対にマッサージしてください。

⑥脾兪《ひゆ》

位置：背骨の両側で、最後から２つ目と３つ目の肋骨《ろっこつ》の間。

指圧法：このツボを押さえます。

⑦巨闕《こけつ》

位置：腹の中心線上で、肋骨の最後の骨の先（胸の下）。

指圧法：下向きにそっとマッサージすると、「熱」をとるのに役立ちます。

③太谿《たいけい》

位置：後ろ足の内側、足首のすぐ上、足首の盛り上がったところとアキレス腱《けん》の間。

指圧法：15秒間押さえます。

①内庭《ないてい》

位置：後ろ足の１番目と２番目の指の間の膜。

指圧法：通常、このツボはとても敏感です。膜の先端を、すばやく、そっと押します。

④行間《こうかん》

位置：後ろ足の第１指が足の骨（中束骨《ちゅうそくこつ》）と出会うところ。

指圧法：小さく、下向きに、なでるような動きで10〜15秒間。

まわりをそっとマッサージします。とくに唇《くちびる》の両端、顎《あご》、顎先を円を描くようにマッサージすると効果的です。

①内庭《ないてい》の指圧

後ろ足にあるこのツボは、胃から「熱」をとり、痛みを減らします。

②合谷《ごうこく》の指圧

前足にあるこのツボは、頭部の疾患治療の中心的ツボです。

③太谿《たいけい》の指圧

後ろ足にあるこのツボは、腎臓の水分を増やします。

◇強くて、実証のペットには次のツボを使います。

④行間《こうかん》の指圧

後ろ足にあるこのツボは、肝臓《かんぞう》から「熱」をとります。

⑤陽谷《ようこく》の指圧

前足にあるこのツボは、炎症を鎮めるのに役立ちます。

◇虚証のペットのための、そのほかのツボ

⑥脾兪《ひゆ》の指圧

背中にあるこのツボは、内臓のバランスを保つのを助け、「気」を強めます。

⑦巨闕《こけつ》の指圧

お腹にあるこのツボは、胃の「熱」をとるのに役立ちます。

老犬の食事

人間と同様、犬も年をとるにつれて食事を変える必要があります。人生も半ばを過ぎると、生まれながらに備わった活力が低下してきます。消化機能も年とともに衰えてきます。ですから、まず、消化や吸収をよくするために食べ物はよく調理して、消化しやすくしてあげなければなりません。玄米や殻付き麦は栄養分に富んでいますが、年をとったペットにとっては吸収しにくい食べ物です。

寒がりの犬には鶏肉のようなからだを温める食べ物を、熱がりの犬には脂身《あぶらみ》を取り除いた豚肉の挽肉といったからだを温めない食べ物をあげるのは、若いときと変わりません。しかしリウマチを患っている年をとった犬に肉をたくさんあげると、炎症を悪化させ、関節の痛みを増加させることがあります。そのため、肉類は少しだけあげるようにします。そのかわり消化のよい白身の魚をあげるとよいでしょう。

1日1回しか食べていなくて問題がない場合はかまいませんが、消化機能の負担を軽くするために、食事を2回にし、少量ずつあげるのもよい方法です。

口内炎

急に口の炎症が起きたら

●症状の現れ方

この状態は本当の熱（実熱《じつねつ》）の状態です。ふだん弱々しいペットにも、丈夫なペットにも起きます。結膜炎《けつまくえん》やインフルエンザのように、急に症状が出る場合は、漢方では「風邪《ふうじゃ》」の影響と考えます。

●ツボ療法で治す

治療の目的は、「熱」を下げ、「風」を追い出すことです。

①大椎《だいつい》の指圧

背中にあるこのツボは、「風」と「熱」を追い払います。

②内庭《ないてい》の指圧

後ろ足にあるこのツボは、胃の「熱」をとり、炎症を鎮めます。

③曲池《きょくち》の指圧

前足にあるこのツボは、上部の「熱」をやわらげ、口を冷やします。

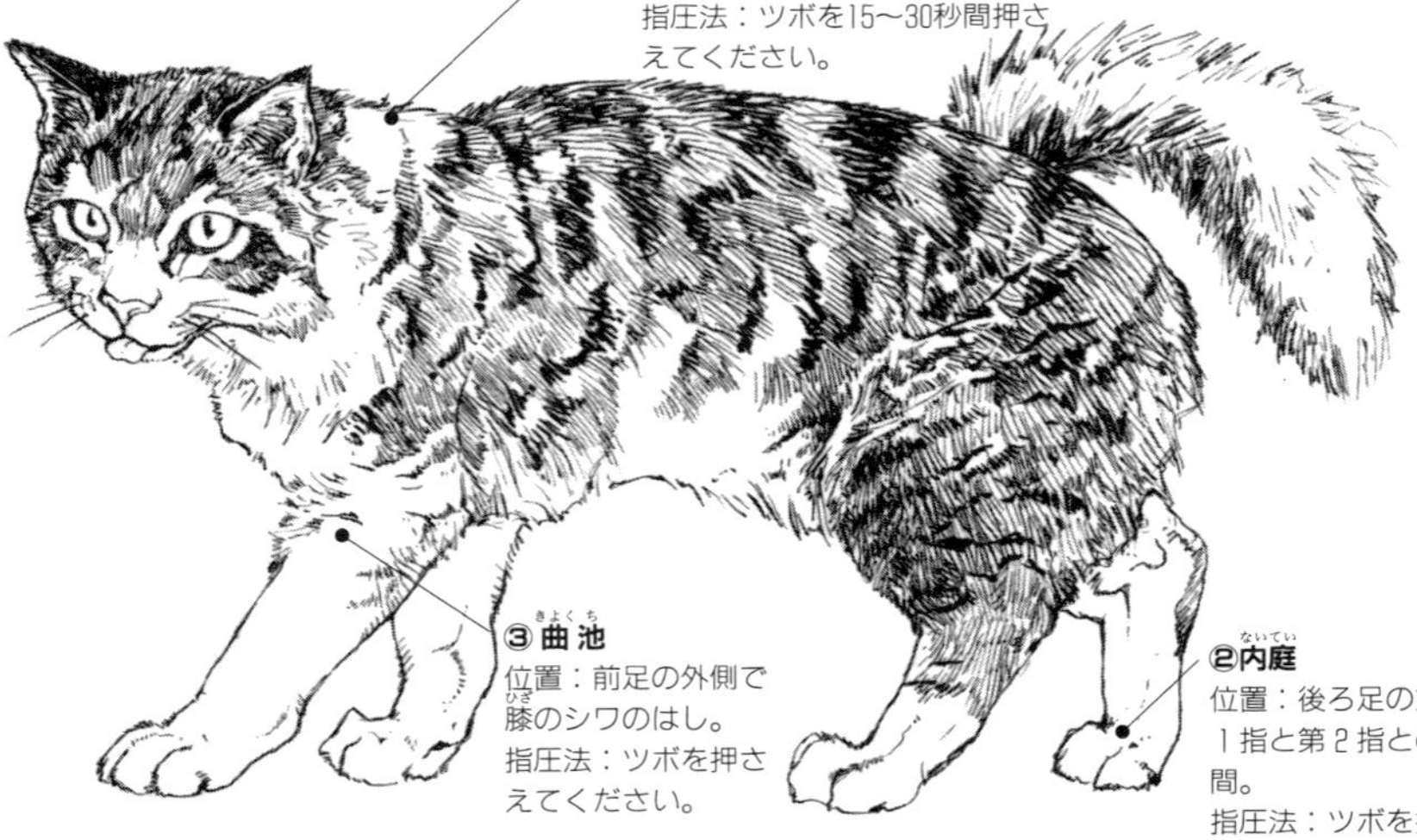
①大椎《だいつい》
位置：背中の首の付け根。最後の頸椎《けいつい》と最初の脊椎《せきつい》との間。
指圧法：ツボを15〜30秒間押さえてください。
③曲池《きょくち》
位置：前足の外側で膝《ひざ》のシワのはし。
指圧法：ツボを押さえてください。
②内庭《ないてい》
位置：後ろ足の第1指と第2指との間。
指圧法：ツボを押さえてください。

肺と鼻の病気、家庭での治し方

肺と鼻の働き

大事な呼吸をする器官、病邪からからだを守る機能も

●漢方での肺の働き

呼吸をするたびに、私たちは空気中の酸素を吸い込んでいます。酸素を取り込むのに加えて、肺は水分を空気から取り込み、からだのさまざまな臓器で利用できるようにしています。

五行《ごぎょう》の体系でいうと、肺は大腸とともに、「金」に属する臓器です。どちらの内臓もいらなくなったものを排出している点が似ています。肺は炭酸ガスを、大腸は大便をというように。

「金」の臓器に関係のある季節は、秋です。気管支炎や喘息《ぜんそく》などアレルギー性疾患がこの季節に多く発生するのは、そのためです。

五行のサイクルでは、「土」に属する胃と脾臓《ひぞう》が肺に栄養を与え、その一方で、肺は「水」に属する腎臓《じんぞう》に栄養を与えます。そのため、消化器官や腎臓が弱っても、ペットの呼吸器にさまざまな影響が出ます。また、五行の体系によると、肺は肝臓《かんぞう》と心臓に支配されています。ですから、弱くなった肺は、この両方の内臓の働きに影響を与えるのです。

肺に関連する感情は、悲しみです。悲しみすぎたり、嘆きすぎると、肺はバランスを崩します。飼い主や仲良しの動物の死後、気管支炎になった動物たちはたくさんいます。

肺は、乾燥した気候に影響を受けやすい器官です。そのため、乾燥したところに住んでいるペットは、喘息などのアレルギー性疾患や気管支炎にかかりやすくなります。肺がいったん障害を受けると、気管支に粘液を分泌する機能や、弾力性のある性質を失い、吸気や呼気が正常にできなくなります。

●からだじゅうに水分を配っている

肺が呼吸をするためには、肺だけでなくほかの臓器のエネルギーが必要です。呼吸するために必要なエネルギーとは、まず肺の「気」、そして脾臓の「気」と腎臓の「気」です。

私たちが鼻から空気を吸うと、肺の「気」が活性化されます。肺が空気と空気中の水分を受け取ってふくらむと、腎臓の「気」が吸気の最後に、その空気を「のびあがって、つかむ」といわれています。そして、肺の「気」と腎臓の「気」が協力して、空気の中の水分を私たちのからだに必要な体液として取り込み、からだ全体に配分する助けをしているのです。

胃と脾臓の「気」も、呼吸している肺と横隔膜《おうかくまく》にエネルギーを供給しています。

もし、肺の「気」、腎臓の「気」、あるいは胃の「気」が弱い場合は、ペットの呼吸は浅く、そして弱々しくなってしまいます。それも、吸気のときにそうなるのです。もし、肺や腎臓自体が弱っている場合は、呼気がしづらくなります。

●肺は外邪（病原菌）の侵入を防ぐ

漢方では肺はまた、皮膚《ひふ》やうぶ毛、汗腺《かんせん》などからだの表面にあるものを支配しているとも考えます。皮膚やうぶ毛は、からだの表面にあって物理的にからだを外界から守るだけではありません。外邪（病原菌）がからだの内部に侵入するのを防いで、病気からからだを守る働きもしています。

いままで、こんなことを思ったことはありませんか。病気になるペットもいれば、なにひとつ悪いところがないペットもいるのはどうしてだろう、と。

それは、ペットのなかに強い防衛能力をもっているものと、そうでないものがいるからです。このからだの防衛能力の大切なひとつが、皮膚にある「衛気《えいき》」なのです。「衛気」はからだに病気が入ってくるときの、最初の防御壁の働きをします。

もし、ペットが運動をしすぎたり、栄養不良だったり、風に当たりすぎたりして、からだが弱っていると、「衛気」も弱り、ウイルスや細菌が入り込めるすきまができてしまいます。からだの「衛気」と、侵入しようとする病原菌の戦いの結果で、その動物が病気になるか、健康のままでいられるかが決まるのです。

●鼻と肺の密接な関係

鼻は呼吸器官の一環として、肺と深い関係があります。また鼻と肺は、乾燥の影響をたいへん受けやすい器官でもあります。空気は鼻の粘膜でいったんこされ、肺に適正な湿り気を与えてから、からだに送り込まれます。
　もし、この空気をこす作用が、長い、あるいは重い感染症のために、うまく働かなくなっていると、肺の内部とからだの体液、つまり水分補給機能が影響を受けます。その結果、鼻先や鼻の穴が乾いて、粘膜に柔軟性がなくなり、ときには潰瘍《かいよう》ができることもあります。体液不足は肺や鼻に影響を及ぼすばかりでなく、便秘や乾燥肌《かんそうはだ》の原因にもなるのです。

　もし、肺の体液、つまり水分の不足がもっと顕著になってきたら、ペットはさらに喉《のど》が渇き、呼吸は乾いて、大きな音をたて、ゼイゼイあえぐようになります。さらに深刻になると、気管支炎や喘息のようなものに進むおそれがあります。

　そのうえ、外界からからだを守っている皮膚が乾燥してくると、肺は必要な体液を補給しようと必死になります。肺は五行の体系のなかで大腸と支えあっているので、この体液はパートナーである大腸からもらうことになります。そのために、今度は大腸が乾燥して、便が乾燥したり、便秘になったりするのです。

●ペットの体質と病気

　いったん、動物の具合が悪くなると、その病気にどう反応するかは、そのペットの体質が実証《じっしょう》タイプか虚証《きょしょう》タイプか、病邪（病原菌）が「熱」タイプか「寒」タイプかで変わってきます。

　一般に、実証タイプのペットは病気をすばやく投げ出そうとするのに対して、虚証タイプのペットは長いこと苦しめられてしまうようです。

　からだの表面でからだを守っている「衛気」を攻撃してくる「病邪」には2つのタイプがあります。「寒」タイプの病邪と、「熱」タイプの病邪です。中国ではこれを「風寒《ふうかん》」とか「風熱《ふうねつ》」といいます。詳しくはそれぞれ、「風寒」の風邪、「風熱」の風邪の項を参照してください。漢方では「風邪」の攻撃をいちばん受けやすいところは頭の後ろ、首の根元と決まっています。

●ツボをさがすポイント

◇最後の肋骨の位置からさがすとよいツボ

犬や猫の胸椎《きょうつい》はふつう13あります。しかし、それをさぐるのはむずかしいので、最後の肋骨《ろっこつ》の位置（13番目の胸椎）を確かめて、それを基準にさがすとわかりやすいツボがいくつかあります。

・肝兪《かんゆ》―肋骨の９番目と10番目の間にあるので、最後の肋骨から数えて４番目と５番目の間です。

・胆兪《たんゆ》―肋骨の10番目と11番目の間にあるので、最後の肋骨から数えて３番目と４番目の間です。

・脾兪《ひゆ》―肋骨の11番目と12番目の間にあるので、最後の肋骨から数えて２番目と３番目の間にあります。

・腎兪《じんゆ》―最後の肋骨の次が腰椎《ようつい》の１番目なので、最後の肋骨の次から腰椎を数えて２番目と３番目の間。

・大腸兪《だいちょうゆ》―最後の肋骨の次が腰椎の１番目なので、最後の肋骨の次から腰椎を数えて４番目と５番目の間にあります。

◇おへその位置からさがすとよいツボ

おへそは、人間と同様、お腹の中心線上で下腹部に近いところにあります。下腹部に近いところの毛をわけていくと、丸く毛がはえていない部分がみつかります。そこがおへそです。おへそは神闕《しんけつ》というツボです。

・関元《かんげん》―腹部の中心線上で、おへそと恥骨《ちこつ》の間を３等分して、おへそから３分の２下がったところ。

・気海《きかい》―腹部の中心線上で、おへそと恥骨の間の中央少し上。

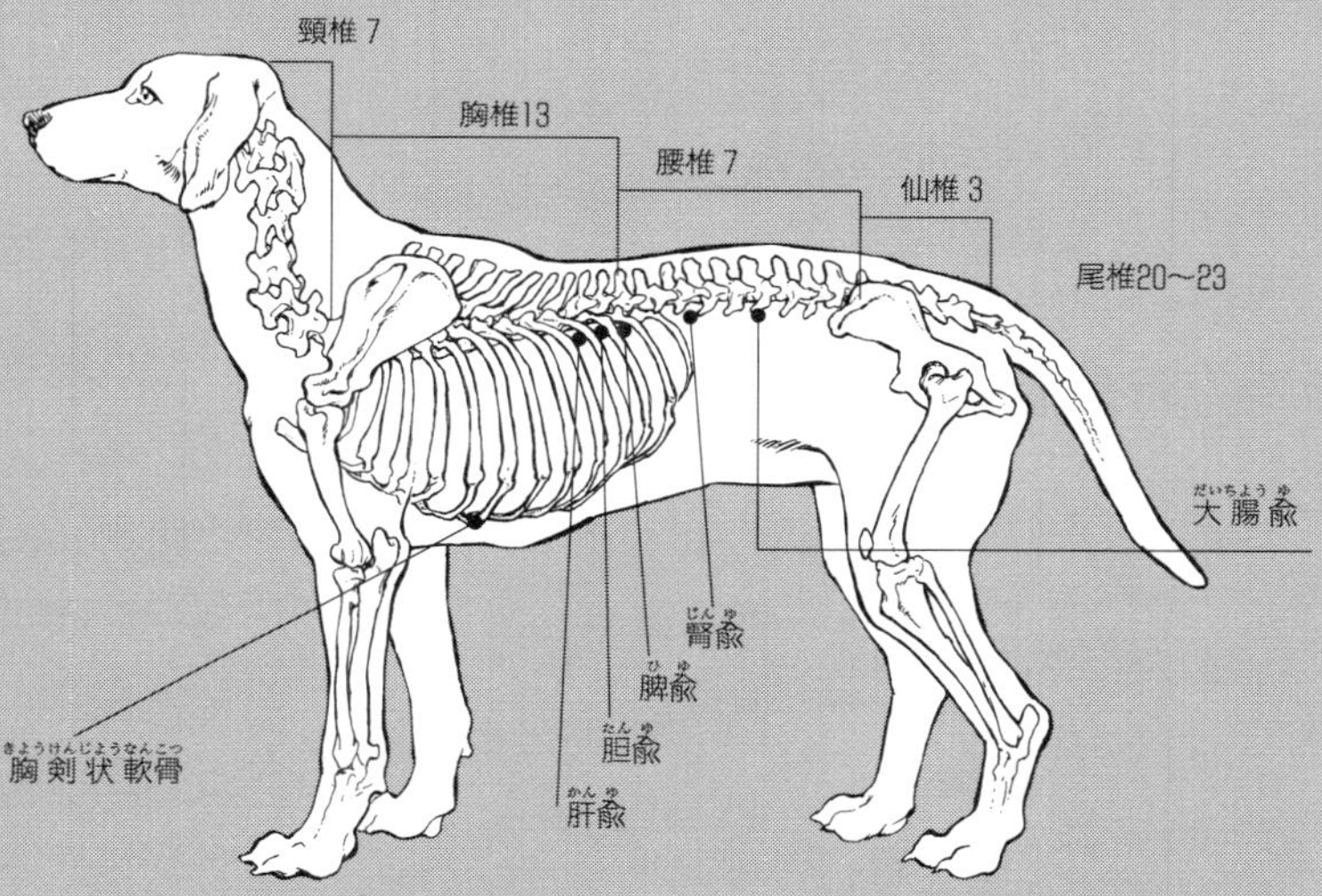

頸椎７
胸椎13
腰椎７
仙椎３
尾椎20～23
大腸兪《だいちょうゆ》
腎兪《じんゆ》
脾兪《ひゆ》
胆兪《たんゆ》
肝兪《かんゆ》
胸剣状軟骨《きょうけんじょうなんこつ》

風邪をひいた1
ペットが寒そうにする場合（風寒）

●症状の現れ方

風邪をひくといった場合にも、どんな病邪がからだに入り込んだかによって、現れる症状が違います。もし「寒」の病邪がからだに入ると、冷えて寒気がしてきます。

ペットは日向に出たり、暖房機のそばに寄ったり、布団に潜り込んだり、あなたの膝《ひざ》に乗りたがったりします。寒気があると、無気力になり、目や鼻から涙や鼻汁が出てきます。ペットはぐったりして、食欲がなく、水を飲もうともしないこともめずらしくありません。あなたのペットはにぶい頭痛や、耳の痛みに悩まされているので、マッサージをしてやると痛みがやわらぎます（そうですとも、あなたの犬だって頭痛に苦しむことがあるんですよ。おでこにシワをよせたり、やかましい音をいやがったり、頭を隠そうとしたり、なにかにこすりつけているときなどがそうなんです）。

●病邪の入り口を攻撃する

治療の第一歩は、最初に病邪がからだに入ってきた場所を攻撃して、病邪を排除することです。つまり、頭の後ろと首の付け根のツボ刺激を行います。虚証《きょしょう》タイプ、あるいはからだの弱い動物には指圧は軽く、薬草・漢方薬も効き目のおだやかなものを使います。実証《じっしょう》タイプでふだんは丈夫で反応が過剰なペットには、指圧は強めに行い、薬草・漢方薬も効き目の強いものを与えます。

●ツボ療法で治す

ツボ指圧をするとき、先に説明したように、ペットのもともとの体質によって、指圧の方法を少し変えてあげる必要があります。もともと虚弱な虚証タイプのペットはおよそ1～2分間、軽く押してあげれば十分です。わりに体格がよく、よく食べる実証タイプのペットには軽めから普通の押し方で行います。非常に落ち着きのないペットには、時間を短く、強めの押し方をしなければなりません。

目標は、ペットの状態に応じた、「適正な」押し方です。押し方が強すぎれば逃げだし、弱すぎればあなたの指にからだを押しつけるようにして、ペットがちょうどよい押し方を教えてくれます。

ペットが寒そうなしぐさをする風邪をひいたときは、次のツボを指圧してあげてください。

①風池《ふうち》の指圧

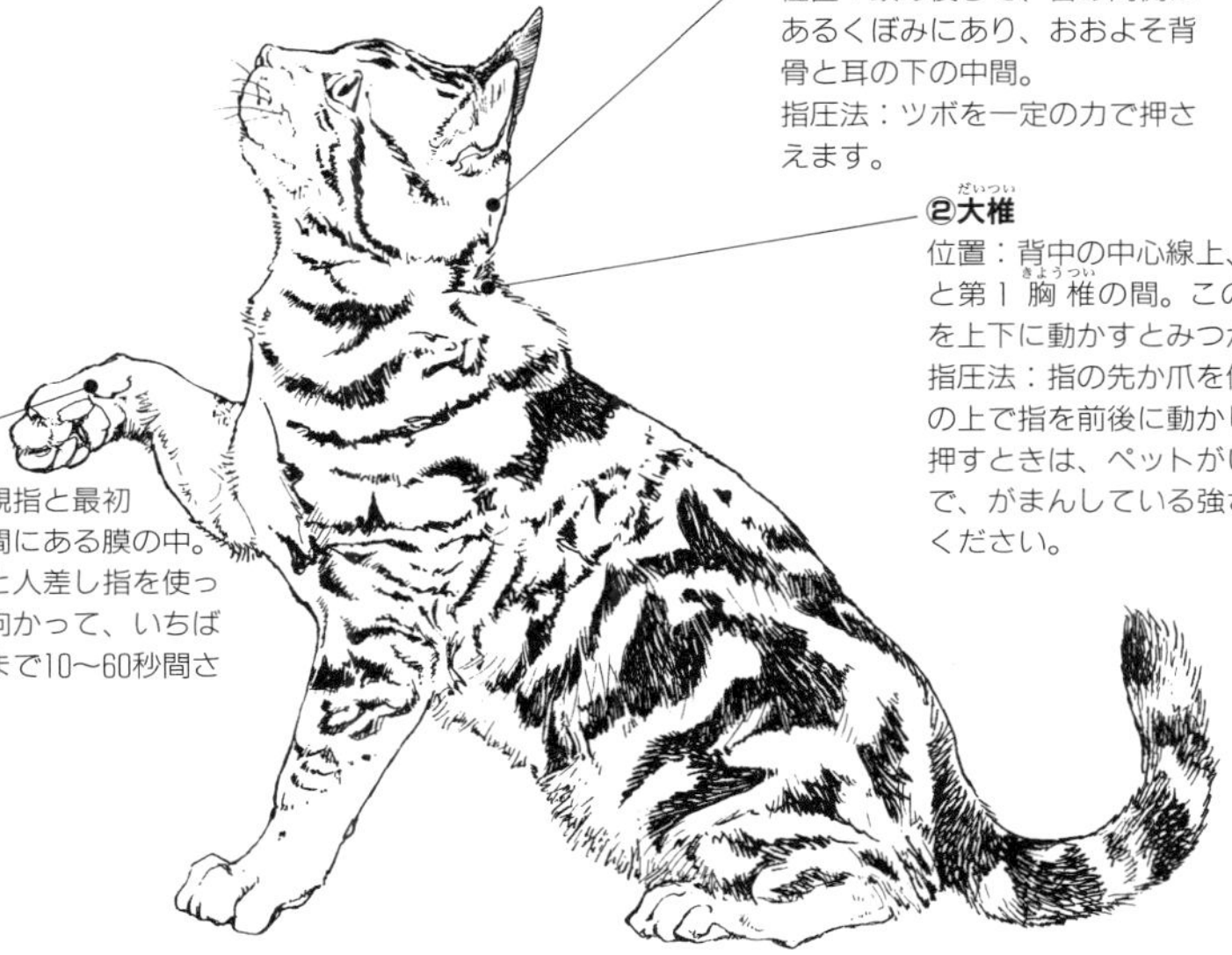
①風池《ふうち》
位置：頭の後ろで、首の両側にあるくぼみにあり、おおよそ背骨と耳の下の中間。
指圧法：ツボを一定の力で押さえます。
②大椎《だいつい》
位置：背中の中心線上、最後の頸椎《けいつい》と第１胸椎《きょうつい》の間。このツボは、首を上下に動かすとみつかります。
指圧法：指の先か爪を使って、ツボの上で指を前後に動かしてください。押すときは、ペットがいやがらないで、がまんしている強さまでにしてください。
③合谷《ごうこく》
位置：前足の親指と最初の長い指との間にある膜の中。
指圧法：親指と人差し指を使って、膜を上に向かって、いちばん高いところまで10〜60秒間さすります。

頭の後ろにあるこのツボは、「風邪《ふうじゃ》」を表面に追い出すために使います。それによって、エネルギーを外の環境に解放します。

②大椎《だいつい》の指圧

首の付け根にあるこのツボは、風池と同じように、侵入してきた「風邪」を追い払い、こわばった首をほぐします。

③合谷《ごうこく》の指圧

前足にあるこのツボは、頭の疾患に影響を与える中心的なツボです。ということは、頭、顔、目、耳、口、喉《のど》のすべての病気・症状に使えます。なぜなら、大腸の経《けい》絡《らく》は鼻で終わっていて、この経絡に沿っているツボは頭部の症状に影響を与えるからです。頭痛のときにも、いちばんよく使われるツボで、鼻の副鼻腔《ふくびくう》の症状をやわらげたり、喉がただれたり、痛かったり、飲み込みにくいときにも効果的です。

このツボをさがすときには、前足に体重がかかっている状態ではいけません。ペットは座る姿勢か、寝かせるかします。狼爪《ろうし》がなくなってしまった犬の場合は、第2指の上にある、爪痕《つめあと》の組織にあります。

●ハーブの蒸気浴で治す

蒸気浴は、猫や犬が治療を受けたがらなかったり、呼吸が苦しいときにはいい方法です。水っぽい、透明な鼻汁にはからだを温め、「風邪」を取り除くハーブ、たとえば、オレガノ、セージ、ブエナソウ、ペパーミント、バジルを入れた蒸気を当てるといいでしょう。

気化器に1種類あるいは数種のハーブをほんの少し入れて、浴室のように、蒸気が漏れない場所に、ペットといっしょに5～30分間置きます。蒸気が呼吸を楽にしてくれるのがわかると、たいていのペットは気持ちよく蒸気浴を行うようになります。

●食事療法で治す

鼻汁などが出る場合は、乳製品や多量の肉類はできるだけ避けなければいけません。こういう食品を食べると、たいていのペットは、ねばっこい痰《たん》や鼻汁が出やすくなりがちです。

病気のとき、ペットになにを食べさせるかについては、2つの考え方があります。ひとつは、ペットを絶食させて「寒」を去らせるという考え方、もうひとつは、ペットに栄養をつけさせるために「食べさせる」という主張です。私の考え方は、こうです。もし、あなたのペットがもともと虚弱な虚証状態だったら、食べさせなさい。もし、もともとがっちりタイプの実証状態だったら、絶食させて、「寒」を去らせるのが適当でしょう。

薬草・漢方薬名	効能・作り方
ミカンの皮	鼻汁や痰が出るとき、新鮮なミカンの皮10グラムかミカンの皮を干した陳皮《ちんぴ》5グラムを、1カップの水で煎じて、ハチミツを少量加える。
葛根湯《かっこんとう》	寒がっていて、喉の痛みや頭痛がありそうなときによく効く処方。頭や首筋をマッサージしてあげると喜ぶようなときにもよい。
小青竜湯《しょうせいりゅうとう》	咳《せき》、痰が出て、鼻汁がたくさん出るような場合によい処方。

たとえペットを絶食させているときでも、栄養分に富んだスープだけはあげましょう。鶏肉とみそで作ったスープはからだを温め、栄養もたっぷりです。食事を与える場合は、たっぷりのやわらかく炊いた玄米を鶏のスープで煮たものを少しあげてください。

からだを温めるスパイス、たとえば、ニンニク、ショウガ、バジル、シナモンの小枝か皮などを加えてもいいでしょう。イワシやほかの魚のオイル漬けを加えてもかまいません。これは、必須脂肪酸を与えたときと同じように、ペットの食欲をそそることでしょう。

●栄養補助食品で治す

ペットが風邪をひいたとき、栄養補助食品は症状回復のよい手助けになりますが、からだが弱っているときなので、症状をみながらあげるようにしてください。

・ビタミンC

犬や猫は自分でビタミンCをつくれるというのは本当ですが、ストレスの多い状態や病気のときは、自分でつくる量よりも多くのビタミンCを必要とします。ですからできるだけあげたいのですが、あまり多く与えすぎると下痢《げり》をすることがあります。そんなときは量を減らしてください。

猫や小型犬は１日１２５～５００ミリグラム、中型犬２５０～１５００ミリグラム、大型犬５００～１５００ミリグラムを目安としてください。

・肝油

ビタミンA補給のためにあげます。犬はβカロチンをビタミンAに変換することができますが、猫にはその能力がないため、できればあげたほうがよいのです。

猫や小型犬は１日小さじ半分、中型犬小さじ３分の２、大型犬大さじ１が目安です。

・ビタミンE

ビタミンEは炎症を鎮めるのにすばらしい効果がありますが、あげすぎると血圧を上げることがあるので要注意です。しかし、量の目安は、猫や小型犬１日50～１００ＩＵ、中型犬１００～２００ＩＵ、大型犬４００ＩＵです。

・ミネラル

海草の粉末や微量ミネラルは代謝を正常にしたり、ストレスに有効です。とくにお勧めは１日５～10ミリグラムの亜鉛です。

風邪をひいた2

熱がる風邪をひいたとき（風熱）

●症状の現れ方

風邪は寒いときにひくだけではありません。「熱」の病邪がからだに入ると、からだが熱くなります。ペットにさわると熱くて、イライラと落ち着かなくなります。からだにふれられるのをいやがり、あなたのからだのぬくもりが熱すぎるので、そばにきたがりません。

ひっきりなしに喉《のど》が渇き、とくに冷たい水を飲みたがります。注意してみていると、ひときわ冷たいトイレの水を飲むのに気がつくかもしれません。体温が上がると体内の体液が蒸発して、目のまわりや耳や鼻が赤くなります。もし、痛みがあるようだと、痛くてぐったりするというより、敏感になって突拍子もない行動をとるようになるでしょう。

●ツボ療法で治す

①大椎《だいつい》の指圧

首の付け根にあるこのツボは、風池と同じように、侵入してきた「風」を追い払い、こわばった首をほぐします。

②合谷《ごうこく》の指圧

前足にあるこのツボは、頭部の疾患に影響を与える中心的なツボです。ということは、頭、顔、目、耳、口、喉などのすべての症状に使えます。なぜなら、大腸の経《けい》絡《らく》は鼻で終わっていて、この経絡に沿っているツボは頭部の症状に影響を与えるからです。頭痛のときにも、いちばんよく使われるツボで、鼻の副鼻腔《ふくびくう》の症状をやわらげ、喉がただれたり、痛かったり、飲み込みにくいときにも効果的です。

③外関《がいかん》の指圧

前足にあるこのツボは、「熱」状態のときの「風邪《ふうじゃ》」を追い出すのに使います。「熱」を下げ、炎症を鎮める役割をし、喉の痛みをやわらげ、頭痛を緩和します。このツボは、「衛気《えいき》」を促すためにも使われます。

④曲池《きょくち》の指圧

前足にあるこのツボは、上半身全体の炎症を鎮める大事なツボです。とくに、頭、首、前足によく効きます。また、このツボは、「熱」を下げ、むくみや痛みを緩和します。通常は「熱」の状態によって選ぶツボですが、すべての免疫システムのバランスをととのえるためにも使われます。

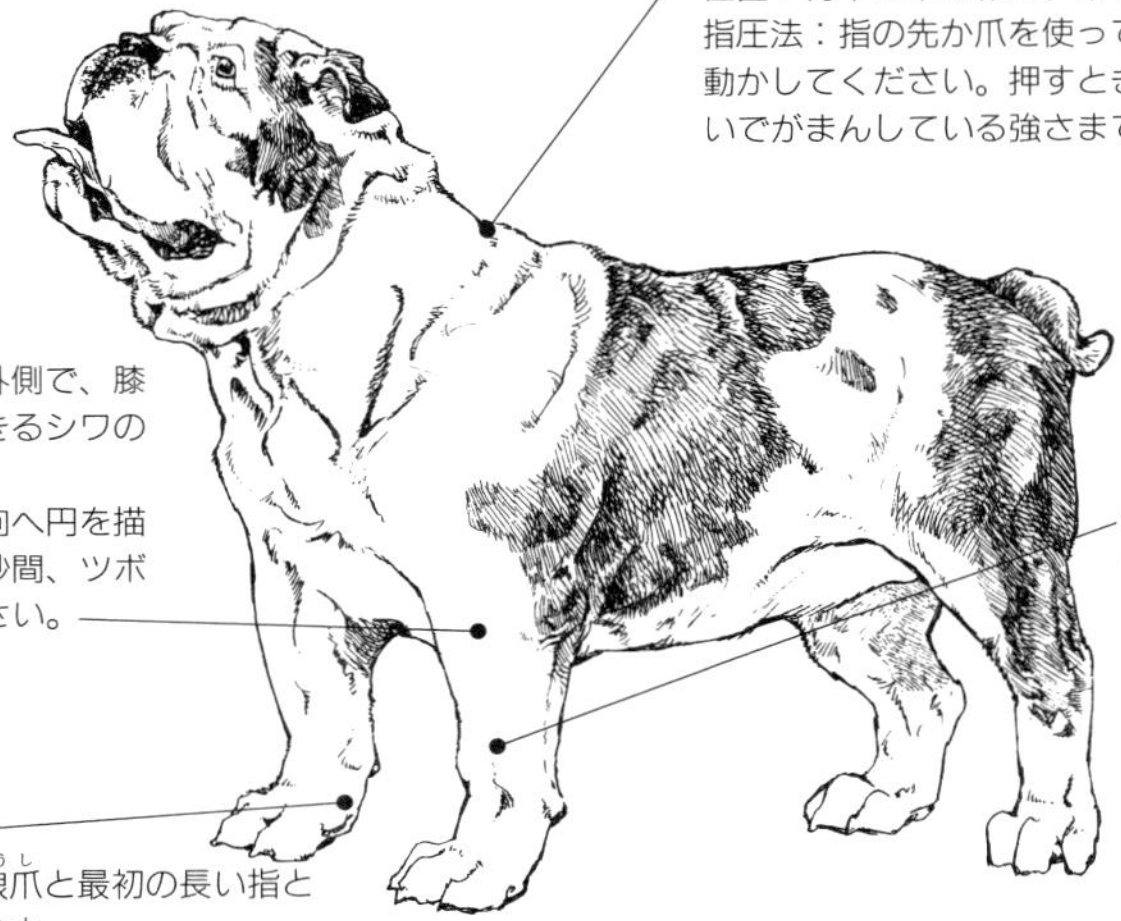

①大椎《だいつい》
位置：背中の中心線上、第1胸椎《きょうつい》のすぐ上。
指圧法：指の先か爪を使って、ツボの上で指を前後に動かしてください。押すときは、ペットがいやがらないでがまんしている強さまでにすること。

④曲池《きょくち》
位置：前足の外側で、膝を動かすとできるシワのはし。
指圧法：両方向へ円を描いたり、約30秒間、ツボを押してください。

③外関《がいかん》
位置：前足を膝《ひざ》から前足首まで6つの部分に分けると、このツボは最後の6番目、前足首に近いところにあります。
指圧法：10～60秒間、ツボの上で円を描きます。

②合谷《ごうこく》
位置：前足の狼爪《ろうし》と最初の長い指との間にある膜の中。
指圧法：親指と人差し指を使って、膜を上に向かって、いちばん高いところまで10～60秒間さすります。

●食事療法で治す

前項の「ペットが寒そうにする場合（風寒）」でも述べたように、ほとんどの場合、病気のときは乳製品、赤身の肉は最小限にするべきです。

「風熱」型の病気のときには、スープだけにするのがもっとも合っているように思います。というのも、この状態のときにはたいてい喉が痛くて、扁桃腺《へんとうせん》が腫《は》れているからです。脂《あぶら》の少ない白身魚と白みそ、スイカズラ、セロリ、ニンジン、緑豆のモヤシで作ったスープなどがよいでしょう。小児用液体代用品（スポーツ用ドリンクでもよい）もペットの水分補給に役立ちます。でも、熱があるときは必ず、かかりつけの獣医の指導を受けてください。

薬草・漢方薬名	効能・作り方
ハッカ	「熱」を冷ます薬草。ハッカの葉を乾燥させたもの2グラムを1カップの水で煎じて飲ませる。
銀翹散《ぎんぎょうさん》	「熱」の状態が顕著で、寒そうな様子がまったくなく、喉が渇いたり、痛むときによい処方。

気管支炎にかかる

呼吸が苦しそうだったら獣医へ

●症状の現れ方

咳《せき》は風邪をひいたときなどに起きます。たとえ風邪をひいても、肺や腎臓《じんぞう》が丈夫なペットは数日で治ります。しかし、呼吸器官が弱いペットはたいへんな思いをさせられることになります。咳には風邪によるもののほかに、からだの中の臓器のバランスの崩れによるものもあります。どちらが原因でも、空気の通り道である気道の炎症や過剰な粘液（痰《たん》）が、イライラさせられる咳の原因になっています。

咳がなかなか治らず気管支に炎症が起こると、より深刻です。このような状態になると、肺の反応は、通常、黄色や緑色のねばっこい痰となって現れます。

しかし、犬や猫は咳をしたからといって、たくさん痰が出ることはあまりありません。それは、犬や猫は飲み込んでしまうからです。ふつうは、ゲロゲロいっているのが聞こえたり、荒い息をついているのに気がつくだけです。

●こんな場合はすぐ獣医へ

薬草・漢方薬名	効能・作り方
キキョウとオオバコ	肺の「熱」をとり、気管支の炎症を鎮める。キキョウの根3グラム、乾燥させたオオバコ4グラムを1カップの水で煎じたものを、食後1時間後に飲ませる。
麻杏甘石湯《まきょうかんせきとう》	痰が出にくいような、苦しそうな咳をするときに効く。ただし、これを飲んで、食欲がおちるようならば中止すること。

もし呼吸が苦しそうだったら、命にかかわることがあるので、いそいで獣医を受診しなければなりません。家庭で様子をみる場合は、次のようなことをしてみてください。

●ツボ療法で治す

①尺沢《しゃくたく》の指圧

前足にあるこのツボは、肺の「熱」をとり、咳を止める働きがあります。

②列缺《れっけつ》の指圧

前足にあるこのツボは、肺の「熱」をとり、肺の「陰」を助け、丈夫にします。尺沢といっしょに刺激すると、咳や痰を治すのに効果があります。

③大椎《だいつい》の指圧

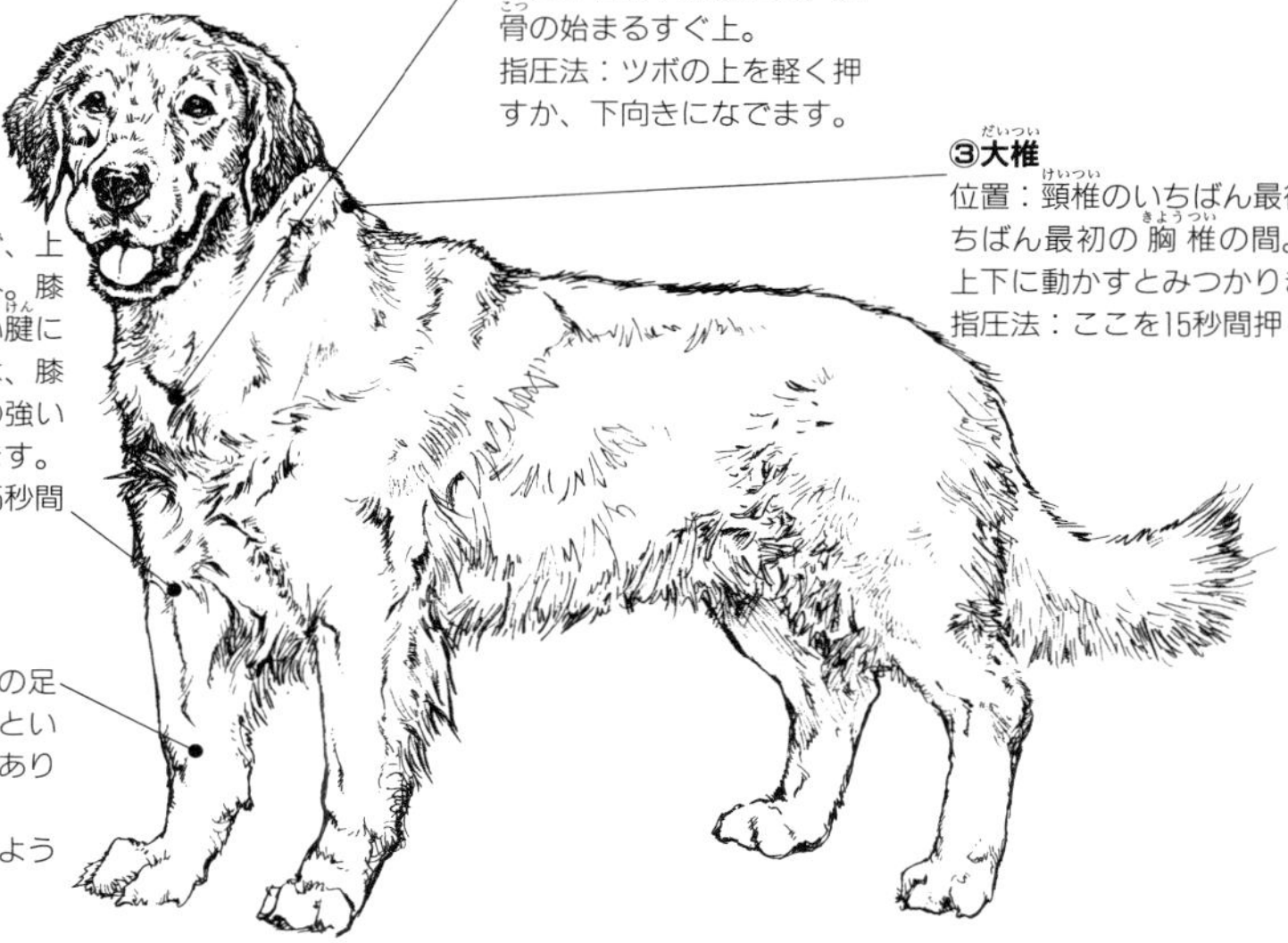

①尺沢《しゃくたく》
位置：膝《ひざ》の内側で、上腕二頭筋のすぐ外。膝を曲げると、強い腱《けん》にふれます。ツボは、膝の折れ目の、この強い腱の外側にあります。
指圧法：ツボを15秒間押さえます。
②列缺《れつけつ》
位置：前足の内側の足首のすぐ上。橈骨《とうこつ》という長い骨のはしにあります。
指圧法：円を描くようになでます。
③大椎《だいつい》
位置：頸椎《けいつい》のいちばん最後といちばん最初の胸椎《きょうつい》の間。首を上下に動かすとみつかります。
指圧法：ここを15秒間押します。
④天突《てんとつ》
位置：首の中心線上で、肋骨《ろっこつ》の始まるすぐ上。
指圧法：ツボの上を軽く押すか、下向きになでます。

背中の上部にあるこのツボは、「風邪《ふうじゃ》」の侵略を追い払います。

④天突《てんとつ》の指圧

首の前側にあるこのツボは、肺の「気」を正常に動かし、気管支炎と気管支炎からくる喘息《ぜんそく》の咳を止めます。

仲良しの家族がいなくなり気管支炎に

パーシイはトイプードルで、1カ月前に気管支炎を患って私のところに連れてこられました。子犬のときから、呼吸するのがたいへんで、いつでも、短くて浅く速い息づかいをしていました。ところが、飼い主が乾いた砂漠気候のパームスプリングに引っ越したせいで、非常に喉《のど》が渇き、肌《はだ》はかさかさになってしまいました。

それにいちばん仲良しのその家の息子が大学に行くため家を出てしまうと、パーシイはとても悲しがり、突然風邪をひいたのです。抗生物質を2週間飲んで、感染症は治ったものの、乾いた咳が続き、吠《ほ》える声はしゃがれ声になってしまいました。

パーシイは遺伝的に気管支炎にかかりやすい体質でした。それが、暑くて乾燥した気候のところに行ったためにますます弱ってしまい、仲良しとの別れの悲しみがパーシイの肺をますます衰えさせたのです。喘息にならないように、いそいで治療しなければなりません。

呼吸が浅く、空咳をする

慢性的に咳をする弱いペット

●症状の現れ方

動物のなかには、生まれつき呼吸が浅いものがいます。若いときに、軽い呼吸器の病気をしたあとで、そうなる犬や猫もいます。ところが、年をとって、深刻な肺の感染症を患ってからなることもあります。運動をすると呼吸が短くなったり、浅い息をする場合は、肺の「気」が欠乏している証拠です。

肺の「気」が欠乏していると、運動のあとやストレスがあるときには必ずといっていいほど、症状は悪化します。けれども、それに加えて、肺の「気」が弱いために病気にかかりやすい犬や猫だったら、ほかにも兆候があります。たとえば、消化が悪いとか、反応がにぶいとか、鳴き声が弱々しいとかです。症状の激しさにもよりますが、こういうペットは、軽い、慢性の咳《せき》があるでしょう。

肺の「気」が弱いと、からだを温める「陽気」にも影響してきます。もし、ペットの体温調節機能がうまく働かず、ペットが自分用の暖房器具を欲しがるようだと、「陽気」が少ないのかもしれません。とくに腎臓《じんぞう》の「陽気」が弱っていると、しばしば肺の「気」の欠乏をも伴い、その結果、余った水分が肺の中に閉じこめられます。そうなると、犬や猫は水分を含む息や咳をするようになります。

●ツボ療法で治す

咳や呼吸に問題のある肺の症状には、どんな場合でも胸の中央をマッサージするのが基本です。気管支の上の喉《のど》の下から始めるか、前足の間から始めてお腹に向かって下になでていくとよいでしょう。下向きになでるときには、さっと、やさしくなでて、ペットがいやがらない程度に力を入れます。

もし、胸の下をさわるといやがるようでしたら、そのかわりに肩胛骨《けんこうこつ》の間をマッサージしてやってください。背中に沿って、前後になでます。咳をしたり呼吸が異常な動物は、ふつう、このどちらかをマッサージしてあげると、とても喜びます。マッサージは、咳のおさまり具合をみながら、減らしていってください。

①列缺《れっけつ》の指圧

前足にあるこのツボは、肺の機能を活発化させるツボです。また、このツボは肺を丈夫にします。咳や喘息《ぜんそく》のときによく使います。

②肺兪《はいゆ》の指圧

②肺兪《はいゆ》
位置：背骨の両側、第3胸椎《きょうつい》下のくぼみの中。
指圧法：肩胛骨の間を、やさしく前後に動かします。
③太谿《たいけい》
位置：後ろ足の内側、足首のすぐ上。足首の骨とアキレス腱《けん》の間。
指圧法：ここを15秒間押します。
①列缺《れつけつ》
位置：前足の内側で、足首のすぐ上。橈骨《とうこつ》という長い骨の下にあります。
指圧法：ここを15秒間押します。

背中にあるこのツボは、肺を統合するツボで、肺機能のバランスをとるために使われます。

③太谿《たいけい》の指圧

後ろ足にあるこのツボは、腎臓の働きを強化します。

●食事療法で治す

空咳《からせき》が出るときは、水分を補給し、肺を丈夫にする食べ物を与えます。豚肉、牛肉、牛のレバー、羊肉、イワシ、マグロ、タラ、貝類、卵などの動物性タンパク質、トウモロコシ、玄米、大麦、アワなどの穀類がお勧めの食べ物です。野菜は生か煮たもので、アスパラガス、サヤインゲン、ブロッコリー、ホウレンソウなどは必ず与えてください。ドライフードは、回復期には与えないか、控えめにしてください。脂肪分の多いものや、ニンニクなどのスパイスがきいたものは、乾燥したからだをさら

薬草・漢方薬名	効能・作り方
麦門冬湯《ばくもんどうとう》	口や喉が渇き、空咳をしょっちゅうするような場合に効く。痰《たん》は少なく、舌は赤い色をしている。
ビワの葉	ビワの葉は肺をうるおし、咳を止める働きがある。乾燥したビワ葉5グラムを1カップの水で煎じて飲む。

に乾かすので、控えめにしてください。

●栄養補助食品で治す

肺のバランスが崩れたときには、次にあげる補助食品も有効です。

・ビタミンC

１日に猫や小型犬なら１２５ミリグラム、中型から大型犬なら５００～１０００ミリグラムをあげますが、もし下痢《げり》をするようなら、量は控えめにしてください。

・複合ビタミンB

猫や小型犬なら人間の４分の１、大型犬なら人間の２分の１が目安です。

・肝油

ビタミンAと脂肪酸の供給源として。猫や小型犬なら１日小さじ半分、中型犬は小さじ１、大型犬は小さじ２以内。

・ビタミンEとマツヨイグサオイル

ビタミンEは高血圧のペットにあげるのは要注意です。猫や小型犬なら、50ＩＵ、中型犬２００～４００ＩＵ、大型犬８００ＩＵを毎日あげます。

散歩についていけないリャン

リャンは大きなジャーマンシェパードクロスで、呼吸が浅く、丘陵地帯を散歩するのに、ほかの犬や飼い主についていけないというので、私のところに連れてこられました。リャンはとてもかわいいのですが、知らない人にはおどおどしていました。太りやすくて、すぐに寒がります。水はほとんど飲みません。散歩は大好きですが、帰ってくるとぐったりとしてしまいます。

捨て犬だったので、小さなときのことはわからず、子犬のときに、どんな呼吸器の病気をしたかは、知る手だてがありません。でも、飼い主は、リャンは、とても風邪をひきやすいと言います。

リャンは、以前はよく、犬の友達と跳んだりはねたりしていたといいますが、もういまでは、そのエネルギー

からだを温める食べ物、冷やす食べ物

食べ物には、食べるとからだが温まるものと、からだが冷えるもの、そして、そのどちらにも属さないものがあります。どんなものがからだを温め、どんなものがからだを冷やすのか、みてみましょう。

●からだを冷やすもの
[魚介類] フナ、アサリ、ハマグリ
[穀物類] アワ、大麦、小麦
[野菜類] レタス、トマト、セロリ、キュウリ、ブロッコリー、ホウレンソウ

●からだを温めるもの
[肉、魚介類] マグロ、牛肉、鶏肉、七面鳥、羊肉、エビ
[穀物類] カラス麦、玄米
[野菜類] ニンジン、カブ、シソ

●中間の食べ物
[肉、魚介類] 豚肉、砂肝《すなぎも》、卵
[穀物、豆類] トウモロコシ、ダイズ、エンドウマメ
[野菜類] ジャガイモ、ヤマイモ、キャベツ、ハクサイ、チンゲンサイ

はなくて、悲しそうな、興味を失ったような顔をしています。吠《ほ》えても、弱々しい、小さな声になってしまい、運動すると咳が出ます。咳は、かすかにゴロゴロという音がします。

調べてみると、リャンは下半身に弱いところがあって、後ろ足は、ほとんどわからないくらいの震えがありました。リャンの好きな姿勢は寝そべっていることで、息をしていても、ほとんど胸が動いているようにはみえません。舌は白っぽくてわずかに湿り、脈はかすかでした。息は、ゼイゼイと荒く、湿っています。

リャンは肺の「気」と脾臓《ひぞう》の「気」が弱い様相を示しています。弱くて浅い呼吸、風邪をひきやすい体質、弱々しい声と悲しげな様子が、その証拠です。とても弱くて、はかばかしくいかない消化力と、白っぽい、やや水気をもった舌から、脾臓の「気」が弱いこともわかります。後ろ足の弱さと寝そべりたがること、小さな吠え声と白っぽい舌は、腎臓《じんぞう》機能が弱いことを示しています。

私たちは、リャンに指圧をして、肺と脾臓と腎臓の「気」と「陽気」を強化しました。食事も、温める食べ物で、消化を助け、エネルギーのレベルを押し上げるのに役立つものに替えました。その結果、ゆっくりと、リャンは快方に向かいました。風邪をひきにくくなり、より散歩が好きになって、友達についていけるようになったのです。

喘息になった
痰が出ず呼吸が苦しくなる

●症状の現れ方

肺がバランスを崩す原因は、脾臓《ひぞう》の「気」が弱り、消化に問題がある場合が多いものです。慢性のアレルギー性気管支炎や喘息《ぜんそく》のある猫は、たいてい大きくて、動作がのろく、太りすぎです。こういう猫は、花粉が飛ぶ時期になると、涙目や、くしゃみ、ときには食べ物のアレルギーを起こします。便はやわらかく、呼吸は湿り、ゼロゼロと鳴ります。トイレが近いこともあります。喘息様の発作をときどき起こす猫もいるかもしれません。

状況は、前項のリャンの話のときに説明した、肺と脾臓の「気」の衰弱と腎臓《じんぞう》の「陽気」不足の場合に似ていますが、ここでは、根本的には消化のシステムが不十分なことが原因です。病気は長期間にわたり、そのため、複雑化していくのです。

このような猫が咳《せき》をするときは、喉《のど》をつまらせ、その結果、少量の泡のような白い粘液や痰《たん》を吐き出します。けれども、そのうちの大部分は残って、胸の中につまって、呼吸を苦しくさせる原因になります。

薬草・漢方薬名	効能・作り方
アマチャヅル	ウリ科のツル性植物で、気管支炎によく効く。乾燥させた地上部2グラムを一カップの水で煎じる。
柴朴湯《さいぼくとう》	小児の虚弱体質改善によく使われるもので、胃腸を丈夫にして喘息を起こしにくくさせる。長期にわたって服用するとよい。

●ツボ療法で治す

①膻中《だんちゅう》の指圧

胸にあるこのツボは、横隔膜《おうかくまく》を強化し、胸を広げます。喘息や気管支炎の咳によく効きます。

②太淵《たいえん》の指圧

前足にあるこのツボは、肺を強化して痰をなくし、咳を止めるために使います。

③脾兪《ひゆ》の指圧

背中にあるこのツボは消化を増進させ、脾臓の「気」を強めます。痰が出にくいような場合にも用います。

④足三里《あしさんり》の指圧

後ろ足にあるこのツボは、消化を助け、からだの「気」を押し上げるのに使います。

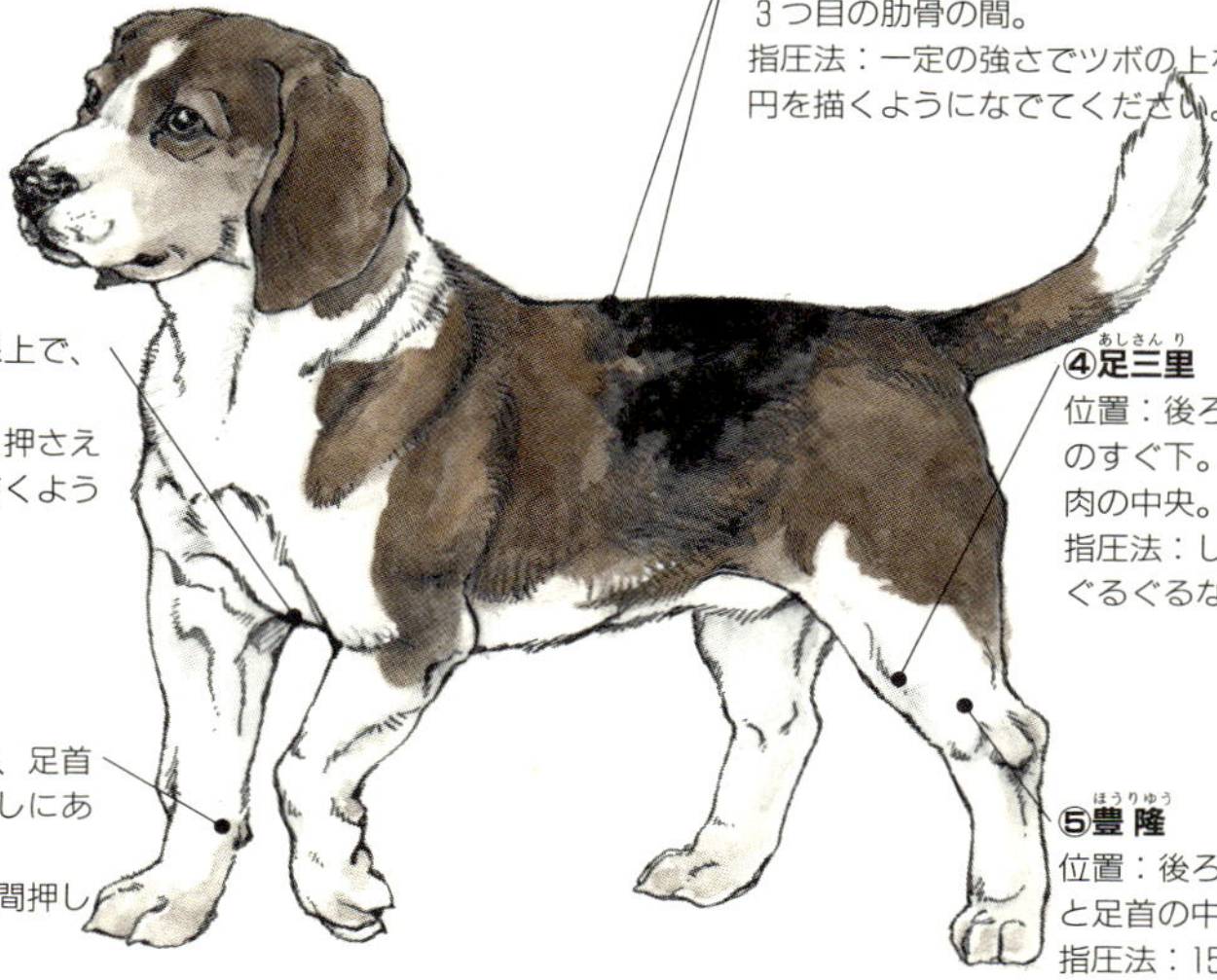

③脾兪《ひゆ》
位置：背骨の両側で、最後から2つ目と３つ目の肋骨《ろっこつ》の間。
指圧法：一定の強さでツボの上を押すか、円を描くようになでてください。

①膻中《だんちゅう》
位置：腹部の中心線上で、両前足の間。
指圧法：ツボを軽く押さえるか、15秒間円を描くようになでてください。

④足三里《あしさんり》
位置：後ろ足の外側で、膝《ひざ》のすぐ下。脛骨《けいこつ》の外側の筋肉の中央。
指圧法：しっかり押すか、ぐるぐるなでます。

②太淵《たいえん》
位置：前足の内側で、足首のシワのいちばんはしにあります。
指圧法：ツボを15秒間押してください。

⑤豊隆《ほうりゅう》
位置：後ろ足の外側で、膝と足首の中央。
指圧法：15〜30秒間ツボを押さえるか、ぐるぐるなでます。

⑤豊隆《ほうりゅう》の指圧

後ろ足にあるこのツボは、痰を治療する大切なツボです。多量の痰を伴う咳に使います。

●食事療法で治す

からだを温める食べ物をあげましょう。ですから、乳製品や生野菜は避けます。鶏肉、サケ、マグロ、羊肉、牛肉などの動物性タンパク質を選んでください。穀類は白米、玄米、ソバ、ライ麦、お勧めの野菜は、ニンジン、キャベツ、カボチャです。さっと軽く煮てください。

とても魅力的なブルータスの喘息

ブルータスは、喘息様の咳をする猫でした。とても大きな毛の短い黒猫で、非常に魅力的でした。私のところにきたのは、以前から慢性的なアレルギー性気管支炎と診断されていたからでした。巨体で呼吸障害があるために、ブルータスはあまり動き回りません。便はやわらかくて、舌苔《ぜったい》は白っぽく、ときには青紫色のこともありました。これは、痰が増えているというしるしです。

痰をなくし、からだを温める指圧と薬草療法のおかげで、ブルータスの急性の症状はおさまりました。指圧を何度かするたびに、ブルータスは気分がよくなるようで、だんだんに、厚ぼったくて、白い舌苔は消え、青みがかっていた色も薄いピンクに変わりました。

年とったペットの肺を丈夫にする

若がえりははかれないが症状を緩和

●症状の現れ方

ペットは年をとっていくにつれて、生まれつきもっている「気」や「血」を使い果たしてしまいます。そして呼吸器の気管支の管は、弾力性と柔軟性を失っていきます。脾臓《ひぞう》の「気」の影響を受ける筋肉も弱くなって、横隔膜《おうかくまく》の活動をさまたげます。

年をとった犬や猫、とくに犬は、休んでいるときにハアハアあえぐようになって、とても呼吸がしにくいようにみえます。実際、彼らは疲れやすく、咳《せき》はしていなくても、なにか運動をすると、必ず、ハアハアとつらそうにします。現代医学ではこれを慢性気管支炎、アレルギー性喘息《ぜんそく》、気腫《きしゅ》のなかに含め、空気の通り道にある器官の壁が厚くなったために起こるとしています。このような症状があると、肺の弾力性や酸素の交換量が減ってしまいます。いったん、こうした症状が起こると、現代医学では本当の意味での治療はできません。

私たちは、時計を戻して若がえりをはかることはできません。でも漢方は症状のいくつかを軽減したり、残っている「気」を強化するのには役立ちます。老化した肺を、肺のバランスが崩れた状態として考え、それに対して治療をほどこすのです。老化が進むと、肝臓《かんぞう》にも影響が及んで、すべての症状が悪くなります。

老化による肺の機能の低下は複雑なので、ペットそれぞれの独自の体質を考え、そのペットにふさわしい治療をしなければなりません。あなたの愛犬がどのタイプかを区別するのに役立つように、基本的な症状をいくつか書いておきます。

・肺と腎臓《じんぞう》の「陰」が弱い＝乾いた空咳《からせき》と乾いたあえぎ声。喉《のど》の渇き、落ち着きのなさ、赤い舌。
・肺の「気」と腎臓の「陽」が弱い＝浅い息、湿ったあえぎ声、後ろ足が弱い、喉が渇かない。
・肺の「気」、脾臓と腎臓の「陽」が弱い＝咳をすると出てくる、あまり粘っこくない多量の痰《たん》。冷えたり、動くと症状が悪化する。

それぞれの状態によって、適当な指圧療法、薬草・漢方療法やお勧めの食事療法にしたがってください。左記の指圧のツボとマッサージは、肺に問題がある、年とった動物を元気づけるためのものです。

●マッサージとツボ療法で治す

①肩胛骨《けんこうこつ》の間のマッサージ

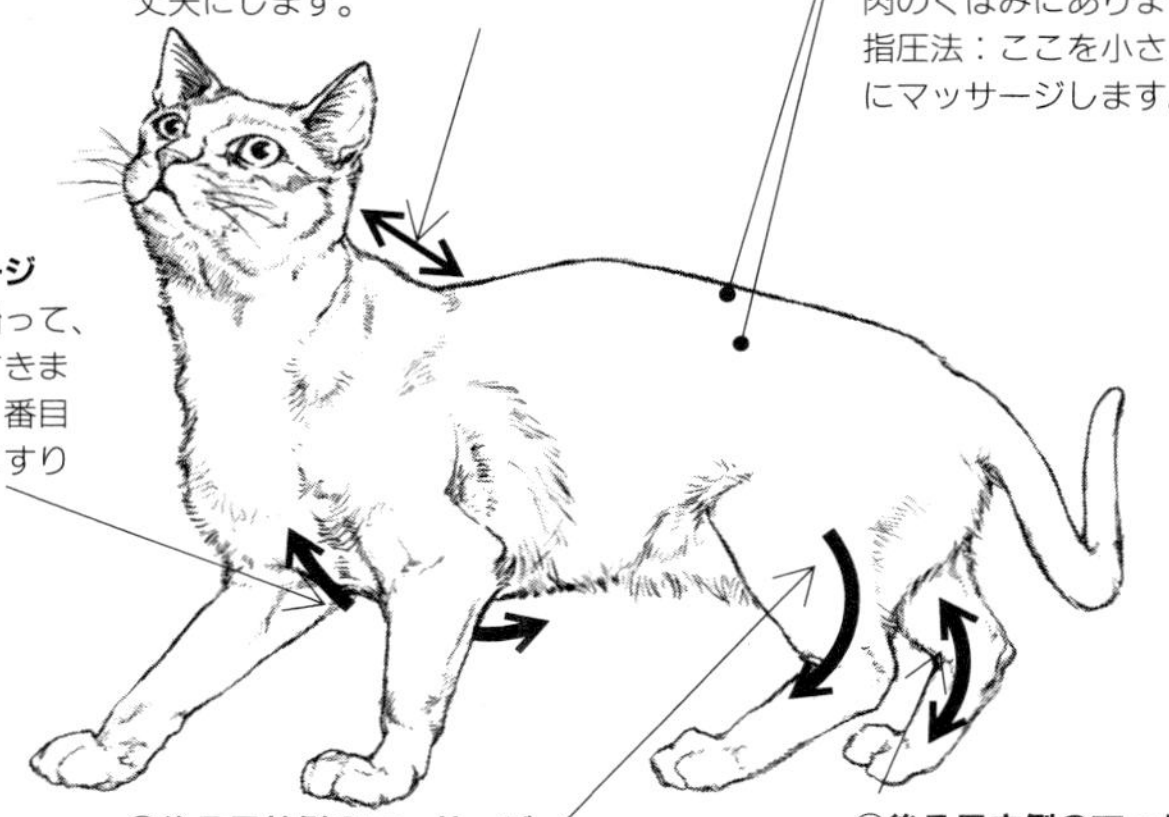
①肩胛骨《けんこうこつ》の間のマッサージ
肩胛骨を前後に２分間、軽くこすります。これは、心臓や肺を丈夫にします。
③腎兪の指圧
位置：腰椎《ようつい》の３番目と２番目の間で、背骨の両側の筋肉のくぼみにあります。
指圧法：ここを小さく前後にマッサージします。
②胸のマッサージ
胸の中心線に沿って、肋骨の最初のすきまから始めて、２番目の乳首までをこすります。
④後ろ足外側のマッサージ
後ろ足の外側の下部を、膝《ひざ》から足首までこすります。適当にぐるぐると、少し力を入れてなでます。痰を減らし、「気」を助けます。
⑤後ろ足内側のマッサージ
指で、後ろ足の内側に沿って、下向き、上向きになでます。これは肝臓の機能を丈夫にします。

肩胛骨を前後に2分間、軽くこすります。

②胸のマッサージ

胸の中心線に沿って、肋骨《ろっこつ》の最初のすきまから始めて、2番目の乳首までをこすります。

③腎兪《じんゆ》の指圧

腎臓を丈夫にして老化を食い止めるツボです。

④後ろ足外側のマッサージ

後ろ足の外側の下部を、膝《ひざ》から足首までこすります。適当にぐるぐると、少し力を入れてなでます。痰を減らし、「気」を助けます。

⑤後ろ足内側のマッサージ

指で、後ろ足の内側に沿って、下向き、上向きになでます。これは肝臓の機能を丈夫にします。

薬草・漢方薬名	効能・作り方
味麦地黄丸《みばくじおうがん》	年をとったペットで足腰が弱くなって、口が渇き、咳をよくする場合に有効。舌は赤く、乾燥している。
ユリ根	ユリ根は中国での動物実験で、咳を止め、喘息を治す作用があることがわかっている。ユリ根をよく洗ってつきつぶし、その汁を飲ませる。

鼻がつまりフンフンいう

副鼻腔炎の可能性が高い

●症状の現れ方

私は、肺の体液不足状態がひどくなって、いつも鼻がつまっているような猫とか、白い膿《うみ》が混ざった鼻汁が慢性的に出ている猫をたくさんみてきました。この猫たちは、鼻をフンフン鳴らし、いくぶん鬱血《うっけつ》しているようにみえます。息をしている音が、部屋の反対側からでも聞こえます。これは慢性的な副鼻腔炎《ふくびくうえん》です。

　こうした状態のペットによくみられる兆候は、疲れやすい猫の場合、走り回らなくなったり、「熱」や軽い風邪を繰り返し起こすことです。鼻の穴の先っぽに、黒いカサブタがついていることもあります。この黒いカサブタは、鼻の中の粘膜を浸している体液が乾ききってしまってできたものです。

　犬でも、慢性的な体液の不調は、鼻先や鼻の穴に「泥団子」のようなものがこびりつくので、よくわかります。鼻の先にできる小さな潰瘍《かいよう》も、その動物の体液が干上がってしまったためにできたものです。

　漢方では、こういった兆候は、肺の中をうるおす体液、つまり水分が枯渇したからとみるので、治療は、その器官のバランスをととのえ、体液がなめらかに流れるようにするのを目的とします。

●副鼻腔炎のときにみられる症状

・くしゃみ、鼻をフンフン鳴らす、大きな呼吸音
・鼻に泥団子状のものがついていたり、すすで汚れたように黒くなる
・かさかさした、フケだらけの毛や肌《はだ》
・便秘
・喉《のど》の渇き
・疲れやすい

●ツボ療法で治す

①肺兪《はいゆ》の指圧

背中にあるこのツボは、肺の経絡《けいらく》のバランスをととのえます。

②膻中《だんちゅう》の指圧

胸部にあるこのツボは、患者がゼイゼイといっていたり、苦しそうにあえいでいたり、胸の痛みを経験したことがある場合に、横隔膜《おうかくまく》を正常にしたり、呼吸と体液を正常化するために使われます。

　また、呼吸や肺の組織に「大きな影響を与える」ツボとも考えられています。

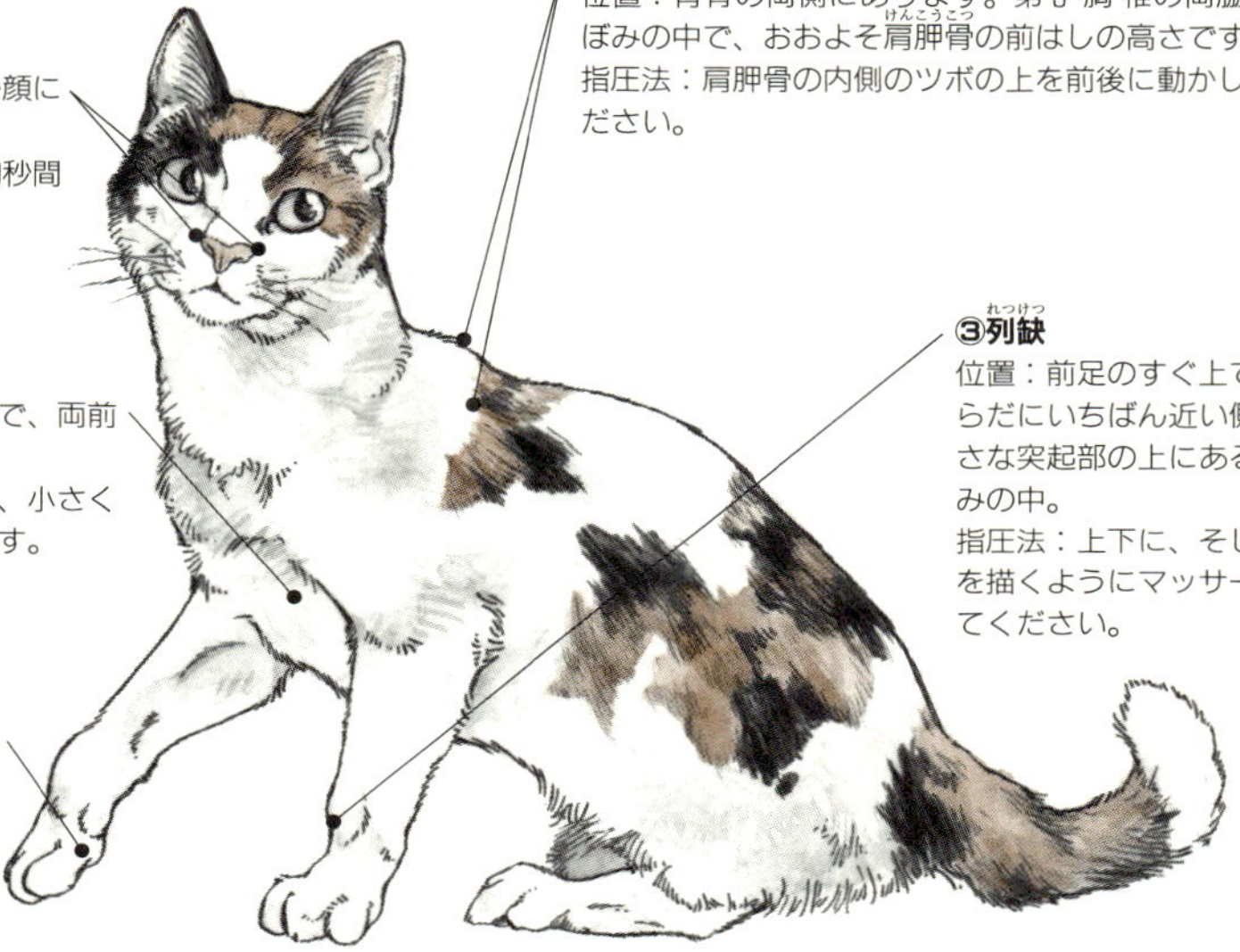

①肺兪《はいゆ》
位置：背骨の両側にあります。第３胸椎《きょうつい》の両脇のくぼみの中で、おおよそ肩胛骨《けんこうこつ》の前はしの高さです。
指圧法：肩胛骨の内側のツボの上を前後に動かしてください。

②膻中《だんちゅう》
位置：腹部の中心線上で、両前足の間。
指圧法：ツボを押すか、小さく上下に１分間動かします。

③列缺《れつけつ》
位置：前足のすぐ上で、からだにいちばん近い側の小さな突起部の上にあるくぼみの中。
指圧法：上下に、そして円を描くようにマッサージしてください。

④合谷《ごうこく》
位置：前足の親指と、最初の長い指との間にある膜の中。
指圧法：親指と人差し指を使って、膜を上に向かって10〜60秒間さすります。

⑤迎香《げいこう》
位置：鼻の穴の両端が顔にぶつかるくぼみの中。
指圧法：ツボを10〜30秒間押してください。

肺の感染症の後、副鼻腔炎にかかったハイジ

ハイジはバセット犬で、肺の感染症が治ってから数カ月後に、私のところにやってきました。治ってから後、ハイジは鼻が乾いて、こびりつくだけでなく、毛も乾いて、ごわごわになり、フケだらけになってしまいました。非常に喉が渇き、とくに午後の散歩のあとがひどく、また、運動をすると、途中でやめてゼイゼイ息をついていました。また、たくさん夢を見るようで、眠りながら走ったり泳いだりしていました。落ち着きがなく、眠りもとぎれがちで、水を飲むために朝の4時に起きることも、よくありました。

ハイジは肺の体液不足で副鼻腔炎の兆候を示していたのです。喉の渇き、毛皮のぱさつき、鼻の乾きは、すべて肺の乾燥か機能の衰えを示しています。それに加えて、体液の消費があまりにもひどかったので、落ち着きがなくなり、目が覚めるときにはっとしたり、眠りがとぎれとぎれになっていたのです。

私は肺のバランスを取り戻すために、ハイジに指圧と薬草療法を処方しました。ハイジはだんだんに、普通のエネルギーの状態を取り戻し、落ち着くようになりました。最終的には、眠っているときに動くことも少なくなって、水を飲みに明け方に起きることもなくなりました。毛並みもやわらかく、きれいなつやを取り戻しました。

③列缺《れっけつ》の指圧

前足にあるこのツボは、肺を丈夫にするツボです。

④合谷《ごうこく》の指圧

前足にあるこのツボは、頭と顔、副鼻腔と鼻にかかわる大事なツボです。

⑤迎香《げいこう》の指圧

鼻の横にあるこのツボは、鼻腔の両側にあって、鼻にかかわる大事なツボです。伝統的に、慢性的な副鼻腔炎では、合谷といっしょに、治療に使われています。

右にあげたツボのほかに、副鼻洞の鬱血をとるためには、目のまわりと鼻の付け根を指先で軽く押してください。

●食事療法で治す

穀物なら白米と玄米を混ぜたものや、玄米だけの食事がお勧めです。水を余分に入れて（1カップの米に4カップの水）、1時間15分煮ます。アワも、肺も喉も渇いているときにはよいでしょう。さらに、ひどく乾いているときには、ほんの少しハチミツを加えてもいいでしょう。普通は小さじ半分です。ニンニクは最小限におさえてください。なぜなら、体内の「熱」を急上昇させ、目や鼻を乾燥させるからです。

肉や魚のタンパク質は、からだの水分を増加させるか、水分に影響を与えないものでなくてはなりません。牛肉、牛のレバー、羊肉、イワシならけっこうです。鶏肉、エビは避けてください。こういった食品は、からだを温めるからです。アボカド、ホウレンソウ、ブロッコリー、ほとんどの青菜、サヤエンドウ、セロリはからだを冷やし、水分を与えます。ニンジンはビタミンAが豊富で肺を助けます。

ドライフードをあげるときは、穀物や野菜もいっしょにあげてください。ドライフードは消化するときに、体内に「熱」を発生させます。もし、あなたのペットがすでに熱っぽく、乾いていたら、こういった食品は症状をさらに悪化させることになるでしょう。

薬草・漢方薬名	効能・作り方
オナモミ	道ばたに生えている草だが、風邪、頭痛にも効果がある。乾燥させた果実2グラムを1カップの水で煎じる。
葛根湯《かっこんとう》加《か》川芎《せんきゅう》辛夷《しんい》	鼻がつまる、鼻汁がいつも出るなどの症状に。川芎《せんきゅう》は血行をよくし、辛夷《しんい》は鼻の症状を改善させる。

消化器の病気、家庭での治し方

胃と大腸

地球の役割と似ている胃と脾臓の働き

●食べ物を栄養分に変え、生命力を維持する

　漢方では胃は、自然界にたとえれば「土」に属する臓器と考えています。地球はわれわれや、その土の上に生きるすべての生物に食べ物を供給してくれています。植物が土で育ち繁茂するには、太陽と水が必要です。太陽の光が十分でないと、植物の生育は遅れ、弱くなります。光がありすぎると、土はひからびて栄養分をなくし、植物は枯れてしまいます。水不足だと植物はみずみずしく生育しません。水分がありすぎると、水浸しになり、土はぬかるみになってしまいます。多くの植物はぬかるみでは生育できません。植物がちゃんと生育するためには、適度な水分が必要です。

　からだの「土」に属する胃と脾臓《ひぞう》は、こうした地球の働きとよく似ています。地球は種に育っていく環境を与えます。栄養と水分を与えて植物を育て、それを食べる動物も育《はぐく》みます。土はまた死んでいく植物や動物を受け入れて、次の世代の栄養に変えていきます。

　こうして食べ物を消化して、有益な栄養分、つまりエネルギーに変えて、最終的には肉体の細胞をつくるのが「土」の役割です。

　これを人間や動物の場合は、栄養を摂るという形で行っています。ちょうど、土が生成される過程で水分と適度な温度を必要とするように、からだも消化するのに十分な温度とエネルギーと水分を必要とします。もし、このバランスが崩れると、消化不良を起こし、嘔吐《おうと》や下痢《げり》や過労が起こることになるのです。

　胃や脾臓が属する「土」は、からだの中心です。「土」である胃や脾臓は、「火」に属する心臓と小腸から温かさをもらいます。心臓は「水」に属する腎臓《じんぞう》を制して水分の調節を行っています。胃や脾臓の活動は、「木」に

属する肝臓《かんぞう》が調整しています。これらの臓器がバランスよく働いて初めて、正常な消化が行われるのです。バランスが崩れると、消化不良、ゲップ、腹部の不快な症状などが現れます。

●漢方独特の脾臓の働き

現代医学では脾臓はからだの防御組織のひとつとして、古くなった血球の処理をしたり、血中の異物の排除、血液循環の調整などを行う臓器とされていますが、漢方では少し違った考え方をします。脾臓は漢方では食べ物を消化し、からだに必要なものを吸収するエネルギーのもとをつくるところと考えているのです。現代医学でいう消化器全般を含む働きと考えてよいでしょう。

脾臓を人にたとえるなら、かわいらしく、ほがらかで、控えめでさわやかで、忍耐強く、冷静な人といったところです。こういうタイプはリーダーにはならないものの、面倒見がよく、まわりを支えて育て、指導していく役割を担うのです。また、とても几帳面なところがあるはずです。

しかし、このような人が一度バランスを崩すと、心配のあまり体重が減少したり、またあるときは極端に増加したりします。もっとひどく沈み込むと、内臓下垂や脱《だっ》腸《ちょう》、出血を起こすこともあります。そうです。漢方でも脾臓は血液と深く関係していると考え、出血性疾患は脾臓が原因とされています。

●胃の働きと舌苔

胃は、口から入ってきて食道を通過した食べ物を受け止める臓器です。消化活動をするためのタンクのようなもので、ここで食べ物を撹拌《かくはん》し、小腸に送り込みます。

また、漢方では胃は唾液《だえき》の分泌を促し、舌苔《ぜったい》をつくる役割をするとも考えています。健康な舌苔は薄く、多少の湿り気を帯び、白く味蕾《みらい》が立っているものです。食べ物に十分な水分がなかったり、乾燥を招くようなことがあると、舌苔は乾いてしまいますし、もっと悪化すると舌苔がなくなってはげてしまいます。

食べ物に水分がありすぎたり、脾臓の温める「気」が弱いと、舌苔はじめじめして白くなります。それが悪化するとぬるぬるして、脂《あぶら》っぽくべとべとしてきます。

胃は乾燥にとても敏感で、からだじゅうをうるおす働きをしている腎臓の機能が低下すると、胃にも影響が出てきます。乾いた気候に影響されることもあります。胃が乾燥すると、ペットは少量の水をひっきりなしに飲みたがるようになります。

また乾燥がひどくなると、内臓に「熱」がこもる原因となります。こうした熱はからだを冷やすだけの水分が不足したときに起き、漢方では「虚熱《きょねつ》」と呼んでいます。こんな犬や猫は、乾いて赤い歯茎をしており、ねばっとした甘いにおいの口臭があります。

胃に本当の熱がある場合、漢方では「実熱《じつねつ》」といいますが、これも問題です。体格ががっちりしていて、大食の犬や猫によくみられます。過剰な「熱」は胃と脾臓を弱らせ、体液がうまくめぐらなくなって、胃の痛みや胸やけを起こす原因となります。口臭がひどくなり、口内炎、胃潰瘍《いかいよう》、腸炎などを起こすこともあります。

また胃と脾臓は、精神的なものの影響を受けやすい臓器です。精神的な不安は肝臓の「気」の流れをとどこおらせますが、胃の働きは肝臓によって調整されているため、胃まで影響を受けてしまうのです。

ペットのなかには心配そうな顔をしたものがいます。ひとりぼっちでいるのが不安なのでしょうか、それとも捨てられるのを恐れているのでしょうか。こうした犬や猫はいつも人にべたべたまとわりついています。人間と同様、ペットも心配で食欲がなくなる場合と、不安を解消させるためにどんどん食べて太ってしまう場合とがあります。

●大腸の働き

大腸は食べ物のかすを排泄《はいせつ》する前に栄養分を吸収する、最後の消化器官です。大腸が健康な場合は、形のととのった便をスムーズに排泄しますが、不健康な場合は排便に異常が現れます。それは乾燥しすぎた便であったり、水分の多い便、つまり下痢であったり、便が腸に停滞する、つまり便秘だったりします。

漢方では、大腸と関係の深い臓器は肺です。大腸あるいは結腸は下腹部にありますが、大腸の経絡《けいらく》はパートナーである肺の近くまで及んでいます。人間の場合は大腸の経絡は手の第2指、犬には親指がありませんから、前足の第1指ということになります。ここから始まって、第1指の爪の間にある膜を通って、鼻孔《びこう》から鼻洞《びどう》まで達しています。また、支流は結腸に達しています。

漢方の五行《ごぎょう》の体系では、大腸は「金」に属する臓器です。水分の過不足にとくに敏感で、バランスを欠くと、ちょうど振り子が揺れるように、まわりの「土」に属する胃や脾臓、「水」に属する肝臓、胆嚢《たんのう》に影響を与え、便秘や下痢を起こします。反対に、胃や肝臓の機能が弱っても大腸は影響を受け、同じように便秘や下痢を起こします。

ミッチー物語

アメリカン・ショートヘアのミッチーは性格が悪く、怒らせるようなことをしなくても、しょっちゅう人間に立ち向かってきます。ミッチーはときどき血の混じった下痢をし、いつも自分の腹や背中の毛をむしったり、なめたりしています。しじゅう喉《のど》が渇いている様子もありました。

かかりつけの獣医は腸に炎症があるかもしれないと、繊維質に富んだ食事療法を勧めていました。でもそれはもっとミッチーを怒りっぽくして、飼い主をたびたび襲うようになりました。

腹部は膨張して、初めてミッチーをみたとき、まんまるの梨《なし》に小さな足がついているようでした。腹部は張りつめて脈が速く、舌は濃いピンク色で、多少の黄色い舌苔がありました。ミッチーは診察台の上でフーフーと怒りながら唾《つば》をとばしていました。

この怒り方や噛むくせは肝臓に問題があるようでした。肝臓に問題が起こると、怒りっぽく、攻撃的になるのです。毛を噛むということも、エネルギーである「気」の循環が停滞しているためで、濃いピンク色の舌や、血と粘液が混じった便は、からだに「熱」があるためです。肝臓がバランスを欠くと、消化に問題が現れて、下痢や炎症が起こることがあります。

鉄の手袋でもしないかぎり、ミッチーに鍼《はり》をするのは不可能でした。飼い主もこのあつかいにくさでは、薬をあげることもできません。そこで食事を変えてみることにしました。気持ちを鎮め、喉の渇きを癒《いや》す小麦と、胃と脾臓を丈夫にする大麦、牛肉と鶏の砂肝《すなぎも》を代わりばんこに食べさせました。それに肝臓の「熱」を冷まし、エネルギーの流れをよくする海草の粉末を加えました。

ミッチーは10日もすると、少し気持ちがおさまり、飼い主を襲うことも少なくなってきました。毛を噛むしぐさや、異常なほどからだをなめることもしなくなりました。3週間たってみると、飼い主が薬草や薬をあげられるほどおだやかになりました。ミッチーが完全に不快感から解放されるためには、さらに数カ月を要しましたが、食事を変えなければ、治療することすら困難だったでしょう。

胃腸が弱い
食欲がなく、ゲップをして軟便ぎみ

●症状の現れ方

もともと胃腸が弱いペットの第1の兆候は、食欲がなくなることです。そして、ガスがたまりやすくて、ゲップをよくし、便は軟便ぎみです。疲れやすいので、あまり元気に歩き回りません。

食後や排便後は疲労感があり、たいていの場合、便の回数が増え、また食べるとすぐに排便したがります。こうした犬や猫をよく観察していると、食後、腹部や後ろ足をなめまわしています。胃のあたりをなめることで消化を促したり、食べ物やガスを移動させようとしているのかもしれません。

胃腸虚弱の原因は多くの場合、胃腸の「気」の衰えと「寒」、つまり冷えです。そのため、治療は胃腸の「気」を元気にし、そして温めることをめざします。

●ツボ療法で治す

①足三里《あしさんり》の指圧

足三里と呼ばれるこのツボは、胃腸を丈夫にし、「気」を強めるツボです。胃、脾臓《ひぞう》、筋肉にエネルギーを与え、体力をつけます。

②内関《ないかん》の指圧

嘔吐《おうと》を止め、気分を鎮静させるツボです。

③中脘《ちゅうかん》の指圧

お腹にあるこのツボは、胃腸を丈夫にするツボです。

●食事療法で治す

胃腸が弱っているときは、からだが温まる甘みのある食べ物がよいでしょう。白米、オートミール、ジャガイモはこうした目的によく合う食べ物です。そのほか、鶏肉、牛肉の赤身、羊肉、イワシ、サバなどは良質のタンパク源となります。サヤインゲン、ニンジン、カブなど

薬草・漢方薬名	効能・作り方
アルファルファ	ビタミンA、Cが豊富で微量のミネラルや酵素を含み、滋養強壮、疲労回復に役立つ。生を少量みじん切りにして、食べ物に混ぜる。
補中益気湯《ほちゅうえっきとう》	気を強め、胃腸、脾臓を丈夫にする代表的な漢方薬。食欲が減退し、疲労しやすいときに有効。
平胃散《へいいさん》	お腹にガスがたまりやすく、いつもお腹が張り、軟便ぎみの場合によい。

もよいのですが、消化をよくするため、野菜は煮てからあげてください。

犬には穀物を55～60%、タンパク質25%、野菜15～20%の割合で、猫には60%のタンパク質、40%の穀物の割合が理想です。場合によっては、ペットの食欲が戻るまで野菜はあげなくてもけっこうです。

③中脘《ちゅうかん》
位置：腹部の中心線上で、胸剣《きょうけん》状軟骨《じょうなんこつ》（69ページ参照）の先端とへその間。
指圧法：ここを15秒間押すか、小さく下向きにマッサージします。

②内関《ないかん》
位置：前足の内側の足首のすぐ上で、２本の腱《けん》の間。
指圧法：ここを10～15秒間押さえます。

①足三里《あしさんり》
位置：後ろ足の外側で、膝《ひざ》のすぐ下と、垂直な足の骨（脛骨《けいこつ》）の外側の筋肉部の中央。
指圧法：小さな円を描くように10～15秒間マッサージします。

胃腸の「気」の不足で消化不良を起こしたマシュマロ

マシュマロは１歳半のやさしいキジ猫です。人の膝《ひざ》の上に乗るのが好きで、子どもたちにお腹をさわられても文句を言いません。子猫のころは下痢ぎみで、成長してからはお腹をなでられると、気持ちよさそうにおならをします。便は軟便で、あまり太っていないのに、お腹は洋梨のように垂れています。食べ物にはあまり関心がなく、かわいがってもらうことのほうを喜びます。

ところが最近、マシュマロは寒がるようになり、あまり遊びたがらなくなりました。排便後や、食後は疲れきった様子です。雨の日はとくにつらそうです。

舌をみると、太めで幅広く、濡れていますが、食べ物の吸収が悪く、血液をつくる能力も劣っているため、舌がピンクに近い色になっています。

こうしたマシュマロの症状は「気」が不足し、からだを温める力が弱くなって胃腸虚弱を起こしている典型です。「気」の不足は、食欲不振やお腹にガスがたまりやすいことでわかります。

消化が悪い
イライラしやすく体重が増えない

●症状の現れ方

ペットのなかには飼い主がそばにいて、さわったり話しかけたりしないとよく食べないという、食事のたびに手のかかる犬や猫がいます。きっと飼い主がそばにいないと不安で、そのためにイライラして胃腸の働きが弱り、きちんと消化されないためでしょう。消化不良を起こしている犬や猫は、便に未消化物が混じるのでわかります。消化不良の状態が続くと、からだは疲労しやすく、喉《のど》が渇き、しょっちゅう水を飲みたがるようになります。また、あるときは栄養不足を補おうとして、やたらに食べるようになります。そのわりに体重は増えず、むしろ減少ぎみで、結果的に貧血を起こすこともあります。

こうした状態を漢方では、精神的不安が原因で肝臓《かんぞう》の「気」のめぐりが悪くなったためと考えます。肝臓の「気」のめぐりが悪くなると、胃の働きも悪くなります。なぜなら、臓器をスムーズに動かすエネルギーは、「気」の働きによるからです。そのため、治療は肝臓を正常に働かせて「気」の流れをスムーズにして、その結果、弱った胃腸の働きをまた元通りにすることを目的とします。

●ツボ療法で治す

①肝兪《かんゆ》の指圧

肝兪と呼ばれるこの背中のツボは、「肝」のバランスを正常にして胃腸の働きをよくします。肝臓の働きが悪くなるとまずここに反応が出るため、肝臓機能をチェックするうえでも欠かせないツボです。

②脾兪《ひゆ》の指圧

やはり背中にある脾兪のツボは、胃腸の働きを高め、消化をよくするツボです。内臓のバランスを正常にする働きもあります。

③中脘《ちゅうかん》の指圧

お腹のほぼ中央にあるこのツボは、胃腸病すべてによく効くツボです。「気」を調和する働きもあり、胃腸を丈夫にします。

④三陰交《さんいんこう》の指圧

後ろ足にあるこのツボは脾臓《ひぞう》、肝臓、腎臓《じんぞう》の働きを活発にし、体重減少を食い止めます。食欲減退がみられるときに効果があります。

以上のツボのほか、お腹をやさしく丸くマッサージすると、消化器官への刺激となり、食欲が増します。

●食事療法で治す

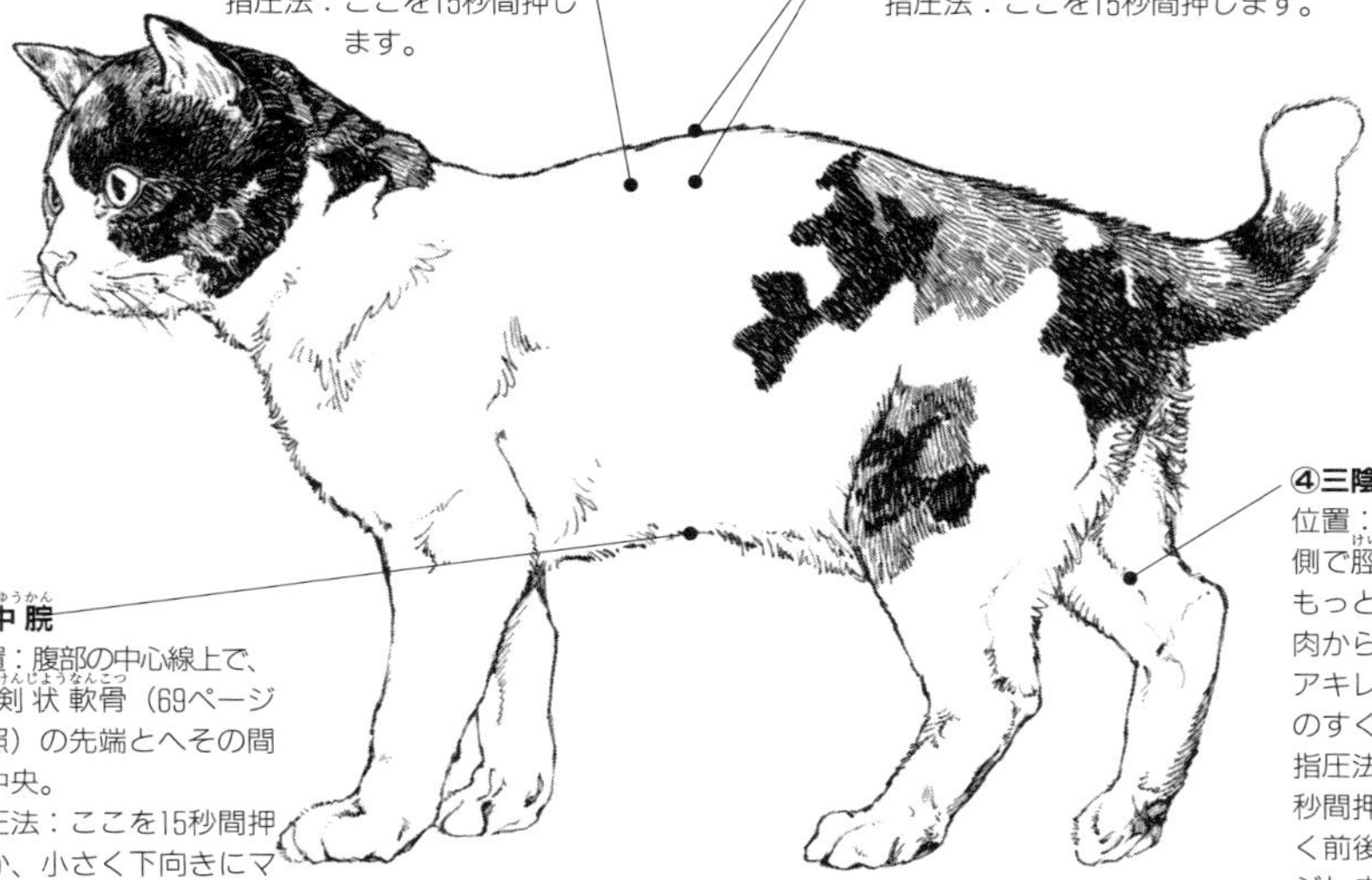
①肝兪《かんゆ》
位置：背骨の両側で、第9胸椎《きょうつい》と第10胸椎の間。
指圧法：ここを15秒間押します。
②脾兪《ひゆ》
位置：肋骨《ろっこつ》を後ろから数えて2番目と3番目の肋骨の間。
指圧法：ここを15秒間押します。
③中脘《ちゅうかん》
位置：腹部の中心線上で、胸剣状軟骨《きょうけんじょうなんこつ》（69ページ参照）の先端とへその間の中央。
指圧法：ここを15秒間押すか、小さく下向きにマッサージします。
④三陰交
位置：後ろ足の内側で脛骨《けいこつ》の真後ろ、もっとも大きな筋肉から伸びているアキレス腱《けん》の始点のすぐ下。
指圧法：ここを15秒間押すか、小さく前後にマッサージします。

消化のよいものをあげるようにしますが、とくにお勧めなのは牛肉の赤身、豆腐などのダイズ製品、ヒラメやカレイなどの良質タンパク質を多く含んだものです。おかゆや、やわらかくゆでたジャガイモもよいでしょう。

このほか、肝臓機能を丈夫にする食べ物としてはカキやシジミがあります。カキやシジミで濃いスープをつくってあげましょう。

●薬草・漢方薬療法で治す

ここにあげる漢方薬、逍遙散《しょうようさん》と小建中湯《しょうけんちゅうとう》は、1週間を限度としてあげてください。まず1日1回与え、反応がはっきりしない場合は1日2回まで増やします。

薬草・漢方薬名	効能・作り方
カミツレ	この西洋ハーブは胃を落ち着かせ、めぐりが悪くなった肝臓の「気」の流れをよくする。茶さじ1を1カップの水で煎じる。
逍遙散《しょうようさん》	消化不良によく効く漢方処方。イライラを鎮め、血液を増加させ、肝臓に栄養を与え、胃腸をととのえる働きがある。
小建中湯《しょうけんちゅうとう》	元気がなく、すぐに疲れてしまい、食欲にむらがあるようなタイプによい。

異常な食欲、変なものを食べる

ときには家具でも何でも食べたがる

●症状の現れ方

食欲がないのも心配ですが、あまりに食欲がありすぎても心配です。とくに、手当たり次第なんでも食べてしまう犬や猫は本当にこまりものです。こうした症状のあるペットは、体格はわりとがっちりしていて、食べ物を食べるのもとても早く、性格的にも強く、お山の大将のようなタイプです。

一般に、このようなペットは胃に「熱」をもっています。そのために体液の循環が悪くなり、胃に余分な水分がたまって、胃が痛んだり、胸やけを起こしやすくなっています。胃に「熱」があると、ペットはひっきりなしに食べたがったり、喉《のど》が渇いて仕方がないというしぐさをします。また、ある場合は、食べ物ばかりでなく、家の中にある家具とか衣服とか手当たり次第何でも食べたり、かじったりすることもあります。喉の渇きも激しいので、大量の水を飲みます。口臭が強く、まるで汚い靴下のような耐えがたいにおいを発します。

これは、胃が異常な「熱」をもつために起きている症状です。治療は胃の「熱」を冷まして、胃の働きを正常にすることを目的とします。

●ツボ療法で治す

①巨闕《こけつ》の指圧

お腹にあるこのツボは、胸やけをおさえ、胃の「熱」を冷ます働きがあります。余分な胃腸の水分を取り去る効果もあります。

②内庭《ないてい》の指圧

後ろ足の指の間にあるこのツボは、胃の「熱」を冷まし、「気」をととのえます。口内炎、口臭にも効果があります。

③足臨泣《あしりんきゅう》の指圧

後ろ足の甲にあるこのツボは、ゆがんでしまっている胃腸のバランスをととのえます。

④脾兪《ひゆ》の指圧

胃腸の病気のときに、もっとも敏感に反応が出るツボです。ここを指圧していると、胃腸ばかりでなく内臓全体のバランスがととのってきます。

●食事療法で治す

やわらかく炊きこんだアワ、大麦、ダイコンなど、胃の「熱」を冷ます食べ物を中心にあげるとよいでしょう。肝臓の「熱」を冷ますセロリなどもお勧めです。ほとん

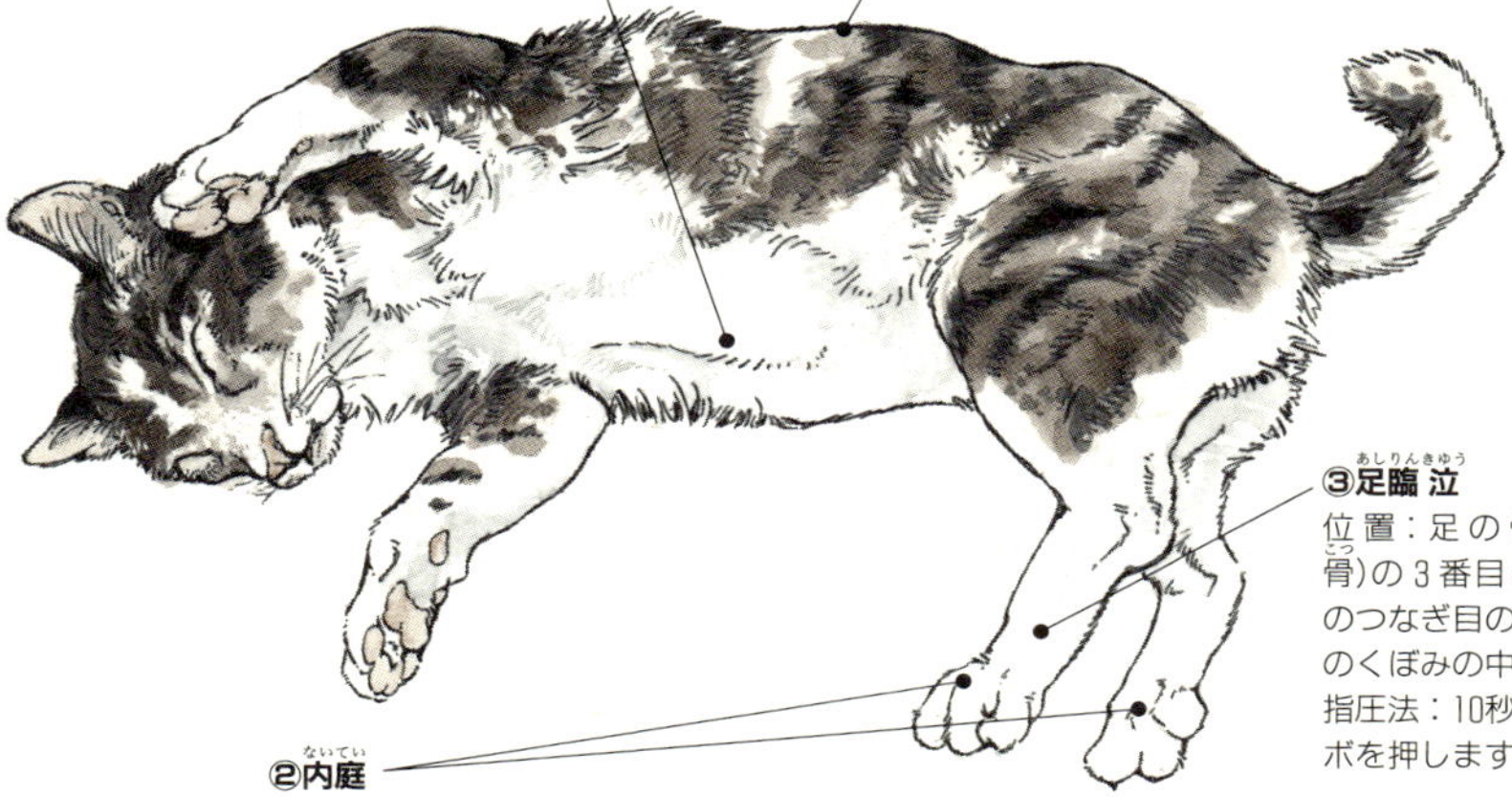

①巨闕《こけつ》
位置：腹部の中心線上で、最後の肋骨《ろっこつ》の先。
指圧法：下向きにやさしくマッサージします。
④脾兪《ひゆ》
位置：背骨の両側で、肋骨を後ろから数えて２番目と３番目の間。
指圧法：ここを15秒間押すか、小さく前後に動かしてマッサージします。
③足臨泣《あしりんきゅう》
位置：足の骨（中束《ちゅうそく》骨《こつ》）の３番目と４番目のつなぎ目のすぐ手前のくぼみの中。
指圧法：10秒間ほどツボを押します。
②内庭《ないてい》
位置：後ろ足の１番目と２番目の指の間。
指圧法：指の間の膜を10秒間ほど軽くもみます。

どの肉類は、胃を温める作用が強いので向きません。このようなペットには、穀物と野菜を多めにあげてほしいのですが、どうしても肉類という場合には、鶏肉やウサギの肉を少しだけあげてください。肉類にたよらずに良質なタンパク質をあげるためには、豆腐などのダイズ製品や、そのほかの豆類をやわらかく煮てあげます。

薬草・漢方薬療法で治す

いずれも胃腸や肝臓の「熱」を冷まし、消化機能を正常化させるものです。１週間を目安にあげてください。

薬草・漢方薬名	効能・作り方
タンポポ	胃の「熱」を取り去り、胃を丈夫にする薬草。春の開花時に採取して乾燥させた葉２グラムを、１カップの水で煎じる。
三黄瀉心湯《さんおうしゃしんとう》	胃の「熱」を冷まして、余分な水分を取り除く処方。口内炎や口臭がひどい場合にも効果的。舌に黄色い苔《こけ》ができているのが目安。下剤の作用もあるので、下痢《げり》をするようならやめる。
白虎湯《びゃっことう》	喉の渇きがひどく、水をものすごく欲しがるような場合によい。やはり胃の「熱」を取り除いて、胃腸機能を正常にする。

よく吐く、車酔い

冷たいものをあげたときにも起こす

●症状の現れ方

犬や猫が食べ物を飲み下しても、すぐに戻すことがあります。その場合、たいてい、嘔吐物《おうとぶつ》は多少の水分や粘液を含んでいます。犬や猫によっては、またそれを食べてしまうこともあります。胃の「気」の働きが狂って、食べ物が胃に達しても、胃が反抗して戻してしまうのです。車酔いの場合も同様です。

犬や猫にはよく水を吐くものもいます。これは胃に過剰な水分があるところに、冷たいものを食べたり、寒いところにいたりして寒さが加わると、胃腸がバランスを失い、水を吐いてしまうのです。食べ物を冷蔵庫から出してすぐにあげた場合、アイスクリームなどの冷たいものをあげた場合などに起きやすいものです。

でも、こうした状態のペットが気分悪そうにしているかというと、そうはみえません。もっと激しい嘔吐は肝《かん》臓《ぞう》機能が悪化しているときに起きますが、胃の「気」がうまく働かないのが原因で起きる嘔吐は痛みもなく、吐いたあとは案外けろっとしています。肝臓機能の悪化が原因と思われる激しい嘔吐の場合は、ペットたちは飼い主にさわられるのもいやがります。

●ツボ療法で治す

①中脘《ちゅうかん》の指圧

お腹にあるこのツボは、胃の「気」を強め、胃を丈夫にします。

②足三里《あしさんり》の指圧

後ろ足にあるこのツボは胃を丈夫にします。また、嘔吐を鎮めます。

③腎兪《じんゆ》の指圧

背中にあるこのツボは、腎臓《じんぞう》のもっとも重要なツボで、内臓のバランスをととのえる働きがあります。

④百会《ひゃくえ》の指圧

人間では頭のてっぺんにあるこのツボは、動物の場合は背中のおしりに近いところにあります。からだの「陽気」を高めます。

●食事療法で治す

湿気をためやすい豆腐、からだを冷やすホウレンソウ、キャベツなどの生野菜、冷蔵庫から出したばかりの冷たい食べ物は避けます。鶏肉、羊肉、牛肉（赤身）など、からだを温める食べ物が、この症状にはいいのです。やわらかく煮たニンジンは胃腸を温めるのに最適な食べ物

④百会《ひゃくえ》
位置：背中の最後の腰椎と仙椎《せんつい》の間のくぼみの中。
指圧法：指先を使って15秒間押すか、ここを前後にマッサージします。
③腎兪《じんゆ》
位置：背骨の両側で第2腰《よう》椎《つい》と第3腰椎の間。
①中脘《ちゅうかん》
位置：腹部の中心線上で、胸剣状軟骨《きょうけんじょうなんこつ》の先端とへその間。
指圧法：ここを15秒間押すか、小さく下向きにマッサージします。
②足三里《あしさんり》
位置：後ろ足の外側で、膝《ひざ》のすぐ下。垂直な足の骨（脛骨《けいこつ》）の外側の筋肉の中央。
指圧法：小さな円を描くように10〜15秒間マッサージします。

です。

●車酔いに効く飲み物

車に酔うと吐く犬や猫によい飲み物療法です。生のままのショウガを2片、1カップの水で5分煎じたものを冷ましておきます。すっかり冷めたものを、車に乗せる1時間半前に飲ませます。猫や子犬なら茶さじ1、中型犬、大型犬なら3分の1カップ程度です。

●薬草・漢方薬療法で治す

薬草も漢方薬も胃を温め、余分な水分を調節する働きのあるもので治療します。車酔いに効くショウガの煎じ汁も、吐きやすい犬や猫に効果があります。

薬草・漢方薬名	効能・作り方
カミツレ	この生薬《しょうやく》は胃の「気」を調整して鎮める働きがある。乾燥させる効果も。カミツレ2グラムを1カップの水で煎じる。
理中湯《りちゅうとう》	冷たいものを食べて胃が冷えたとき、腹部を冷やしてしまったときによく効く。水のようなものを吐く症状を止める。

糖尿病

喉が渇き、尿が多く、たくさん食べるのが特徴

●症状の現れ方

糖尿病になると現れる症状は、喉《のど》が渇く、尿の量と回数が多い、水をたくさん飲みたがる、たくさん食べたがるといったものです。体力を非常に消耗させる重大な病気であることは、人もペットも変わりません。

8世紀の中国では、糖尿病の疑いのある患者には診療所の外に置いてある石に排尿させたといいます。その尿にアリがたかるかどうかをみて、診断を下していました。糖尿病患者の尿には、アリが大好きな糖分がたくさん含まれているからです。ついこの間まで尿糖値や血糖値を検査する方法がなかったのですから、これは画期的な検査法だったと思います。

現代医学での糖尿病の定義は、膵臓《すいぞう》から分泌されるインスリンが不十分なために、血液中の糖分が細胞に吸収されず、血液中に残ってしまう膵臓の病気です。糖の微粒子グルコースはからだの生成に必要なエネルギーのもとで、これなしにエネルギーをつくり出すには、自分の筋肉からどんどんグルコースを分解していかなくてはなりません。その結果、病気が進行すると、体重の激減、循環器障害、毒素の蓄積、白内障《はくないしょう》、腎臓病《じんぞうびょう》など無数の障害が起こってくるのです。

漢方においては、糖尿病は全身の臓器に「気」と体液、つまり水分が不足するために起こる病気だと考えられています。その結果、肝臓《かんぞう》、肺、腎臓、脾臓《ひぞう》などの臓器の体液が不足して「熱」の状態となり、これらの「熱」を鎮めるために、またたくさんの水分を必要とするようになるので、喉が異常に渇くのです。しかし、臓器の機能が正常でないため、それが活用されず、おびただしい量の水分が吸収されないまま排泄《はいせつ》されることになるので、尿の量が増えるのです。

糖尿病は遺伝的要素の大きい病気ですが、脂肪分の多い食べ物を大量に食べることにも関係します。たとえば市販されているドライフードにも関係があります。ドライフードは、胃、脾臓、肝臓に負担をかけやすいのです。ストレスがあると、つい食べすぎになり、心配や恐怖心があると消化をさまたげることになります。ストレス過多は腎臓を弱めます。

また、運動不足は肝臓に負担をかけ、「気」のとどこおりを起こします。

肺が「熱」をもつと慢性の渇きが生まれ、多飲、多尿

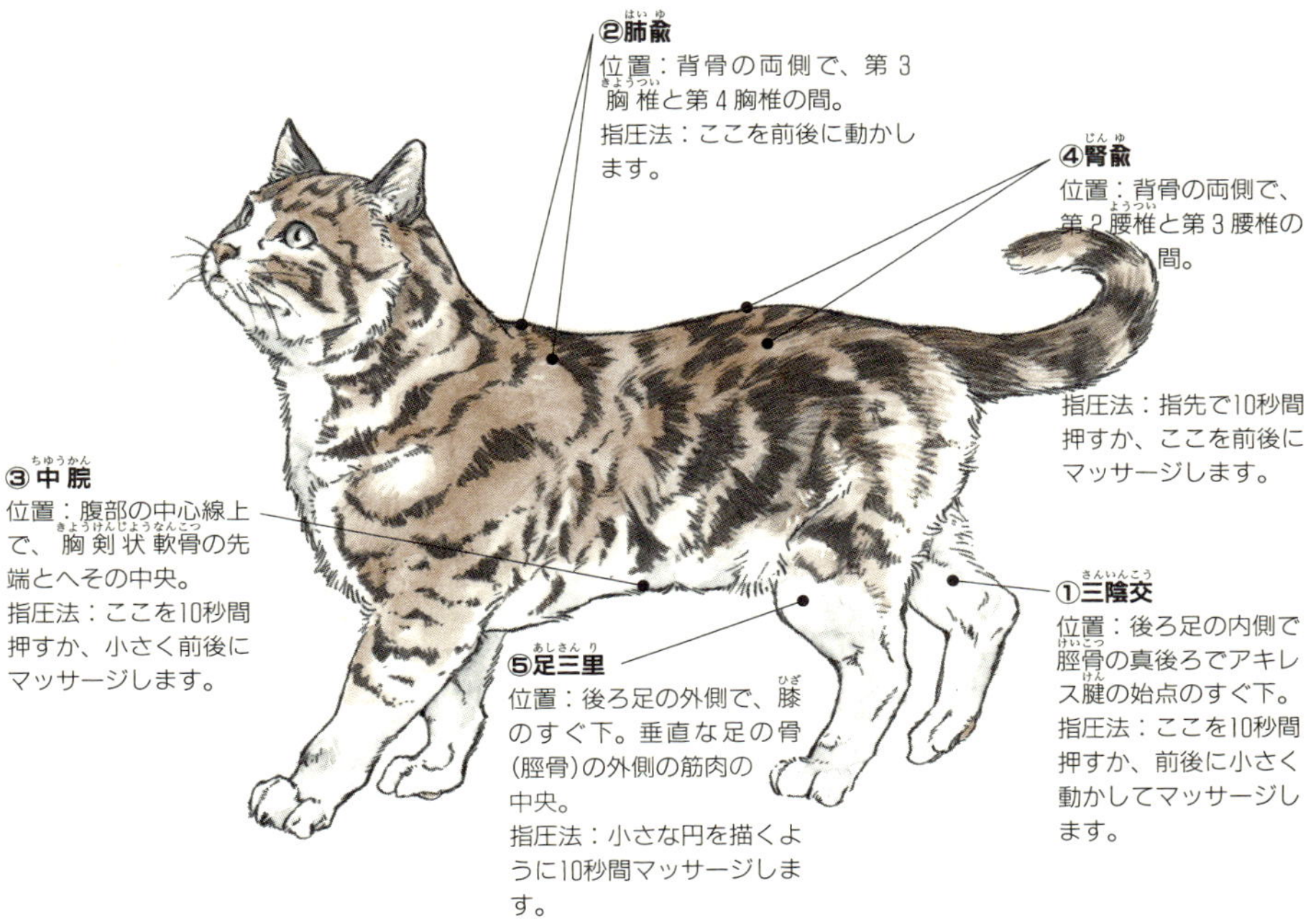
②肺兪《はいゆ》
位置：背骨の両側で、第3胸椎《きょうつい》と第4胸椎の間。
指圧法：ここを前後に動かします。
④腎兪《じんゆ》
位置：背骨の両側で、第2腰椎《ようつい》と第3腰椎の間。
指圧法：指先で10秒間押すか、ここを前後にマッサージします。
③中脘《ちゅうかん》
位置：腹部の中心線上で、胸剣状軟骨《きょうけんじょうなんこつ》の先端とへその中央。
指圧法：ここを10秒間押すか、小さく前後にマッサージします。
①三陰交《さんいんこう》
位置：後ろ足の内側で脛骨《けいこつ》の真後ろでアキレス腱《けん》の始点のすぐ下。
指圧法：ここを10秒間押すか、前後に小さく動かしてマッサージします。
⑤足三里《あしさんり》
位置：後ろ足の外側で、膝《ひざ》のすぐ下。垂直な足の骨(脛骨)の外側の筋肉の中央。
指圧法：小さな円を描くように10秒間マッサージします。

の原因となります。こうしたことが全身に起こると、からだは必死にバランスを保とうとしますが、だんだんそれができなくなって病気は進行していくのです。

獣医の治療を補助する家庭療法

糖尿病のような重い病気の場合は、すでに獣医にかかっていることと思います。毎日、インスリン注射を受けているかもしれません。それでも、ここに紹介するツボ療法、食事療法、漢方薬療法はからだのバランスを取り戻して、糖尿病を軽快させるのに必ず役立ちます。

漢方における糖尿病治療は、胃の「熱」を取り去り、脾臓の「気」を高め、腎臓を丈夫にすることを目的に進めます。

インスリン注射を受けている場合はとくに注意

インスリン治療を受けているペットが、漢方薬、薬草を使う場合には、必ず経験豊かな専門家に管理してもらわなくてはいけません。インスリンの効果を妨害するおそれがあるからです。

ツボ療法で治す

もし糖尿病にかかっている犬や猫が衰弱していたら、毎日1つのツボを選ぶか、数日おき、あるいは2週間おきくらいにツボ療法を行ってください。それでも治療後に、ペットに疲れがみえたら、次のときにはツボの数を減らすか、押す時間を短くしてください。

①三陰交《さんいんこう》の指圧

後ろ足にあるこのツボは、腎臓、脾臓、肝臓の働きを活発にし、「血」の流れをスムーズにします。

②肺兪《はいゆ》の指圧

背中にあるこのツボは、肺の「熱」を取り去り、内臓のバランスをととのえます。糖尿病にかかっている犬や猫の、どうしようもない喉の渇きを癒《いや》すのに効果のあるツボです。

③中脘《ちゅうかん》の指圧

お腹のほぼ真ん中にあるこのツボは、胃腸の働きを正常にするツボです。食べすぎの場合にも効果があります。消化を助け、からだのバランスをととのえます。

④腎兪《じんゆ》の指圧

背中の部分にあるこのツボは、腎臓のバランスを保つための治療に欠かせないツボです。

⑤足三里《あしさんり》の指圧

後ろ足にあるこのツボは、胃腸の働きを正常にするほか、糖尿病にかかったペットにありがちな、弱った後ろ足を強くします。

●食事療法で治す

ペットの症状によって、治療効果のあがる食べ物は異なります。

ペットの症状が食べ物や水を吐いたり、下痢《げり》はするが悪臭はしない場合は、脾臓の「気」を温め、強化する食べ物をあげます。これらの症状は糖尿病の比較的初期にみられるものです。

喉の渇きが激しく、やせてきて、嘔吐《おうと》する、異常な食欲を示す、尿の回数が多いといった場合には、内臓を丈夫にする食べ物を選びます。

インスリンを投与されていない場合は、食事は一度にたくさんあげるより、4回くらいに分けて少しずつあげるようにします。

お勧めの食べ物としては、まず繊維質が豊富な精製し

薬草・漢方薬名	効能・作り方
ヤマイモと豚の膵臓	喉が渇き、尿がたくさん出るとき。ヤマイモ100グラムと豚の膵臓1つで濃いスープを作っておき、冷蔵庫で保管する。
麦門冬湯《ばくもんどうとう》	喉が渇き、水をたくさん飲みたがり、お腹に力がないような場合によい。
白虎湯《びゃっことう》	喉が渇いて水分を欲しがり、食欲が異常にある場合に効果がある。

ていない穀物がよいでしょう。消化管をゆっくり動いていくため、空腹感が少なく、吸収もよくなります。玄米の場合は、十分やわらかくなるまで炊いてください。そのほか、精製していない小麦、アワがいいでしょう。

野菜では脾臓の「気」を助けるサヤエンドウ、キノコ、アスパラガス、アボカドがよいでしょう。豆類ではアズキ、インゲンマメなどを、犬にも猫にも動物性タンパク質と混ぜてあげましょう。

喉の渇きがあり、ものすごい食欲があるのにやせているといった場合は、豚肉が最適のタンパク源です。脂《あぶら》身《み》を取り除いた豚肉の挽肉をゆでたものは、糖尿病の猫でも食べられます。脂肪分を取り除いた肉は、生命力のもとである「後天の元気」を取り戻し、内臓を丈夫にします。脂身を取った豚肉でシチューをつくってもよいでしょう。豚肉をあげるときは、いつも脂身を取り除くことを忘れないでください。

嘔吐がなければ、イワシもよい食べ物です。グルコースを代謝するのに役立ちます。

●栄養補助食品・ビタミン剤で治す

グルコースや糖分代謝を助けるものをあげてみましょう。まず、ビタミンCを、下痢症状がなければ1日250ミリグラムから1000ミリグラムあげます。パパイヤの酵素、ビタミンA、B_1、葉緑素なども役立ちます。不飽和脂肪酸補給には、オリーブオイル、ゴマ油、アサの実などが使えます。

下痢をする（急性下痢）

細菌による場合は症状は急で便はいやなにおいがする

●症状の現れ方

便が形をなさず、水のようなものを排泄《はいせつ》する場合を下《げ》痢《り》といいます。急性大腸炎、とくに細菌による下痢の場合は、症状は急激に起き、便はいやなにおいがします。病原菌が強力な場合は、便に血液や粘液が混じることもあります。こんなとき、ほとんどのペットはお腹にさわられるのをいやがります。

同じ下痢でも、ペットの体質によって症状の現れ方が違う場合があります。あるペットの場合は、嘔吐《おうと》や肛門《こうもん》が熱い感じがします。別のペットの場合は粘り気のある水様便が多く、寒そうにして、暖かい毛布などに寝たがります。お腹をさわってみて、温かいか冷たいかでわかります。

ペットが寒がって、喉《のど》の渇きがなく、ふさぎ込み、からだが弱っている場合は、風邪で下痢を起こしている可能性があります。この場合の下痢は水様便で、くさみがありますが、血液などは混じっていません。

●こんな場合はすぐ獣医へ

下痢が1日に10回以上と回数が多く、からだの水分がどんどん失われていくようなら、すぐに獣医にみてもらう必要があります。脱水症状は短い時間内に起こり、重体に陥ることがあるからです。

●ツボ療法で治す

①曲池《きょくち》の指圧

前足にある曲池と呼ばれるこのツボはからだを温め、痛み、炎症、湿気を取り除き、急激な病原菌の進行を食い止めます。

②合谷《ごうこく》の指圧

前足にある合谷と呼ばれるこのツボは大腸《だいちょう》経絡《けいらく》のおもとのツボで、急性の疾患を治し、抵抗力を強めます。

③三陰交《さんいんこう》の指圧

後ろ足にある三陰交と呼ばれるこのツボは「熱」を取り除き消化能力を高め、下痢による脱水症状を予防します。

●食事療法で治す

激しい下痢をしているときは、ドライフード、固形物、火を通していないものはすべて避けてください。煮こんだり、焼いたりしていない食べ物は消化が悪いので避けます。お勧めはみそ汁、チキンスープ、重湯などです。ジャガイモをやわらかくゆでたものもよいでしょう。

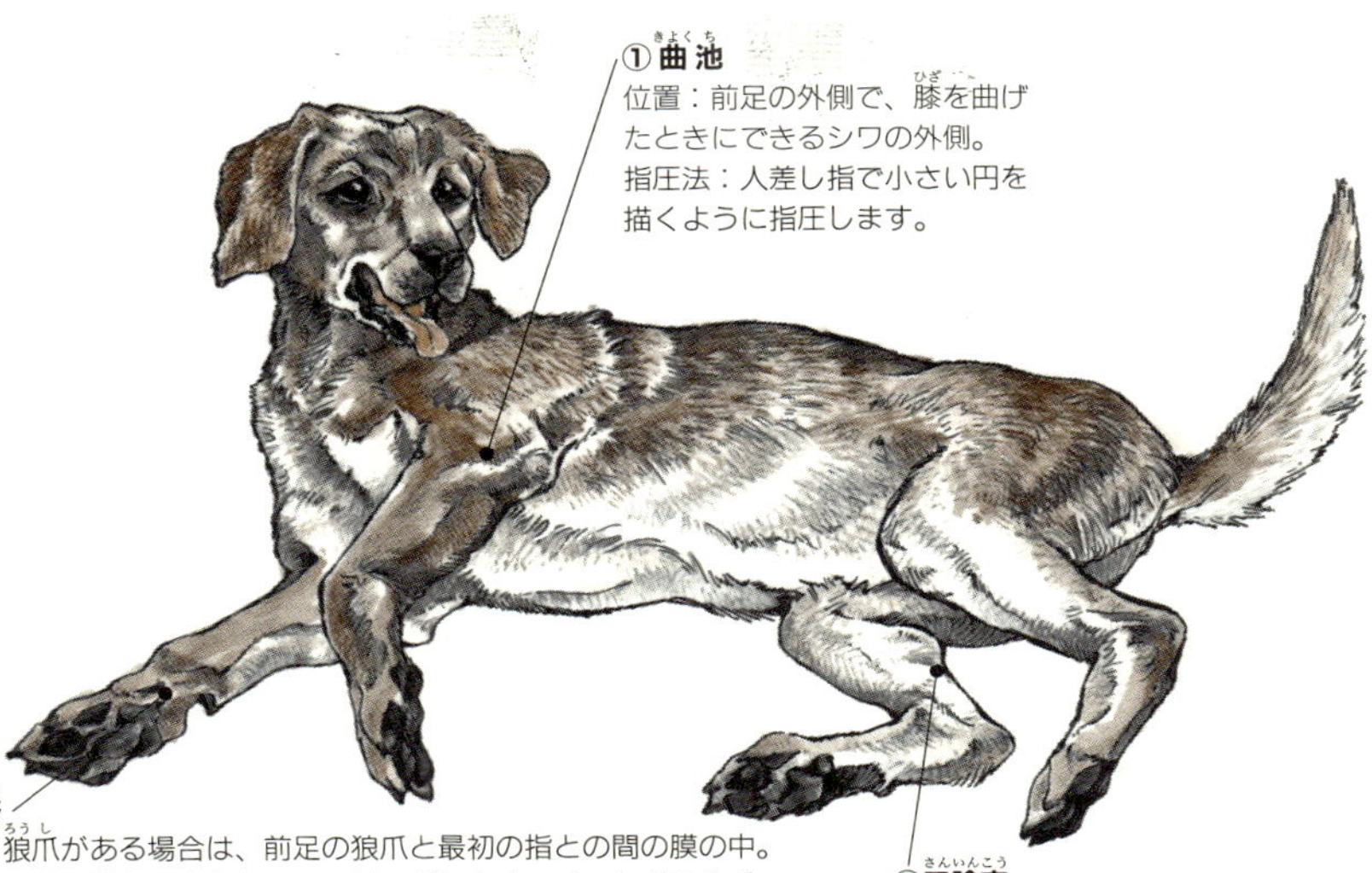

①曲池《きょくち》
位置：前足の外側で、膝《ひざ》を曲げたときにできるシワの外側。
指圧法：人差し指で小さい円を描くように指圧します。
②合谷《ごうこく》
位置：狼爪《ろうし》がある場合は、前足の狼爪と最初の指との間の膜の中。
指圧法：その膜をつまむか、マッサージします。ペットがいやがるようなら、指で膜を押さえてください。第１指が取り除かれた犬の場合は、突起が残っている場所をつかみます。
③三陰交《さんいんこう》
位置：後ろ足の内側で、脛骨《けいこつ》のすぐ後ろ。アキレス腱《けん》の始点のすぐ下。
指圧法：人差し指で10秒間軽く押します。

ベビーフードも腸にうるおいを与え、鉄分を摂取できるので有効です。乳幼児の半分量を猫に、乳幼児と同じ量を犬に与えます。

２日間は流動食を与え、症状が回復してきたら、少しずつ固形物を与えます。最初は味つけしないご飯やゆでたジャガイモ、少量の鶏肉といったところが無難でしょう。ゆっくり時間をかけて元の食事に戻してあげてください。乾燥した食べ物は消化しにくく、体内に「熱」を生じさせるので、ドライフードは症状がすっかり治ってからにしましょう。

●薬草・漢方薬療法で治す

急性疾患の場合は、３日から５日間くらい使います。脱水症状が起きたり、与えた薬に反応せず、症状が悪化するような場合はすぐに獣医の受診を。

薬草・漢方薬名	効能・作り方
オオバコ	粘液や血液が混じる便をする場合にもよい。新鮮な葉をつきつぶすか、オオバコ10グラムを１カップの水で煎じる。
甘草瀉心湯《かんぞうしゃしんとう》	下痢をして食欲がなく、しかも泥状便の下痢の回数が多いときに効果がある。

下痢をする（慢性下痢）

便に悪臭はないが排泄後、疲れた様子をみせる

●症状の現れ方

軟便や水様便が、1～2週間以上も続くような場合を慢性下痢《まんせいげり》といいます。便がいつも下痢便だったり、軟便のペットは、たいてい消化器官が弱くなっています。そのため、食べ物から摂取したタンパク質、炭水化物、脂肪、ビタミンなどの栄養分をうまく消化できないのです。腸は栄養分を摂取しようとするのですが、消化器官が弱っているとそれができなくて、消化されなかった栄養分は水様便といっしょに排泄《はいせつ》されてしまいます。便に悪臭はなく、排便時に痛みを伴うことはありませんが、栄養分をうまくからだに取り込めないので、排泄後、疲れた様子をみせたり、人にまとわりつくようなことが多くみられます。

慢性下痢の治療法の目的は、弱った消化器官を温めて丈夫にし、摂取した食べ物を完全に消化できるようにすることです。

●ツボ療法で治す

①三陰交《さんいんこう》の指圧

薬草・漢方薬名	効能・作り方
シナモン	「気」を強め、消化器官を温める作用があるので、冷えると下痢をするタイプに。シナモン5グラムを、1カップの水で20分間煎じる。
人参湯《にんじんとう》	もともと虚弱な犬や猫で、食欲がなく、下痢の症状とともに、冷えや疲れた様子がある場合によく効く。
六君子湯《りっくんしとう》	ふだんから胃腸が弱く、食べたあとに疲れた様子をみせるペットや、食べすぎるとすぐ下痢をするペットによい。

後ろ足にある三陰交のツボは、消化機能を高めるツボです。

②神闕《しんけつ》の指圧

神闕と呼ばれるこのツボ（おへそのこと）はからだを温め、消化機能を正常にします。

③足三里《あしさんり》の指圧

このツボは胃を丈夫にし、消化機能を増進させます。

●食事療法で治す

もともと胃腸が弱いペットは、しょっちゅう下痢を起こしやすいものです。このようなタイプのペットは食べ

③足三里《あしさんり》
位置：後ろ足の外側、ちょうど膝《ひざ》の下から垂直に伸びている主要骨、脛骨の外側の筋肉の中央。
指圧法：ここを10秒間押すか、または小さい円を描きます。

②神闕《しんけつ》
位置：おへそのこと。
指圧法：小さな円を描くようにするか、またはここを押します。

①三陰交《さんいんこう》
位置：後ろ足の内側で脛骨《けいこつ》の後ろ側。
指圧法：人差し指で10秒間押します。

たあと、疲れたような様子をみせます。このようなペットには、味が淡泊で、からだを温め、胃腸を丈夫にする食べ物、たとえば脂身《あぶらみ》を取った牛肉、豚肉、鶏肉などがお勧めです。消化を助ける酵素を少量試してみるのもよいでしょう。

消化不良を起こしやすいのら猫ハリウッド

ハリウッドは半のらの猫で、冬でも外で過ごすほうが好きです。長い毛が寒さを防いでくれるものの、冬の間は白っぽい便や、消化されない食べ物の混じった下痢便をよくします。腹ばいになってかたい床に寝そべり、お腹をなでられるのが大好きです。

ハリウッドのような症状は、胃腸が弱く消化機能が衰えている場合にみられるものです。冬の寒い気候はとくにこうした状態を悪化させるので、からだの中のバランスが崩れ、胃腸の働きが悪化して下痢を起こしてしまうのです。

こうした状態のペットは指圧してもらったり、なでられたりすると気分がよくなります。長期間このような状態にあるタイプの猫は食べ物にうるさく、腹にしまりがなく、やせています。舌をみると白く厚い舌苔《ぜったい》がついていて、舌の両側に歯形がついています。

便秘になる

老化などが原因のコロコロ便や精神不安でも

●症状の現れ方

たいていの犬や猫は毎日排便するものですが、なかには便秘になって数日間排便できないペットもいます。原因はさまざまですが、漢方では次の3つの原因があると考えます。まず、大腸が弱って腸や便が乾燥する場合、次に食べすぎなどが原因で胃腸の「熱」が過剰になる場合、そして精神的な不安などがあって腸の「気」が停滞している場合です。

腸が乾燥するのは、体内の栄養分である「血」や水分が不足するためなのですが、多くは出産や老化などによるからだの衰弱がおおもとにあります。こうした犬や猫はたいてい、喉《のど》が渇く、皮膚《ひふ》が乾燥してフケが多いといった症状があり、便は乾いたコロコロ便になります。体液、つまり水分が不足して、消化器官の粘膜にうるおいがなくなり、便が腸内を移動していくうちに腸壁がこすられて血が出るため、便に血液が混じることもあります。

こうした状態が続くと胃も弱まって消化不良を起こし、疲労しやすく、だんだん排便したいという気持ちも減少してきます。

また胃腸に過剰な「熱」が生まれ、それが原因で便秘になることもあります。これはまさしく正真正銘の「実《じっ》熱《ねっ》」で、からだを温める食べ物や脂肪過多の食べ物の与えすぎで起きます。また、しかられてばかりで、欲求不満の状態になったペットにも起きます。胃の過剰な「熱」は腸に「熱」を生じさせ、便秘を引き起こします。つまり実《じっ》態度が押しつけがましく、からだが頑丈な、証《しょう》タイプのペットは、しばしばこのような症状を起こします。喉の渇きが激しく、ものすごい量の水を飲むかと思うと、与えられた食べ物はガツガツとたいらげ、食べたそばからお腹をすかせます。

もうひとつは、イライラなどが原因で「気」が停滞したり、「気」が不足するために起きる便秘です。これは結腸のどこかに排泄物《はいせつぶつ》がとどまってしまうもので、「気」が不足しているペットは長い間排便しませんが、「気」が停滞しているペットはしじゅう排便したがるのも特徴です。

●コロコロ便の便秘・ツボ療法で治す

①天枢《てんすう》の指圧

お腹にあるこのツボは、大腸の働きを正常にさせるツボで、内臓を活発にしバランスをととのえます。

②三陰交《さんいんこう》の指圧

後ろ足にあるこのツボは、腎臓《じんぞう》、肝臓《かんぞう》、脾臓《ひぞう》の働きを活発にし、腸にうるおいを与えます。

③足三里《あしさんり》の指圧

後ろ足にあるこのツボは、からだの「気」と「血」を強めます。

④列缺《れっけつ》の指圧

前足にあるこのツボは、肺経《はいけい》が任脈《にんみゃく》に出会うところにあります。任脈はからだの中の水分を調整する経絡《けいらく》です。肺経は大腸経《だいちょうけい》と対になっている経絡で、腸の水分が不足してきた場合、水分を補給するように働きます。肺経を刺激して腸の水分の補給をはかるよう働きかけます。

●コロコロ便の便秘・食事療法で治す

乾いたコロコロ便の場合、いちばん大切なのはドライフードをあげないことです。症状を悪化させます。脂肪分の多い肉も、からだの体液を使い果たしてしまう「熱」を生み出すので避けましょう。

コロコロ便の便秘

①天枢《てんすう》

位置：お腹のおへその両脇およそ1.5センチのところ。

指圧法：小さな円を描くようにマッサージします。

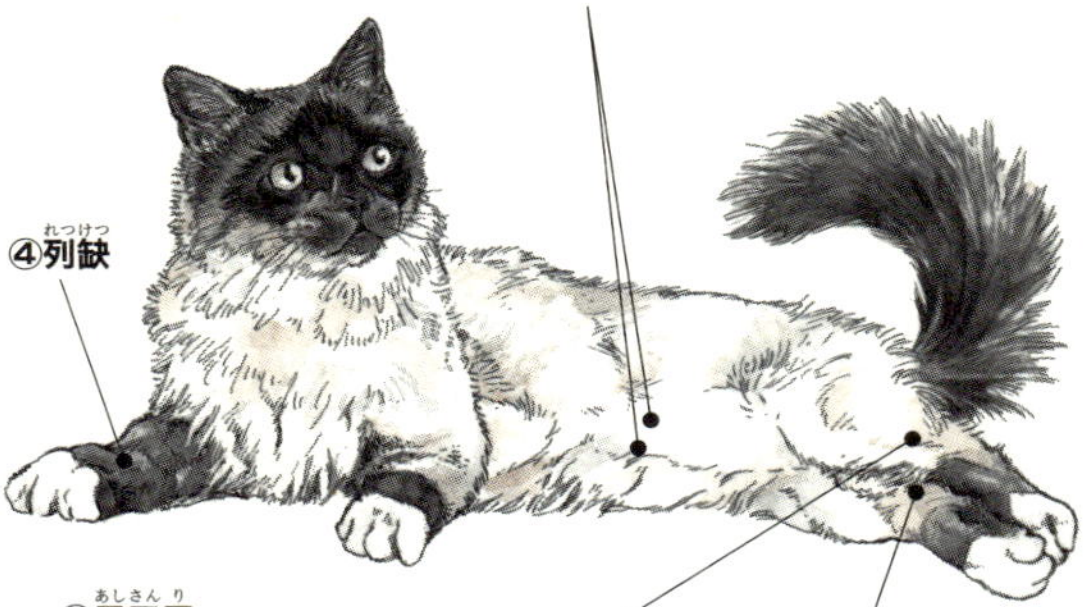

④列缺《れっけつ》

③足三里《あしさんり》

位置：後ろ足の外側で膝《ひざ》のすぐ下。垂直な足の骨（脛骨）の外側の筋肉部の中央。

指圧法：小さな円を描くようにマッサージします。

②三陰交《さんいんこう》

位置：後ろ足の内側で脛《けい》骨《こつ》の真後ろ。

食べすぎやイライラが原因

①支溝《しこう》

位置：前足の前側、足首から膝までを４等分し、足首から４分の１のところ。

指圧法：ここはさがしにくいので、前足の前面を足首からその上３分の１までをマッサージしてください。

③大腸兪《だいちょうゆ》

位置：第４腰椎《ようつい》と第５腰椎の間の両脇にあるくぼみ。

指圧法：ここを15秒間押します。

④行間《こうかん》

位置：後ろ足首の上部で第１指の骨が足の骨（中束骨《ちゅうそくこつ》）と出会うところ。

②照海《しょうかい》

位置：後ろ足の内側、内踝《うちくるぶし》のすぐ下。

指圧法：ここを15秒間押します。

腸の「熱」をとり、うるおいを与える食べ物を選ばなくてはいけません。玄米、アワは繊維質の多い、よい食べ物です。カボチャ、サツマイモも消化管にうるおいを与える、よい食べ物です。よく火を通したソラマメ、グリンピースは犬に食べさせるとよいでしょう。

野菜ではホウレンソウ、ニンジン、ブロッコリーから選んでください。牛肉（赤身）、半熟卵、白身の魚など淡泊なタンパク質は、お勧めの食べ物です。

●食べすぎやイライラが原因の便秘・ツボ療法で治す

①支溝《しこう》の指圧

前足にあるこのツボは、「気」をめぐらせ、「気」の停滞を解消させます。そして腸の蠕動運動《ぜんどううんどう》を促し、便秘を治します。

②照海《しょうかい》の指圧

後ろ足にあるこのツボは、腸の「熱」を冷まし、水分のめぐりをよくする働きがあります。

③大腸兪《だいちょうゆ》の指圧

大腸兪と呼ばれる背中にあるこのツボは、実際に大腸に近く、下痢《げり》や便秘の際に大腸のバランスを調整します。

④行間《こうかん》の指圧

後ろ足にあるこのツボは、「熱」を取り除き、「気」の停滞を解消させます。

●食べすぎやイライラが原因の便秘・食事療法で治す

このような便秘の食事療法は、胃腸の「熱」をとる食べ物を中心にします。そのため、肉類、エビ、鶏肉などは避けます。白身の魚や脂肪分を取り除いた豚肉、卵、ダイズなどがお勧めです。野菜や穀物は大丈夫です。犬の場合は動物性タンパク質は25％から30％止まりにして、玄米、アワなどの穀物をあげてください。犬にはキャベツ、サツマイモ、ジャガイモ、ホウレンソウ、アスパラガス、ニンジンなどを多くして、ほとんどベジタリアンのような食事にしてください。

●便秘を予防する日常生活

決まった時間、運動をしたり、適度な刺激があると、犬や猫の消化機能は活発化します。ほとんどの飼い犬は散歩に連れ出すと排便します。獣医を訪れる多くの飼い主は、犬を裏庭に出してやっても排便しないが、散歩に行くと排便すると言います。これは散歩という運動がいいのか、飼い主といっしょにいられるという気分がいいのかわかりませんが、どちらにしても排便するときは十分な時間を与えてあげることが大切です。毎日の散歩は犬だけでなく、飼い主の健康のためにもよいことです。

家の中で飼われていて、砂箱を使っている猫の場合、便秘になる原因として2つのことが考えられます。

ひとつは砂箱が汚れているということ。猫は汚い砂箱を使うくらいなら、信じられないほど長い時間トイレをがまんします。

次に、人やほかのペットの出入りの激しいところに砂箱が置いてある場合です。猫はこわがってトイレに行けなくなります。精神的な問題も猫の便秘の原因となるため、健康でハッピーでいてほしいと思うのだったら、砂箱を安心して使えるところに置いてあげてください。

また、食事時間を決めてあげることも、消化機能には大切です。急激なダイエットも、便秘の原因です。

薬草・漢方薬名	効能・作り方
潤腸湯《じゅんちょうとう》	日ごろから虚弱な犬や猫、または高齢の場合でコロコロ便の便秘に効果がある。腸をうるおし、排泄を促す働きがある。
大柴胡湯《だいさいことう》	体格ががっちりした犬や猫で、食べすぎる傾向にある場合の便秘によい。「気」の流れをよくして、便秘を解消する。
小建中湯《しょうけんちゅうとう》	もともとからだが弱いタイプのペットで、下剤を用いるといやがる場合によい。
プルーン	ビタミン類を豊富に含んでいる西洋プラム。貧血、便秘予防によいので、毎日1個食べさせる。
大麦・小麦の糠《ぬか》	「気」の流れをスムーズにして腸をうるおす。糠に少量のオリーブオイルかゴマ油を加えて団子にし、少量ずつ1日2回あげる。

「気」の高ぶりやすいペコーの便秘

ペコーは「気」の高ぶりやすいポメラニアンです。子犬のころは疲労のあまり、ばったり倒れてしまうほど、正気を失ったように駆け回ったものです。夕食は食べても、朝は遊びたがって食べないということもよくあり、食欲があったりなかったりとむらがありました。

いつも喉が渇いているにもかかわらず、一度に飲む水の量はわずかです。やがて消化不良になり、やたらとゲップをするようになりました。そのうちに排便も少なくなり、一定時間にしないようになりました。排便すると疲れるようで、そのうち排便する努力もやめてしまって、ひどい便秘に悩まされるようになりました。

ペコーを診察すると、胃腸の「気」に問題があることがわかりました。「気」が弱まって筋肉の働きもにぶり、便秘になっていたのでした。ペコーには胃腸の「気」を強化する治療をほどこすと、1週間ほどで便秘は解消しました。

肝臓と胆嚢
タンパク質の分解、有毒物の解毒など生命維持に大切な役割を担う

●自己再生できる数少ない臓器

現代医学では肝臓《かんぞう》はからだの中で、脳と並んでいちばん大きくて重い臓器です。栄養素などの生産、貯蔵、解毒などの機能を一手に引き受けている、とても重要なところです。

肝臓は大きくて濃密で、傷ついても自己再生できる、数少ない臓器なのです。これは、急性あるいは慢性肝炎、自己免疫性の病気、また毒性をもつ化学物質などによって、肝臓が非常に多くの脅威にさらされている現代に生きている私たちにとって、ありがたい特質です。

また、胆嚢《たんのう》は肝臓でつくられた胆汁《たんじゅう》をためて十二指腸に送り込む役割を果たしており、胆汁内に含まれる胆汁酸は脂肪を消化して、必要なものをからだに吸収しやすくさせています。肝臓は直接、新陳代謝に関係して、アミノ酸を分解して再編成し、有効な蓄えられるものにする働きもあります。その過程のなかで、肝臓は体内にたまった有毒な物質もきれいにします。多すぎる糖分を蓄え、これをグリコーゲンやエネルギーに変えるのに協力するのも肝臓の役目です。

あらゆる血液に関すること、たとえば血球数の増減、血球の異常、古い血球の除去、腸管の出血、血がにじむ発疹《ほっしん》、血液からの毒素の排出など、どれもが肝臓の機能のもとに行われているのです。

レバーを料理するとき、火を通す前によくみると、血を含み、一面に血管が複雑な模様を描いているのがわかります。このことからも、血液に関係の深い臓器であることがわかるでしょう。

●「気」を全身にめぐらせ「血」を貯蔵する

漢方では肝臓はからだの中央に位置し、生命維持に必要なエネルギーの「気」を全身にめぐらせ、栄養分であ

る「血」を貯蔵する役割を果たしているところと考えています。現代医学の肝臓の機能とほぼ似通っている部分もたくさんありますが、そうでない場合もあるので覚えておいてください。

肝臓はからだの中央に位置しているので、腹部の消化機能とともに、胸部の呼吸と循環器の活動とも関係があります。心臓と協力して血液を浄化し、再利用して送り出す基地として働いています。また肝臓は、脾臓《ひぞう》や胃とともに、食べたものを適切に消化する働きも助けています。生命維持に大切な「気」と「血」は、食べ物からつくられているのです。

五行《ごぎょう》の考え方では、肝臓と胆嚢は「木」に属する臓器です。消化の機能に加えて肝臓は「血」と「気」の循環を支配していて、「血」や「気」が交通渋滞にあってとどこおることがないよう、スムーズに流れるようにします。また、「血」をためるところでもあります。貯蔵は、主に休んでいるときに行われています。

すべての内臓は「血」でおおわれているおかげで水分を含み、円滑に動き、機能することができるのです。肝臓は「血」を貯蔵して、感覚器官、性器、主要な神経系、皮膚《ひふ》と腸、関節と筋肉をうるおす役割を引き受けています。主要な神経系が「血」で十分にうるおっていないと、発作が起こることがあります。腱《けん》と靭帯《じんたい》が乾燥すると、からだがかたくなってしまいます。子宮《しきゅう》や卵巣《らんそう》に栄養が行き渡らないと、生殖のサイクルに変化が起きます。

肝臓はからだの筋肉も支配しています。筋肉が丈夫ならば、長時間の運動や労働に耐えられるので、活力の源ということもできます。言い換えれば肝臓は、ペットたちの活力のリーダーでもあるのです。

肝臓のバランスが崩れると、「熱」が発生し、乾燥あるいは停滞といった反応が出てきます。消化の過程で停滞が起こると、しばしば消化機能のみだれが起きます。

●肝臓機能が衰えると

肝臓は血液を貯蔵し、血液は内臓と筋肉をうるおしているので、もし、肝臓の「血」が少ないと、からだのあちこちの臓器、細胞を乾燥させてしまいます。それは貧血、便秘、不妊症、勃起不全《ぼっきふぜん》、筋肉の硬直化、視力障害、めまい、毛や爪のごわつき、激しい疲労や機能低下といった症状となって現れます。

肝臓の「血」の不足は、遺伝的素質や環境、食事習慣によって起こり、感情に影響されることもあります。五行の考え方では、肝臓を弱める要因はいくつかあげられます。たとえば、肝臓を支える腎臓《じんぞう》が弱い、心臓が弱くて肝臓のエネルギーをうばわれる、また、肝臓自身が弱いこともあります。これらすべてが、肝臓の「血」の不足の原因になります。

●ストレスと肝臓

寒風が吹きすさぶ環境にいたり、空気や水に含まれる毒性のある化学物質と長いこと戦いつづけていたりすると、肝臓は働きすぎで弱くなってしまいます。脂肪の多い食事をしていると、胆汁が多量に必要になって、これもまた肝臓には負担になります。食べすぎはすべての消化器官に大きな負担をかけます。また、怒り、興奮、欲求不満などの感情は、肝臓を疲れさせます。一家のペットは自分だけでよかったのに、新しい子猫のおかげで落ち着かなくなった猫とか、退屈してもっと革紐《かわひも》をはずして走りたかったのに、それができなくてイライラしている犬だとか、精神的にストレスの多い状態は、肝臓を弱らせるのです。

肝臓が弱り、「血」をスムーズに循環させることができないと、「血」がとどこおり、「気」の流れにも影響を及ぼすことになります。

五行の考えでいうと、肝臓は脾臓《ひぞう》を支配しているため、肝臓の「血」や「気」が停滞すると、消化に異常が起き、吐き気、下痢《げり》、腹痛などを起こします。長引くストレスや、欲求不満、不安定な感情が肝臓のバランスを崩します。ストレスはどんなものでも、肝臓に非常に悪い影響を与えます。人間でもペットでもたいていの場合、ストレスを解消するために、食べすぎたり、早食いをするようになります。

ペットにとっては、ストレスの材料はいっぱいあります。隣に新しくきた人が、あなたの猫をからかうのが好きだったり、新しく加わった家族が、いままで猫にそそがれていたまなざしをうばいつつある、というようなことがあるかもしれません。また、あなたの家が改造中で、毎日、猫は戸棚の中に隠れている、といったことはありませんか。

人間と同じように、ストレスのある動物は、たいていはいつもよりたくさん食べます。肝臓は脂肪分の多い食べ物を消化するので、脂分《あぶらぶん》の多いドライフードの消費が多くなると、肝臓の負担が大きくなります。事実、ほとんどの消化機能のみだれは、嘔吐《おうと》や下痢という形になって現れます。そして動物が怒ったり、イライラするとますます悪くなるのは、肝臓に関係しているからです。

とはいえ、病気にかかりやすいかどうかは各ペットのもともともっている体質にかかっているので、それぞれペットごとに違う反応を示します。外向的で、感情が表に出る実証《じっしょう》タイプは怒りやすく、激しい消化不良を起こします。内気でうちにこもる虚証《きょしょう》タイプは、イライラしやすく、うちひしがれたり、よそよそしく振る舞うので、いっそう「気」や「血」を停滞させてしまいます。

●生殖との関係

肝臓の「血」が足りないと、不定期な出血の原因になることもあります。ネコ科の発情の周期は、季節によってはひっきりなしに訪れます。とくに、春になると猫は異常なほど恋ばかりしていて、たくさん子猫を産みます。思い出してください。春は肝臓の機能が活発になる季節なのです。

腎臓と脾臓は生殖の最初の段階に関係していますが、最後の段階は肝臓によって支配されています。メスが出血する用意ができているときは、オスをいちばん受け入れやすいときなのです。

肝臓に「血」が足りないと、腎臓から補給しようとします。そうなると、生殖のサイクルが弱くなったり、不規則になったり、まったくなくなってしまったりということが起きます。

肝臓の「血」が欠乏すると、「気」が規則的に動かなくなります。するとペットは不機嫌になったりイラついたりします。メスは決して、本当の「生殖の準備完了」とはなりません。もし、近寄るオスがいると、敵意を表すことさえあるかもしれません。

オスの場合は、性欲は腎臓と三焦《さんしょう》の「陽気」に支えられています。そうはいっても精子の総数と精力は、肝臓の「血」の貯蔵に影響されます。精子が少なく活力がない、勃起の不規則性、精巣《せいそう》ヘルニア、このすべてが肝臓の「血」の不足と、腎臓と脾臓の機能低下に原因があります。

その一方で、もし肝臓の働きが活発すぎると、「熱」が過剰になってメスは多量の出血を引き起こし、オスは興奮して不相応な勃起をします。

1年間まったく発情期がなかったプリシラ

私の患者で、処女のトイプードル、プリシラは、重症の消化不良に悩んでいます。プリシラは脂肪を含む食べ物は、なにも受け付けません。消化不良はどんどんひどくなって、プリシラの生殖のサイクルが不規則になってきました。前年は1年間、発情期がまったくありませんでした。性的に興奮することはあるのですが、血液の循環が完全ではないので発情まで至らないのです。

プリシラには潜在的に肝臓の「血」の不足がありました。それが消化と生殖のシステムに影響を与えていたのです。治療は、主に、肝臓の血液の貯蔵を強化させることに集中しました。

イライラして怒りっぽい

漢方的な肝臓機能の衰え1

●症状の現れ方

肝臓《かんぞう》の機能が弱ると、人間でもイライラしたり、怒りっぽくなります。それは「気」の流れがスムーズに行われないからなのですが、ペットでも言うことをきかなくなったり、わがままになるようです。呼んでも耳をかさなかったり、靴とか新聞とかを嚙むものもいます。飼い主がそんな行動をしかると、ペットはよりいっそう欲求不満になり、肝臓はさらにストレスをこうむります。

　ストレスのあるペットたちをみていると、肝臓の「血」の貯蔵がうまくいかなくなり、肝臓の「気」もとどこおっています。「血」の不足が原因の場合は、舌をみてみると青白い色をしています。「血」のとどこおりも起きていると、舌は紫色がかった暗赤色になります。そして舌の両側は膨らんでいたり、赤くなったり、ざらついたり、乾いたりといったサインがみられます。肝臓の「血」と「気」の不足に対する最上の治療法は、ペットにたくさん運動をさせ、「血」を養う食べ物を与えて、再び肝臓の「血」を蓄えさせることです。運動は「気」がスムーズに流れるように促し、「血」を養う食べ物は栄養を与えるのに役立ちます。

●ツボ療法で治す

　イライラが激しい場合は、お腹の中心線を上から下に繰り返し軽くなで下ろすマッサージがよく効きます。ここにあげたツボ指圧に加えて、ペットにしてあげてください。

①太衝《たいしょう》の指圧

　後ろ足にあるこのツボは肝臓の経絡《けいらく》の源になるツボです。「血」と「気」を強化するのに役立ち、すべての肝臓機能障害に使われます。

②三陰交《さんいんこう》の指圧

　後ろ足にあるこのツボは、肝臓と脾臓《ひぞう》と腎臓《じんぞう》の経絡が出会うところです。「血」と体液を増加させ、すべての肝臓機能障害の治療に使えます。

③肝兪《かんゆ》の指圧

　背中にあるこのツボは肝臓のバランスをとり、強化し、すべての肝臓機能障害の治療に使えます。

　とくに「気」の流れがスムーズでなく、イライラが激しいときは次のツボも指圧してください。

④行間《こうかん》の指圧

　後ろ足にあるこのツボは、イライラしたり、そのせい

③肝兪《かんゆ》
位置：９番目と10番目の肋骨《ろっこつ》の間の、背骨の両側にあるくぼみの中。
指圧法：ツボを30秒間押さえます。

②三陰交《さんいんこう》
位置：後ろ足の内側、脛骨《けいこつ》のすぐ後ろで、アキレス腱《けん》の始点の下。
指圧法：ツボを30秒間押さえます。

⑤足臨泣《あしりんきゅう》
位置：後ろ足の甲で、第３指と第４指の骨がぶつかるところ。
指圧法：ここを30秒間押します。

④行間《こうかん》
位置：後ろ足の内側の上、指の骨が足の骨（中束《ちゅうそく》骨《こつ》）につながるところ。
指圧法：ここを30秒間押します。

①太衝《たいしょう》
位置：後ろ足の内側でつま先と足首の間。
指圧法：ツボを刺激するように、経絡《けいらく》の流れの方向に沿って、上向きに10〜15秒間こすります。

で食べ物を吐くような場合に効きます。

⑤足臨泣《あしりんきゅう》の指圧

後ろ足にあるこのツボは、肝臓の「気」と「血」を補い、余分な水分を排泄《はいせつ》させます。お腹や足の内側を際限なく毛づくろいをしている猫に効きます。行間とあわせて使用すると、さらに効果的です。

●食事療法で治す

犬の場合は野菜不足にならないように気をつけましょう。キャベツ、ホウレンソウなどをあげるとよいでしょう。アサリ、シジミなどは肝臓を丈夫にする食べ物ですから、お勧めです。カルシウム不足にならないように、緑黄色野菜や小魚などもどんどん食べさせるようにします。甘いものは控えます。

漢方薬名	効能
加味逍遥散《かみしょうようさん》	イライラして怒りっぽくなり、攻撃的な態度をとるペットに最適。肝臓の「気」の流れをスムーズにし、症状を取り去る。
半夏厚朴湯《はんげこうぼくとう》	不安が強い様子のペットで、喉《のど》がつまったようにときどき空咳《からせき》をする場合に効く。
桂枝加竜骨牡蠣湯《けいしかりゅうこつぼれいとう》	落ち着きがなく、不安が強いペットに向く。

四肢のしびれとひきつれ

漢方的な肝臓機能の衰え2

●症状の現れ方

肝臓《かんぞう》の機能が弱ると、犬や猫は足のしびれや、筋肉のひきつれを起こすことがあります。現代医学ではこのような疾患は肝臓の機能の低下とはみませんが、漢方では肝臓の「血」の不足があると現れる症状のひとつだと考えるのです。それはこんなふうにして起こります。

まず、肝臓の栄養分である「血」が足りなくなると、最初はパートナーの胆嚢《たんのう》から「血」を借りようとします。胆嚢の経絡《けいらく》は頭、首に沿って走り、肋骨《ろっこつ》と脇腹のまわりをジグザグに、尻《しり》、膝《ひざ》、足首、4番目の足指へと通っています。この長く伸びる経絡の道筋には、たくさんの大小の関節や腱《けん》や靭帯《じんたい》があります。もし、胆嚢の血液も足りなくなって、腱や靭帯をうるおすことができなくなると、動物は首がこったり、後ろ足がかたくなります。ペットはもっと楽な姿勢はないかと、しょっちゅう姿勢を変えるようになるでしょう。からだがかたくなるのは休憩をしたあとによくみられ、動くとよくなるのは血液が循環しはじめるからです。

ペットはさらに足のしびれを感じているかもしれません。そうなると、ペットは手足をからだの下に縮めたり、足を引きずるようになります。

もし、足や耳の先に十分に血が循環していないと、さわったときに冷たく感じるでしょう。同じ理由で猫は、朝、目を覚まして最初に起きあがるとき、ガリガリとあちこちを引っかくしぐさをします。

●ツボ療法で治す

肝臓の栄養分である「血」の不足に効く119ページのツボならどれでも使えます。それに加えて、以下の3つをあげておきます。

①胆兪《たんゆ》の指圧

背中にあるこのツボは、胆嚢機能のバランスをとり、かたくなった関節、便秘に効きます。

②陽陵泉《ようりょうせん》の指圧

後ろ足にあるこのツボは、肝臓と胆嚢機能を丈夫にし、関節や腱とからだ全体の靭帯を強めます。下肢のしびれと弱り、便秘に役立ちます。

③環跳《かんちょう》の指圧

お尻にあるこのツボは、腰や尻の痛み、後ろ足のこわばりやしびれに効くツボです。また、陰嚢《いんのう》や性器の痛みや熱、湿疹《しっしん》のときにも使います。

●食事療法で治す

肝臓の栄養分である「血」が不足しているときには、水分を十分補給し、「血」をつくる栄養価に富んだ食べ物が必要です。このような食べ物は、脂《あぶら》っこくて肝臓に負担をかける食事ではなく、良質のタンパク質やビタミンに富んだ野菜類です。また、肝臓は直接的に消化にかかわっているので、ふだんより1回分の量を少なくして、頻繁にあげるとよいでしょう。

少量の牛肉や、鶏のレバー、赤身の肉は有効でしょう。脂肪の少ない牛肉、ウサギ肉、鶏肉は肝臓を丈夫にし「血」を増加させます。加えて、卵も肝臓によい食べ物です。穀物では小麦、アワ、玄米のようなものがお勧めで、ニンジン、セロリ、ブロッコリー、ホウレンソウなどの野菜類もよいでしょう。ドライフードは最小限に。

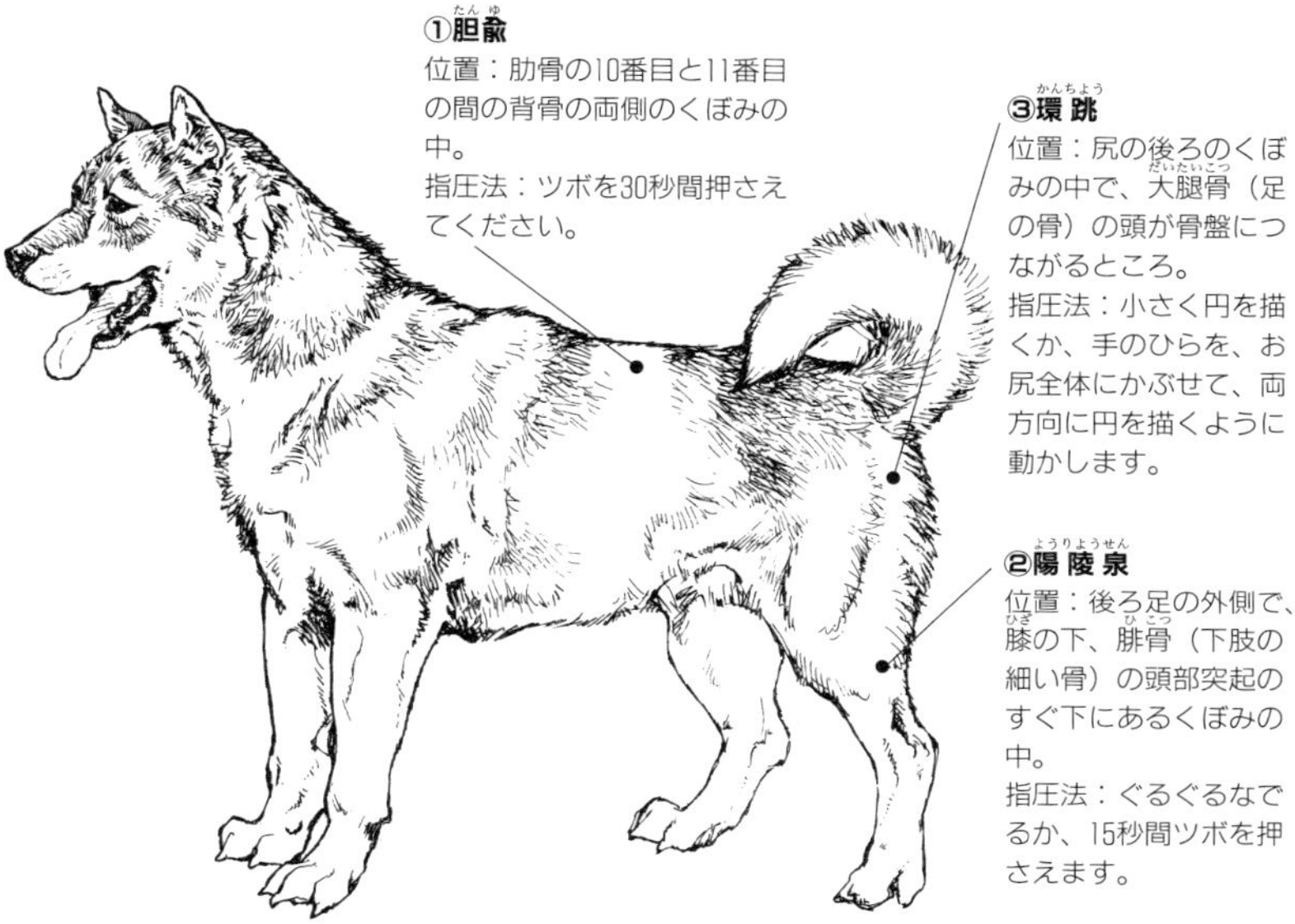
①胆兪《たんゆ》
位置：肋骨の10番目と11番目の間の背骨の両側のくぼみの中。
指圧法：ツボを30秒間押さえてください。
③環跳《かんちょう》
位置：尻の後ろのくぼみの中で、大腿骨《だいたいこつ》（足の骨）の頭が骨盤につながるところ。
指圧法：小さく円を描くか、手のひらを、お尻全体にかぶせて、両方向に円を描くように動かします。
②陽陵泉《ようりょうせん》
位置：後ろ足の外側で、膝《ひざ》の下、腓骨《ひこつ》（下肢の細い骨）の頭部突起のすぐ下にあるくぼみの中。
指圧法：ぐるぐるなでるか、15秒間ツボを押さえます。

薬草・漢方薬名	効能・作り方
ハトムギ	関節が腫《は》れて「熱」をもっている場合によく効く。ハトムギ3グラムを1カップの水で煎じる。
芍薬甘草湯《しゃくやくかんぞうとう》	筋肉が緊張してこわばっているようなときによく効く。緊張を緩和して痛みを取り除く。
桂枝加朮附湯《けいしかじゅつぶとう》	「気」と「血」のめぐりをよくする。肝臓機能の衰えからくる四肢《しし》のしびれやひきつれに効果がある。

漢方的な肝臓機能の衰え3

元気がなくだるい（胆汁を吐く）

●症状の現れ方

いつも食べすぎるペットで、とくに脂肪分の多い食べ物や水分の多い食べ物を食べすぎる場合は、脾臓《ひぞう》に負担がかかりすぎて、脂肪を分解している肝臓《かんぞう》も弱ってしまいます。そうなると、ペットのなかには食べ物を吐いたり、胆汁《たんじゅう》を吐くものも出てきます。とくに、胃に食べ物がないときには胆汁を吐きやすくなります。

胆汁が多すぎると、そのために消化不良を起こし、ペットを不愉快にさせます。もし、胆汁が長期間胃腸にとどまったり、そこに「熱」が加わると、消化管に潰瘍《かいよう》ができることもあります。

そんなとき、あなたのペットは舌をペチャペチャとうるさく鳴らしたり、なにか食べるものが欲しいとねだっているようにみえるかもしれません。でも、本当に欲しいわけではないのです。もし、胆汁などの酸が出すぎて胃がかっかしていたら、ペットは土を食べることもあるでしょう。脇腹や胃が痛み、ペットはそのあたりにさわられるのをいやがります。

下痢《げり》や便秘をしたり、いきまないと便が出にくくなる場合もあります。便には粘液や血が混じり、くさいにおいがするでしょう。ペットは抱かれたり、さわられるのをいやがります。

●ツボ療法で治す

①巨闕《こけつ》の指圧

お腹にあるこのツボを、私は胸やけのツボと呼んでいます。神経を鎮め、食べ物や胆汁を吐くのをおさえます。また、慢性肝炎にも有効です。

②中脘《ちゅうかん》の指圧

お腹にあるこのツボは、胃の警告のツボです。胆汁、粘液、水、食べ物など、なにを吐くときにも有効です。停滞や胃からの「熱」をやわらげ、胃の潰瘍にも効果があります。

③行間《こうかん》の指圧

後ろ足にあるこのツボは、「熱」をとり、肝臓の停滞による障害を取り除きます。

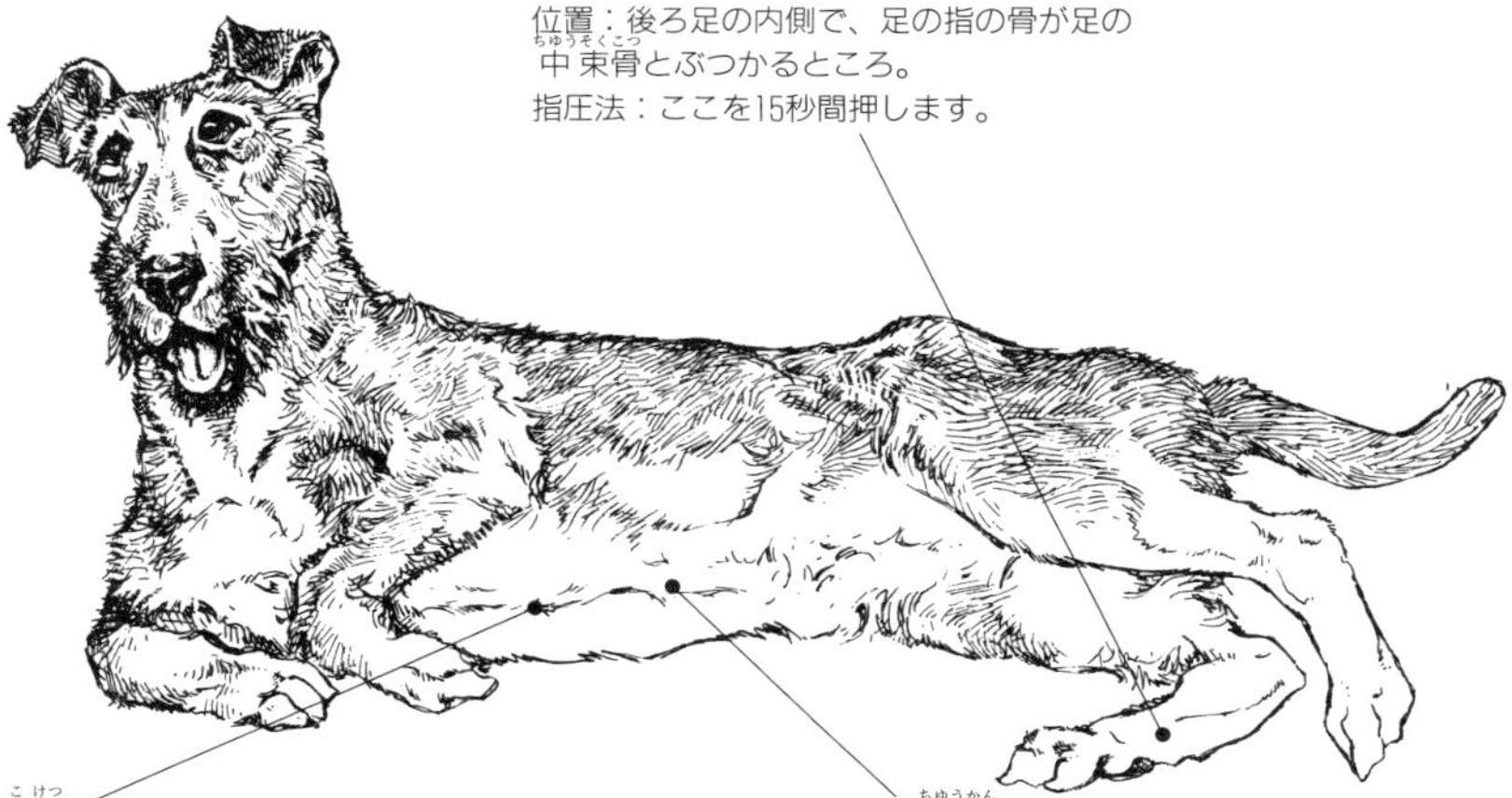

③行間《こうかん》
位置：後ろ足の内側で、足の指の骨が足の中束骨《ちゅうそくこつ》とぶつかるところ。
指圧法：ここを15秒間押します。
①巨闕《こけつ》
位置：腹部の中心線上で、首とおへそのほぼ中央。
指圧法：10〜15秒間、軽くツボを押します。
②中脘《ちゅうかん》
位置：腹部の中心線上で、胸骨の軟骨延長部とへその間。
指圧法：ツボを10〜15秒間押さえます。

過敏性《かびんせい》腸《ちょう》症候群《しょうこうぐん》と診断されたシルビア

シルビアはサモイェード種の犬です。シルビアはかかりつけの獣医に過敏性腸症候群と診断されましたが、処方されたステロイド剤や抗生物質の治療にはほとんど反応がなく、薬物治療が終わると症状は戻ってしまいます。そのため飼い主が私のところに診察に連れてきました。

シルビアを診察すると、喉《のど》が渇いていて、右目も乾いて痛がっていました。太陽をまぶしがり、悪いほうの目に、濃い緑色がかった目やにがついていました。シルビアは非常に警戒しており、肋骨《ろっこつ》のまわりをさわろうとすると大声で吠《ほ》え、続いてゲップをしました。これはひどくくさいにおいでした。肝臓と胆嚢《たんのう》、胃に関係するツボは非常に敏感で、舌の色は赤く、黄色っぽい苔《こけ》が生えていました。肝臓に「熱」がある証拠です。

たぶん、子犬時代の不幸な思い出か、食事として与えられる脂肪の多いドライフードのせいで、肝臓も胃腸も痛めつけられていたのでしょう。その状態があまり長く続いたので、舌には苔が生え、やせ衰え、目は乾き、ちょっとしたことが原因で、急に怒りだしてしまうのです。

私はまず、シルビアの肝臓の「熱」を鎮め、胃腸を丈夫にしていきました。そのあとで、「血」と「気」を強化するためのハーブを与えました。

脂肪肝または肝炎の前段階
大食の猫に多くみられる

●症状の現れ方

脂肪分の多い食べ物の摂りすぎなどで、肝臓《かんぞう》に脂肪がたまり、脂肪肝《しぼうかん》になることがあります。これは猫に多くみられ、肝炎の前段階ともいえます。

それは以下のようにして起こります。まず、肝臓の「気」がとどこおり、それにつれて「血」の循環もとどこおりはじめ、次第に消化管に炎症が起こります。ときには腸の中で「熱」をもつ部分と「寒」をもつ部分が混在することもあります。ラッシュアワーの高速道路を、車が止まったり走ったりする様子を想像してください。食べ物は腸の中をよろめきながら進み、ある場所では座り込んだかと思うと、別のところではものすごいスピードで動きます。こういうことが起きると、消化管はたくさんの食べ物に敏感になって、すっかり疲れきってしまいます。

このように「気」や「血」のとどこおりが起こると、猫は脂肪肝という状態になることがあります。肝臓が鬱《うっ》血《けつ》し、その結果、猫は食べ物を食べなくなります。これは肝臓の衰えが脾臓《ひぞう》に強く働きすぎた例で、しばしば肝炎の前段階によくみられます。

脂肪肝は大きくて体重が重すぎたり、実証《じっしょう》タイプのずんぐりした猫に起きやすいものです。こういう猫はふだんから食べすぎたり、一度にたくさん食べる傾向があります。その結果、はじめは肝臓が、次には脾臓が働きすぎの状態になり、こうした過剰な状態が続いて、そのあげく脂肪肝になるのです。

●この段階で治したい

肝臓はいったん、脂肪肝や急性肝炎にかかって障害を受けても、また元通りに回復しようとします。そうでない場合は、もっと重い慢性肝炎や肝硬変《かんこうへん》になってしまいます。慢性の症状も「気」や「血」の停滞や不足が原因です。もし、そのままの状態が続くと、肝臓は自力で治癒できなくなり、しまいには、かたくなって、小さく縮んでしまいます。これが肝硬変です。

●ツボ療法で治す

①太衝《たいしょう》の指圧

後ろ足内側のこのツボは、肝臓の源のツボで、肝臓を通る「血」と「気」の流れを促します。

②行間《こうかん》の指圧

後ろ足にあるこのツボは、肝臓の「熱」を下げる働き

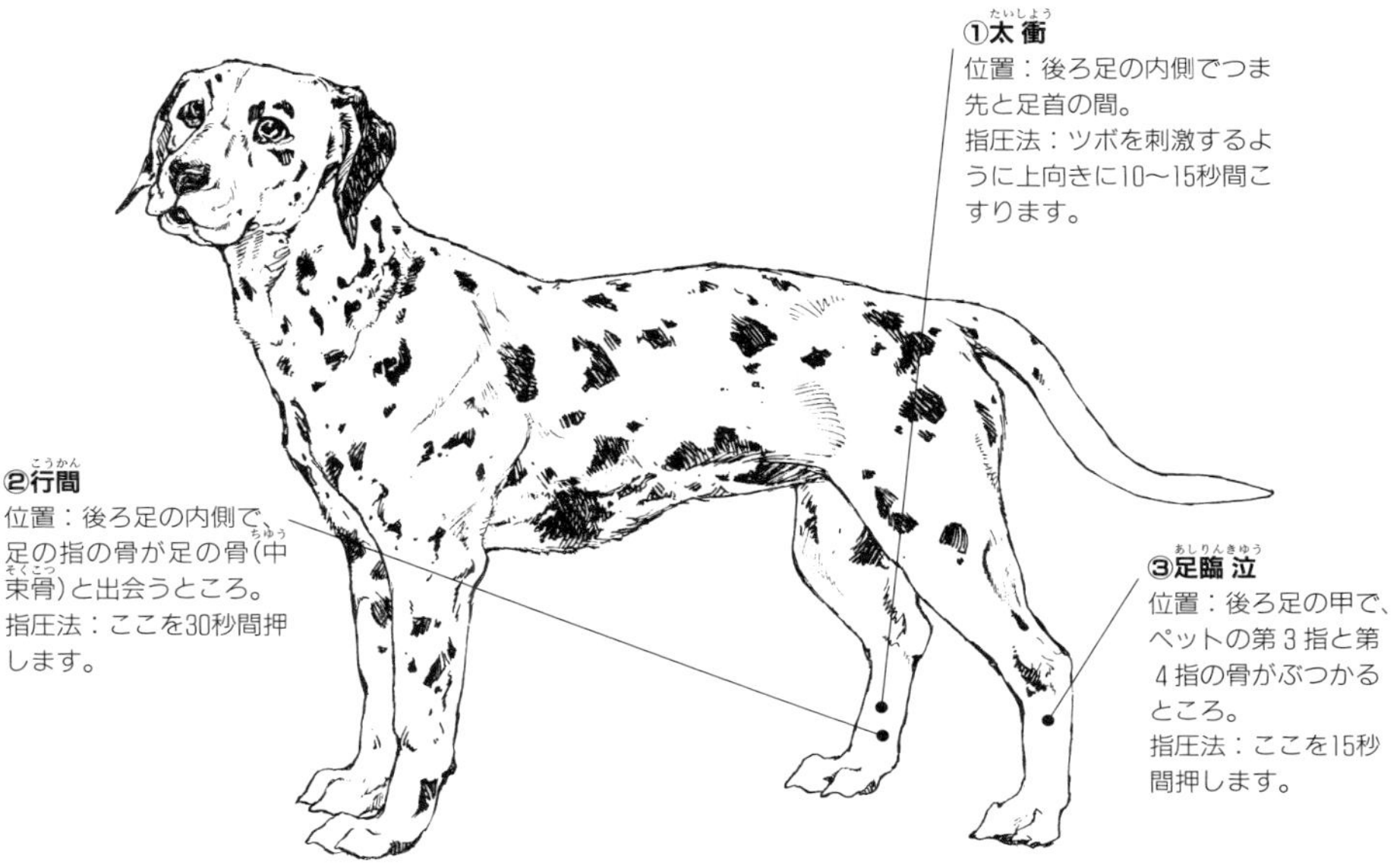
①太衝《たいしょう》
位置：後ろ足の内側でつま先と足首の間。
指圧法：ツボを刺激するように上向きに10〜15秒間こすります。
②行間《こうかん》
位置：後ろ足の内側で、足の指の骨が足の骨(中《ちゅう》束骨《そくこつ》)と出会うところ。
指圧法：ここを30秒間押します。
③足臨泣《あしりんきゅう》
位置：後ろ足の甲で、ペットの第３指と第４指の骨がぶつかるところ。
指圧法：ここを15秒間押します。

があります。

③足臨泣《あしりんきゅう》の指圧

後ろ足にあるこのツボは、肝臓の「気」をめぐらせ、胆嚢《たんのう》の働きを活発にし、余分な水分を排出させます。お腹や後ろ足の内側を、特別の理由もないのに、際限なく毛づくろいをしている猫にいいツボです。この目的では「行間」とあわせて使うといいでしょう。

●食事療法で治す

良質のタンパク質を摂取できる食事にします。良質のタンパク質は白身の魚や牛肉の赤身で摂るようにしましょう。穀物ならやわらかく炊いた玄米か白米、野菜はホウレンソウ、ブロッコリー、キャベツなどです。脂肪分のあるものは極力避け、食事の量も加減します。

薬草・漢方薬名	効能・作り方
タンポポ	脂肪肝になって食欲が減退している犬や猫によい。乾燥した全草３グラムを１カップの水で煎じる。
大柴胡湯《だいさいことう》	もともとがっちりしたタイプの犬や猫で、肝臓機能が弱っている場合によく効く処方。便秘している場合にもよい。
黄連解毒湯《おうれんげどくとう》	食べすぎると、吐き下しを起こすようなタイプのペットに向く。

急性肝炎

黄疸があったらすぐ獣医へ

●症状の現れ方

もし、なんらかの原因で肝臓《かんぞう》や胆嚢《たんのう》が「熱」と余分な水分をもつようになると、肝臓に炎症が起きます。すると肝臓でつくられ、脂肪を分解する働きのある消化液の胆汁《たんじゅう》の流れが阻害されるようになります。現代医学では肝炎はそのほとんどがウイルス性のものと診断されますが、漢方では食べすぎ、脂《あぶら》っこい食事の摂りすぎに、精神的ストレスが加わって肝臓に余分な水分がたまったり、「熱」が生じた場合に起こると考えています。ちょうど風邪の場合と同様、たとえウイルスに感染しても、丈夫な肝臓の場合ははねかえしてしまう力をもっているからです。

胆汁がうまく流れなくなると、この黄色い色の水分は血液に入って、からだじゅうをめぐることになります。

こんなとき、ペットの耳や口の中、足の裏などの皮膚《ひふ》をみてみると、黄色くなっているはずです。これが黄疸《おうだん》です。

●こんな場合はすぐ獣医へ

あなたのペットに黄疸がみられたら、とにかくすぐに獣医の診察を受けなければなりません。もし、ウイルスが原因の場合は、ウイルス性肝炎と呼ばれます。この場合はさらに危険で、命にかかわることもある病気ですから、ペットは病気が治るまで医者の管理のもとにおかなくてはなりません。

急性肝炎のペットは獣医の手当てを受けているわけですから、次に紹介する指圧のツボは、その治療の補助療法として使うことになります。入院していてツボ治療をしてあげられない場合は、退院してから、病状の回復期に行ってください。回復を早めることができますし、再発の予防にもなります。

●ツボ療法で治す

①期門《きもん》の指圧

胸部にあるこのツボは、肝臓の警告のツボです。内臓のバランスをととのえ、肝臓の「気」を広げ、肝臓と脾臓《ひぞう》にある余分な水分を取り除くために有効です。

期門のツボは図の位置にありますが、ここは6番目

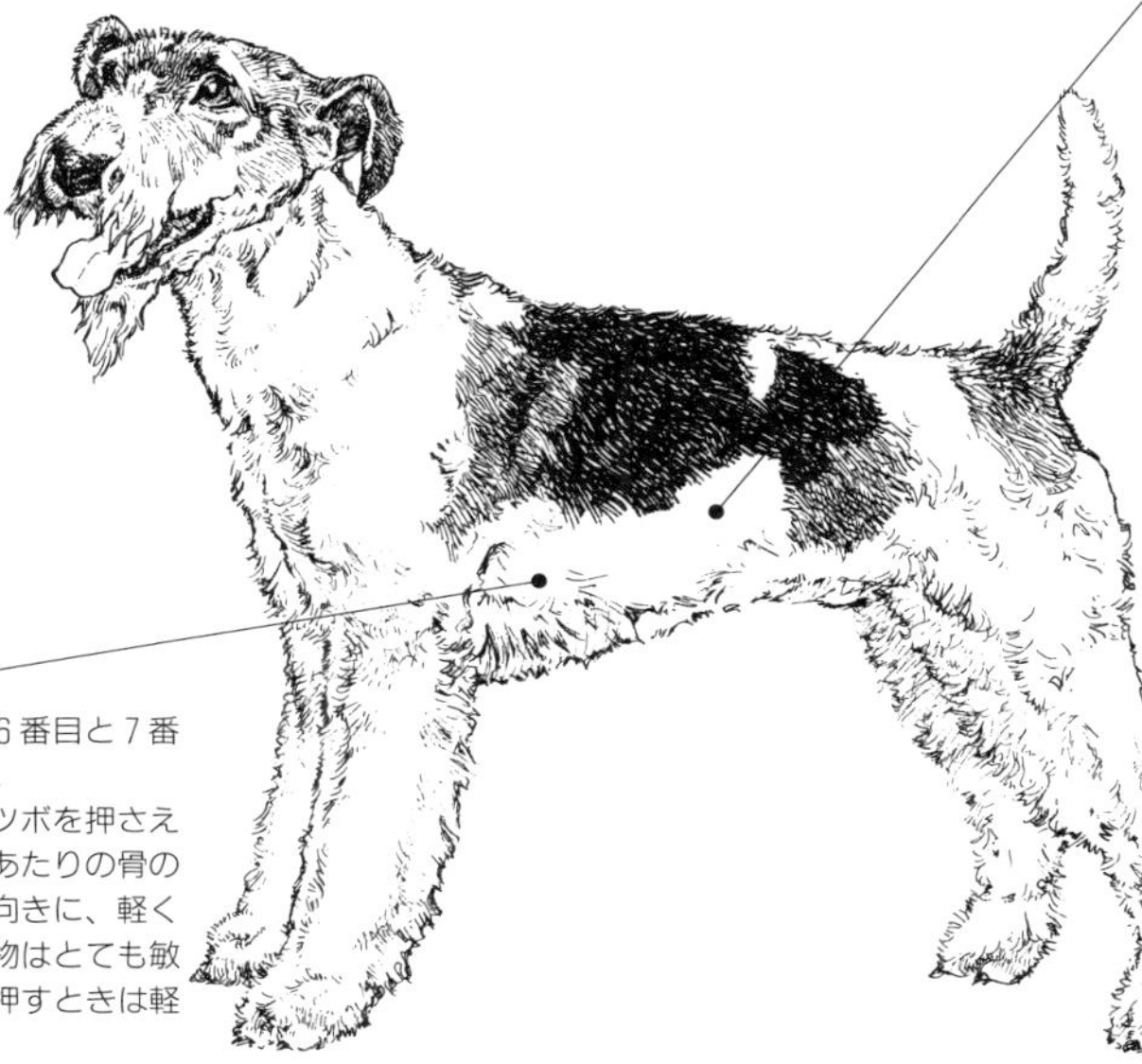

②章門《しょうもん》
位置：最後から2番目の肋骨の先。
指圧法：ツボを押すか、肋骨の空間全体を下向きになでます。ペットはとても敏感なので、押すときは軽く押します。

①期門《きもん》
位置：胸部の6番目と7番目の肋骨《ろっこつ》の間。
指圧法：このツボを押さえるか、ツボのあたりの骨の間全体を、下向きに、軽くなでます。動物はとても敏感ですから、押すときは軽く。

と7番目の肋骨《ろっこつ》の間です。このツボの位置をさぐるためには、肋骨の最後、13番目から逆に数えるとわかりやすいと思います。このあたりで、肋骨はやわらかい軟骨の延長部分とつながっています。

②章門《しょうもん》の指圧

脇腹にあるこのツボは、脾臓の警告のツボです。このツボは脾臓のバランスをととのえ、たまった「湿」と「熱」を脾臓から取り除きます。黄疸や肝臓病にも効きます。

●薬草・漢方薬療法で治す

急性の症状があるときは、ペットたちは、口から飲む薬は、ほとんど受け付けないことが多いのですが、少しでも飲めるようでしたら、あげてください。症状をやわらげてくれるでしょう。もし、漢方に理解のある獣医でしたら、相談して処方してもらってください。

漢方薬名	効能
茵蔯蒿湯《いんちんこうとう》	黄疸に効果のある処方で、急性肝炎の初期に有効。尿量が少なく、口が渇くなどの症状を伴うのが目安。
茵蔯五苓散《いんちんごれいさん》	やはり黄疸が激しく、口の渇きがあり、尿量の減少が顕著なときに有効。

慢性肝炎と肝硬変

獣医にかかりながら家庭治療を

●症状の現れ方

慢性肝炎は急性肝炎を起こしたあとで、急性の症状はとれたものの、治りきらずに慢性へと移行するものです。肝硬変《かんこうへん》では、その症状がいっそう進み、肝臓《かんぞう》はひどく痛めつけられて縮んでしまい、機能が果たせなくなります。どちらの場合でも、肝臓の「気」がスムーズに流れるのを助け、栄養分である「血」を補い、肝臓を丈夫にして機能を取り戻さなければなりません。

慢性肝炎でもときどきみられる発熱と黄疸《おうだん》は、急性の症状のときと同じに考えて、すぐに治療を受けなければなりません。悪化した状態から立ち直ったあとは、肝臓機能を強化するような治療を行うことが、いちばん大事なポイントです。

症状としては、胸郭のまわりをさわると痛がったり、なんらかの動揺、不安、下痢《げり》をしたり便秘をしたりの繰り返しがみられます。もし、体液、つまり水分が非常に不足していると、ひどい喉《のど》の渇きがあります。軽い嘔吐《おうと》や、胆汁《たんじゅう》を吐くこともあります。動物は反応がにぶくなって、なんとなく疲れた様子になりますが、これは「気」がとどこおり、不足しているためです。

また、慢性肝炎や肝硬変のペットは、風邪やインフルエンザにかかりやすいので、注意しなければなりません。いずれにしても、獣医にかかりながら家庭治療を行うことになるでしょう。

●ツボ療法で治す

①肝兪《かんゆ》の指圧

背中にあるこのツボは、肝臓のバランスを取り戻し、丈夫にするために有効です。

②胆兪《たんゆ》の指圧

背中にあるこのツボは、胆嚢《たんのう》のバランスを取り戻し、丈夫にするために有効です。胆汁の流れをよくします。

③太衝《たいしょう》の指圧

後ろ足にあるこのツボは、肝臓を強化して「気」の流れをよくします。「熱」があるときも、「気」が自由に流れるようにして「熱」を解消させます。

④足三里《あしさんり》の指圧

後ろ足にあるこのツボは、からだ全体の「気」を助けます。しかし、「熱」のあるときは指圧をしないでください。

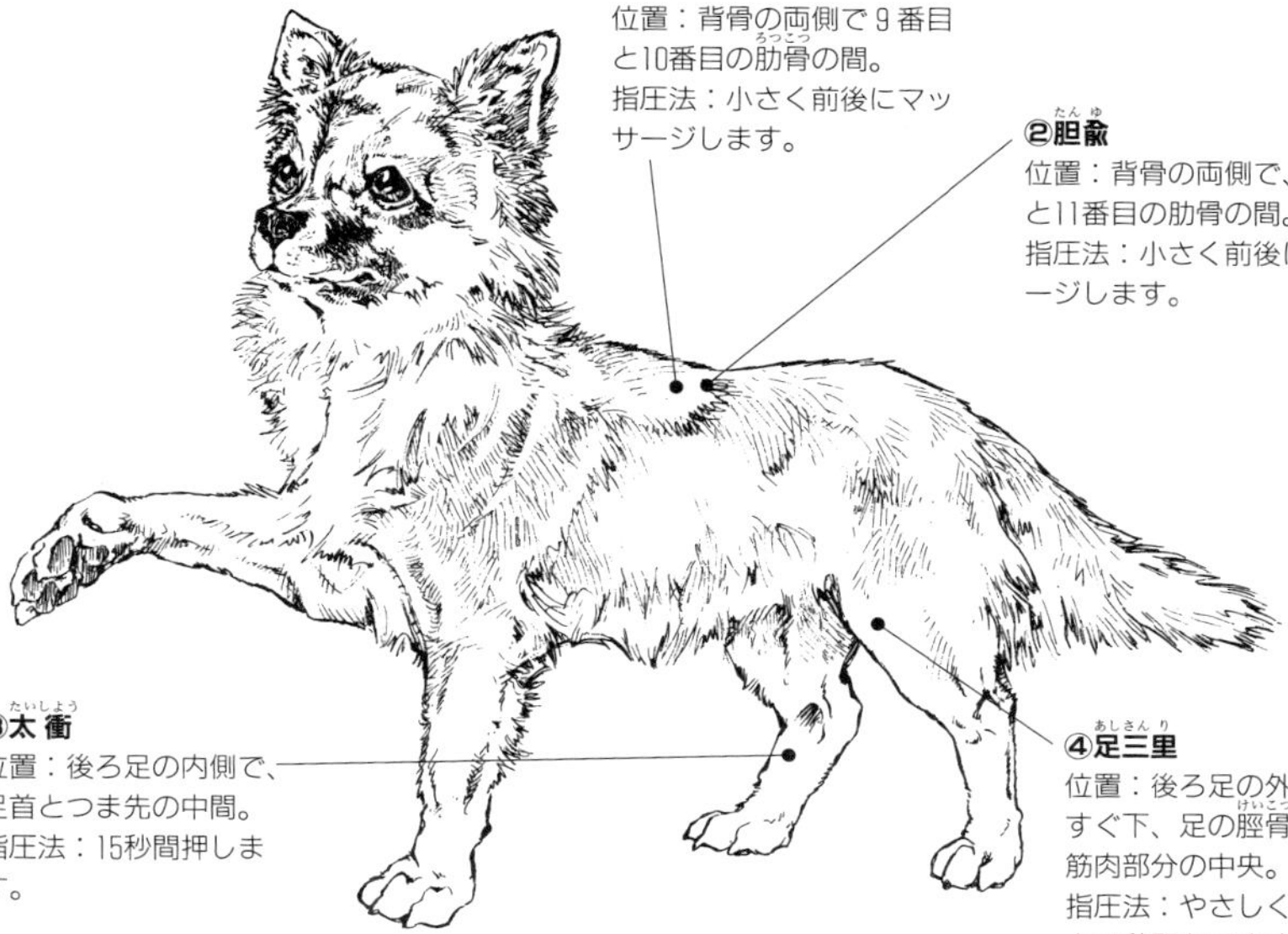
①肝兪《かんゆ》
位置：背骨の両側で9番目と10番目の肋骨《ろっこつ》の間。
指圧法：小さく前後にマッサージします。
②胆兪《たんゆ》
位置：背骨の両側で、10番目と11番目の肋骨の間。
指圧法：小さく前後にマッサージします。
③太衝《たいしょう》
位置：後ろ足の内側で、足首とつま先の中間。
指圧法：15秒間押します。
④足三里《あしさんり》
位置：後ろ足の外側、膝《ひざ》のすぐ下、足の脛骨《けいこつ》の外側で、筋肉部分の中央。
指圧法：やさしくぐるぐると10秒間なでます。

●食事療法で治す

健康的な肝臓を維持するには、食事療法がなによりも大切です。なかでも、ペットには量を少しずつ分けて与えることが重要です。肝臓の負担を減らすために、１日3回に分けてください。

内臓に「熱」があるときには、「寒」の食べ物がよいのですが、そのような食べ物だけをあげていると、いっそう「湿」の停滞を招くことにもなります。そこで、「熱」「寒」どちらのタイプでもない中性の肉と穀物タンパク質を、ブロッコリー、キャベツなどの野菜といっしょに与えるようにしてください。

タンパク源は卵、白身魚、鶏のささみなどがよいでしょう。できれば肉類は犬で15%、猫なら20%におさえてください。

薬草・漢方薬名	効能・作り方
モモとカワラヨモギ	むくみや黄疸のあるときに効果のある薬草。モモの花1グラムとカワラヨモギ1グラムを1カップの水で煎じる。
小柴胡湯《しょうさいことう》	慢性肝炎によく使う処方。食欲がなく、舌に白い苔《こけ》があるときによい。

避妊手術

術後の安定を早める

●性格が変わったり、運動嫌いになることも

家庭で飼われているほとんどの犬や猫は、避妊手術を受けていると思います。オスの場合は去勢手術、メスの場合は卵巣《らんそう》除去手術です。私は避妊手術はペットの健康にとって重要な役割があると信じています。というのも、そのおかげでオスたちが攻撃しあうのをおさえることができますし、メスたちの次から次へと子どもを産みつづけることによる激しい過労を減らし、さらに、いうまでもないことですが、欲しくない動物を殺すのを避けられるからです。

ペットに外科手術をすれば、必ず「気」や「血」の循環がとどこおり、肝臓《かんぞう》の「血」の貯蔵が弱まります。いままでみてきたように、そのような肝臓のバランスの崩れは、行動の変化を引き起こします。去勢や卵巣の除去手術をすると、多くのペットが、まるで性格ががらっと変わったようになります。すっかり疲れきって、運動には興味を失って、食べることしか喜ばないようにみえる動物もいます。この兆候は、肝臓の「血」の不足によって起こるもので、「気」の流れを保つには「血」が弱くなりすぎているのです。治療法は「血」と「気」に、薬草や食べ物で栄養を補給したり、適切な指圧のツボをマッサージすることです。

●ツボ療法で治す

①委中《いちゅう》の指圧

後ろ足にあるこのツボは、「熱」をとり、下半身の水分を正常化します。循環のとどこおり、鼠径部《そけいぶ》の痛み、腰、尻《しり》と膝《ひざ》の痛みとこわばり、便秘に有効です。

②関元《かんげん》の指圧

お腹にあるこのツボは、正常でない循環、不妊症、膣《ちつ》の排出物、早漏に有効です。腎臓《じんぞう》と下半身の「気」を安定させます。

①委中《いちゅう》
位置：後ろ足の膝《ひざ》の裏で、膝のシワの中央。
指圧法：ツボを押すか、短く上下に15〜30秒間動かしてください。

②関元《かんげん》
位置：下腹部の中心線上で、へそと恥骨《ちこつ》を結ぶ線を3等分して、へそから3分の2下がったところ。
指圧法：小さく円を描くか、ツボを15秒間押さえてください。治療を確実にするために、腹部の下半分の中心線を、骨盤へ向かってマッサージしてください。

心臓の病気、家庭での治し方

心臓の病気
全身に「血」という栄養分を送り からだを温める「陽気」の源

●漢方の心臓とは

心臓は現代医学では、ご存じのように血液を全身に運ぶポンプのような働きをしている臓器です。漢方でも、心臓は別名「循環の王子」と呼ばれ、からだじゅうをめぐる「血」を全身のすみずみまで行き渡らせる臓器です。この働きがあるために、すべての組織や器官は、「血」という栄養分を受け取ることができるのです。

そしてすべての臓器のなかで、からだを温める「陽気」の源と考えられていて、その温かさと活動が内臓の温かさを支えています。当然のことながら、心臓がなかったら、生きてはいけません。

血液循環を担っているという責任に加えて、心臓は漢方では精神の守護役と考えられています。ペットの精神の状態は、行動のパターンで判断します。感情や精神的反応は心臓と、同じくその守り役である漢方独特の臓器、心包《しんぽう》によって導かれます。

五行《ごぎょう》の考え方では、心臓は「火」に属します。パートナーは小腸で、ちょうど従姉妹《いとこ》のような位置に漢方独特の臓器、心包と三焦《さんしょう》があります。

心包は心臓を包んでいて、いろいろな障害から心臓を守ってくれています。心包は精神的あるいは感情的な障害があった場合、とくに活躍します。物理的には心包は心臓をおおう皮膜の袋です。また、心臓と肺の間にある境界とも考えられています。

●末期にならないと現れない症状

心臓の病気は、通常、呼吸が苦しくなったり、命にかかわる機能の衰えとして知られています。心臓がうまく機能しないと、体液、つまり余分な水分が胸にたまって、息が切れ、咳《せき》や痛みといった症状が現れてきます。このような、命にかかわる兆候があった場合は、とにかくペ

ットを獣医のところに連れていかなければなりません。

とはいえ、このような症状は心臓病の末期近くにならなければ起こりません。なにげない感情や行動の変化や消化不良が、心臓病における初期症状なのです。

漢方では個体をつくっているものとして、感情と精神を非常に重要なものと考えます。喜びの感情は、心臓に関係しています。いつでもふざけたり遊んでいる子犬は、「全身心臓」と呼んでもいいでしょう。これは、悪いところがないすばらしい状態です。

でも、犬のなかには夢中になっているうちに興奮しすぎて、錯乱状態になるまで吠《ほ》えつづけてしまうのがいます。あんまり興奮して、飼い主がくると震えておしっこをしてしまう犬もいます。また、捨てられたり、飼い主や動物の友達を失ったりすることで、心に重荷を背負って、文字通り「胸が裂けて」やせ衰えたり、死んでしまう犬もいます。

ペットのほとんどは、まるで精神的なスポンジのように、家族の感情の波を吸い取ってしまうのです。

このような、初期の不調和に気がつき、バランスを取り戻してやれば、心臓病の発病を防げるかもしれません。漢方では遺伝性の疾患そのものを変えることはできませんが、内臓同士が互いに影響しあうときになかに立ってクッション役を務め、それによって心臓の病気を最小限におさえることができると考えます。

●心臓不調和の３つのグループ

漢方では心臓の不調和は、以下の３つの大きなグループに分けられます。

①栄養分である「血」や体液、つまり水分が少なすぎる場合。
②温かさやエネルギーが少なすぎる場合。
③からだが温まりすぎて、からだのエネルギーである「気」や体液の循環がとどこおってしまう場合。

心臓の不調和の初期症状はふつう①、②から始まり、このようなものは現代医学の医師は、ほとんど心臓とは結びつけて考えないようです。

まず最初に、心臓は内臓をうるおす栄養分である「血」を循環させているので、そのおかげで内臓がおだやかに水分を含んだ状態でいられるということを思い出してください。ですから、心臓は直接、すべての内臓と互いに作用しあっているのです。

●心臓と関係の深い臓器たち

五行の支えあう作用でいえば、心臓は脾臓《ひぞう》と胃に栄養を送ります。もし、心臓が弱いと、脾臓は私たちが食べた食物を栄養分である「血」やエネルギーに変えるために、普通より懸命に働かなければなりません。すると、ペットは落ち着きがなくなり、感情的に敏感になります。とくに、食べ物についてうるさくなるでしょう。たとえば食事をえり好みしたり、下痢《げり》や、感情的なものが原因の嘔吐《おうと》や便秘として現れ、神経過敏な症状を現します。

動物たちは動揺が激しくなればなるほど、体温の上がりすぎや息切れのために、体液を使い果たしてしまいます。その結果、心臓を支配している腎臓《じんぞう》に影響が出てきます。体液が少なくなりすぎると、ペットはとても喉《のど》が渇くようになります。腎臓と心臓の間の相互の安定システムが混乱すると、ペットは神経質に排尿したくなったり、寝ているときに夢を見て、ふだんより激しく歩き回

息切れや食欲不振に陥っていたジュリー

ジュリーは若いジャーマンシェパードで、たびたび下痢をし、体重が増えません。神経質な犬で、知り合いのだれにでも吠え、知らない人やものをこわがります。泥棒が入ってきたときも番犬なのに役に立ちませんでした。泥棒事件のあと、ジュリーはひどく興奮して1週間も食事が食べられなかったとのこと。それでも水は飲んでいました。そして、運動後の喉の渇きは、下痢とともに続いていました。そして、物音やさわられることにものすごく敏感になって、息切れもいっそうひどくなっていました。

ジュリーを診察すると、舌が乾いて、真ん中にはっきりとしたひび割れが走っていました。診察室の中で、ジュリーは歩き回り、クンクン鳴いていました。ジュリーの心臓、脾臓、腎臓の状態を示す背中のツボ（心兪《しんゆ》、脾兪《ひゆ》、腎兪《じんゆ》）は敏感で、心拍数は少し増加していました。

私は、ジュリーは心臓の不調和の初期症状ではないかと思いました。そのせいで、下痢や食欲不振、喉の渇きや息切れを起こしているのです。舌の深いひび割れは、心臓の弱さの診断と一致しています。

私はジュリーの食事療法を、心臓を丈夫にするものに変え、背骨に沿った心臓、脾臓、胃、腎臓に関係するツボを毎日2回マッサージしました。するとジュリーは、ぐんぐんよくなっていったのです。

ったり、うるさく吠えたりします。そして、このように興奮したときには、動悸《どうき》さえみられます。

心臓が十分に血液を循環できないと、脾臓の「気」や「血」が不足してペットは疲れやすくなって、遊び友達についていけなくなってしまいます。こんなとき運動をすると、ゼイゼイと息をつき、心臓が激しく波打ちます。この不調和は、心臓に栄養分である「血」や体液が非常に少なくなって、循環活動を続けられなくなって起きたものです。

この栄養分である「血」や体液が少ないペットは、気温の高い季節にはより神経質になります。舌にも変化が出てきます。適度な湿り気があり健康的なピンク色の舌は、心臓が元気に働いている証拠です。舌にひびができ、とくに真ん中にある深いひびが奥まで入ると、それは心臓のエネルギーが弱くなったことを示しています。まったく健康には問題のないようにみえる子犬の舌の真ん中に、ひび割れがあることがあります。このひび割れは遺伝的に心臓が弱いサインなのです。この兆候は現代医学では、通常は心臓病の予兆としては認められていません。けれども、漢方では心臓のバランスが崩れる初期の兆候として考えるのです。

初期症状のまとめ

食欲不振やむだ吠え、喉の渇きなど

●初期症状の現れ方

バランスが崩れた初期症状は、次のようなものです。

・感情的障害からくる神経的な消化不振
・興奮、徘徊《はいかい》、吠《ほ》える、むだ吠え
・神経質に排尿したくなる
・運動後のひどいあえぎ、喉《のど》の渇き、疲労
・ひび割れのある、不健康な舌

●ツボ療法で治す

治療は、心臓と関係の深い脾臓《ひぞう》や腎臓《じんぞう》との間のバランスを取り戻して、心臓の働きを正常にさせることを目的に行います。

①三陰交《さんいんこう》の指圧

後ろ足にあるこのツボは腎臓、脾臓、肝臓《かんぞう》を丈夫にし、栄養分である「血」を増加させます。ここは脾臓と腎臓と肝臓の3つの「陰」の経絡《けいらく》が出会う場所なので、三陰交という名がついています。このツボを指圧することで、この3つの内臓の働きを正常にします。

②神門《しんもん》の指圧

前足首にあるこのツボは、精神を鎮め、動悸《どうき》をおさえます。心臓の働きのバランスをとり、感情を安定させます。

③中脘《ちゅうかん》の指圧

お腹にあるこのツボは、胃の警告のツボです。このツボは消化を助け、脾臓とともに、胃がなめらかに働くよう助けます。心臓の弱いペットが起こしやすい神経的な吐き気や、消化不良にも有効です。

④心兪《しんゆ》の指圧

背中にあるこのツボは心臓に直接働きかけ、心臓のエネルギーのバランスをととのえるのに役立ちます。心臓疾患を治すためにたいへん重要なツボです。

●食事療法で治す

◇興奮し、食欲不振、吐き気と下痢《げり》があるとき

心臓が弱くて食欲不振のペットには、栄養のある食品をあげなければなりません。そうした食品は栄養分である「血」と脾臓の「気」を増加させます。お勧めは魚や鶏肉、アワや玄米などの穀類のほか、旬の緑色野菜、ジャガイモなどです。

◇興奮、喉の渇き、息切れ、便秘、夢を見すぎるとき

興奮しすぎている場合は、冷やす食べ物を中心にあげます。からだを冷やし、水分を補給する食べ物は、心臓

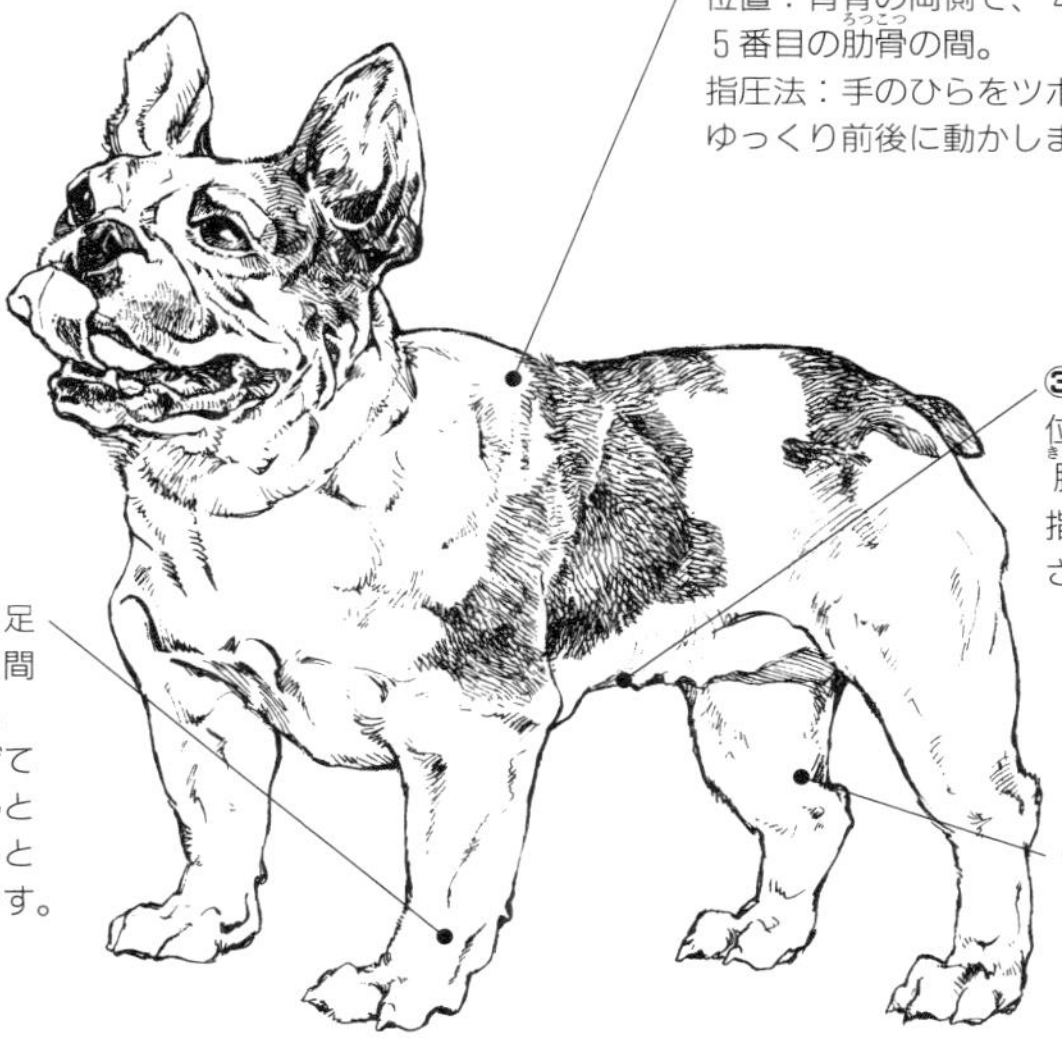
④心兪《しんゆ》
位置：背骨の両側で、４番目と５番目の肋骨《ろっこつ》の間。
指圧法：手のひらをツボにあて、ゆっくり前後に動かします。
③中脘《ちゅうかん》
位置：腹部の中心線上で、胸剣状軟骨《きょうけんじょうなんこつ》とへその間。
指圧法：ツボを押すか、小さく下向きに動かします。
②神門《しんもん》
位置：前足の後ろ側で、足首のシワの第４指側（人間でいえば小指側）のはし。
指圧法：前足を持ち上げている間、前足首をぶらんとさせて、ツボをぐるぐるとやさしくマッサージします。
①三陰交《さんいんこう》
位置：後ろ足の内側で脛骨《けいこつ》の後ろ、アキレス腱《けん》の始点のすぐ下。
指圧法：15秒間押します。

と腎臓を活気づけます。犬には菜食用食事に少量の魚、牛肉、七面鳥や、アワ、大麦のような穀類をあげましょう。セロリ、アスパラガス、マッシュルーム、レンズマメ、ソラマメなどもいいでしょう。

猫には、魚、とくにエイコサペンタエン酸を摂取するために少量のイワシをあげてください。このエイコサペンタエン酸には動脈壁の脂肪をとる働きがあります。体液を乾燥させるドライフードは最小限に。

●生活上の注意

ペットの暮らしの環境を静かな雰囲気にしてあげることが、とても大切です。とくに食事のときは、落ち着いて食べられるようにして、1日2回にすると、脾臓の負担が軽くなります。毎日の習慣として、決まった運動をさせることも大切です。停滞しがちな「気」の循環を潤滑にします。

漢方薬名	効能
加味帰脾湯《かみきひとう》	不安が強い、疲れやすい、眠りが浅い、精神的な理由で食欲が落ちているような場合に効果的。
加味逍遙散《かみしょうようさん》	精神的に落ち着きがなく、むだ吠えが多く、イライラぎみのペットに効果がある。

心臓病・心筋症

胸や腹に水がたまっている場合はすぐに獣医へ

●症状の現れ方

心臓病の病状が進行すると、血液が循環活動を続けるためのエネルギーや熱量が足りなくなり、心臓に障害を与えるようになります。現代医学ではこの状態を鬱血性《うっけつせい》心不全《しんふぜん》とか、心筋症《しんきんしょう》の一種だとかいいます。

　病状が進行した状態の心臓は、エネルギーである「気」や脾臓《ひぞう》、肺と腎臓《じんぞう》の温める作用にも影響を及ぼし、余分な水分をためてしまいます。そのため咳《せき》が、とくに夜になると多くなります。透明な水っぽい鼻汁、短くて浅い呼吸、そして、激しい疲労がみられます。

●こんな場合はすぐ獣医へ

　もっと深刻なのは、より進行して体液、つまり余分な水分が胸と腹部にたまり、ペットが「はらぼて」状態になったり、苦しんだり、息切れしたりするようになったときです。ペットは立ち上がるときには、前足をできるだけ広く開いて、胸の空間を広げようとするでしょう。足や耳の先にふれてみると冷たいのは、栄養分である「血」の循環が手足の先までいっていないためです。また、ペットの舌が、いくぶん青や紫色がかっているのは、「血」がとどこおりを起こしている証拠です。このような兆候をみつけたら、すぐに獣医へ連れていってください。

　状態が悪化すると、血栓《けっせん》ができ脳卒中《のうそっちゅう》の原因になります。呼吸が苦しくなり、咳をして痰《たん》を出そうとしますが、ねばねばして出にくく、なにも出てきません。非常事態です。急いで獣医にみせなければなりません。

●ツボ療法で治す

　次に述べる指圧のツボは、症状を楽にする補助療法として役立ててください。心臓病のペットはたいていひ弱です。指圧はツボを軽く押さえるか、ごくやさしく円を描いたり、前後になでるようにしてください。また、一度に使うのは1つか2つのツボだけにしてください。

①尺沢《しゃくたく》の指圧

　前足にあるこのツボは肺にたまった体液の排出を助け、ペットがより楽に呼吸できるようにします。

②豊隆《ほうりゅう》の指圧

　後ろ足にあるこのツボは、痰と体内にたまった余分な水分を動かし、移動させせます。

③章門《しょうもん》の指圧

　脇腹にあるこのツボは腹部にたまっている体液を動か

すのを助けます。「はらぼて」になっている動物に有効です。胸苦しさをとるのにも役立ちます。

④足三里《あしさんり》の指圧

後ろ足にあるこのツボはからだのエネルギーを強め、下肢《かし》を強化します。

⑤肺兪《はいゆ》、厥陰兪《けついんゆ》、心兪《しんゆ》の指圧

⑤肺兪《はいゆ》、厥陰兪《けついんゆ》、心兪《しんゆ》
位置：背骨の両側、肩胛骨《けんこうこつ》の間で、肋骨の3番目から5番目の間の部分にあります（左から）。
指圧法：手のひらで前後になでます。
④足三里《あしさんり》
位置：後ろ足の外側で、膝のすぐ下。足の脛骨《けいこつ》の外側の筋肉の中央。
指圧法：ここを15秒間押します。
①尺沢《しゃくたく》
位置：前足の膝《ひざ》の内側で、上腕二頭筋のすぐ外側。
指圧法：ここを5秒間押します。
②豊隆《ほうりゅう》
位置：後ろ足の外側で、膝と足首の間にある腓《ひ》骨《こつ》という小さい骨のすぐ外側。
指圧法：ここをやさしく前後にマッサージします。
③章門《しょうもん》
位置：最後から2番目の肋骨《ろっこつ》の先、最後の取り囲んだ肋骨の空間の中。
指圧法：ここを前後にやさしくマッサージします。

背中にあるこれらのツボは、肺、心包《しんぽう》、心臓の機能を高める重要なツボです。

●食事療法で治す

人間の心臓病と同じように、塩分と動物性脂肪の量を最小限におさえることが、ペットの食事療法でも重要です。それを可能にする特別の動物用食事療法食があります。胸部や腹部に多量の体液がたまっている場合は、余分な水分を増やすような食べ物は避けなければなりません。豆腐、アワ、小麦がそういう食べ物です。穀類はライ麦、ソバ、トウモロコシ、玄米から選んでください。タンパク源としては、鶏の胸肉、高度のエイコサペンタエン酸を含むサバ、タラなどです。

薬草・漢方薬名	効能・作り方
ヨクイニンとアズキ	ヨクイニンはハトムギの漢方生薬名《しょうやく》。いずれも利尿作用があり、体内の余分な水分を排泄《はいせつ》させる。2グラムずつを1カップの水で煎じる。
柴朴湯《さいぼくとう》	動悸《どうき》、息切れ、喉《のど》に違和感などがあるときに効果がある処方。
柴苓湯《さいれいとう》	激しい運動をすると呼吸が苦しくなる、胸に水分がたまっているときによい。

不安感が強く落ち着かない
心包が弱るための神経症

●症状の現れ方

心包《しんぽう》は心臓を包んでいる膜のことで、精神的障害から心臓を守るという働きがある、漢方独特の臓器です。心包に異常があると、心臓の感情に関係する機能に影響が出て、さまざまな心の病気を起こします。

また、漢方ではこうした症状は、心臓に宿る「神」によって起こるとされています。心臓の守り役、心包に異常があると「神」にも問題が起こるのです。「神」がみだれていると、ぐるぐる円を描いて歩いたり、頭をかしげたり、恐怖にかられたような異常に興奮した行動をとったり、めまいや正気を失うようなことが起きます。現代医学では心包や内臓のバランスのみだれという考え方はなく、そのため、有効な治療ができない場合があります。漢方のとらえ方でなくては治せない疾患もあるのです。

●必ず獣医の受診を

心包のバランスが崩れたときには、さまざまなタイプの問題が起きるので、ここでは有効なツボを少しあげるだけにとどめます。覚えておいてほしいのは、奇妙な行動というのは、さまざまな臓器のバランスが崩れたときにも起こるということです。家庭で診断をする前に、必ずかかりつけの獣医に相談してください。

●ツボ療法で治す

①内関《ないかん》の指圧

前足にあるこのツボは神経をなだめ、「気」の流れを正常化します。バランスの狂いからくる問題ある行動、たとえば円を描いて歩いたり、よく転ぶときに有効です。

②百会《ひゃくえ》の指圧

腰にあるこのツボは、「神」をなだめ、発作や、ぐるぐる歩き回ったり、混乱したときに使います。

③太衝《たいしょう》の指圧

後ろ足にあるこのツボは、すべての内臓器官をうるおし、肝臓《かんぞう》の「血」を循環させ、「血」の不足を補います。

薬草・漢方薬名	効能・作り方
ナツメとクコ	ナツメとクコは精神的不安定を取り去って、落ち着きを取り戻す働きがある。2グラムずつを1カップの水で煎じる。
桂枝《けいし》加《か》竜骨《りゅうこつ》牡蠣《ぼれい》湯《とう》	精神的な不安があって、夜、しっかり眠れないようなペットに効く。

②百会《ひゃくえ》
位置：最後の腰椎《ようつい》と仙椎《せんつい》の間のくぼみの中。
指圧法：くぼみの中を、小さく前後に動かしてください。
①内関《ないかん》
位置：前足の、人間でいえば手のひら側の、足首のすぐ上で、２本の腱《けん》の間。
指圧法：力を入れず腱の間のツボを押さえます。
③太衝《たいしょう》
位置：後ろ足の内側で、つま先と足首の中間。
指圧法：上向きになでる動きで、肝臓の経絡《けいらく》に沿って、循環を促します。

いつもビールを飲んでいるみたいだったレモン

レモンという猫は、いつもビールを飲みすぎたようにみえる猫でした。目の焦点を合わせることがほとんどできなくて、歩こうとすると、転んでばかりいるのです。なにでも驚いてしまい、大きな音が嫌いでした。ときどき鳴くかと思うと、特別の理由もないのに喉《のど》をゴロゴロ鳴らしたりします。ときには、ただ部屋をぐるぐる歩き回っていることもあります。定期的に獣医で臨床検査を受けていましたが、結果は正常でした。内耳や中耳の異常もありません。それでも、抗生物質とコルチゾンを処方されていました。薬はなんの効果もなくて、レモンはそれまでよりお腹が空くようになっただけでした。

私がレモンを診察すると、レモンは興奮して震えはじめました。あまりにも激しい動揺ぶりで、まるで発作のようにみえるほどでした。飼い主から、ときどき意識がなくなると聞いて、私は心包に問題があるのではないかと考えました。

そこで指圧は心包、心臓の経絡《けいらく》の上にあるツボを使って、レモンのバランスを正しいものに戻すことを心がけました。加えて、飼い主に毎日、百会と後ろ足の内側の太衝のマッサージをするように伝えました。血液の循環をよくして、血管をきれいにするためです。レモンは治療の効果があって、異常な行動をしなくなりました。

猫の心筋症

命にかかわる病、すぐ獣医へ

●症状の現れ方

猫の心筋症《しんきんしょう》でいちばんよくみられるのは、心臓の筋肉が厚くなるというものです。心臓の壁が厚くなるため、内部が狭くなっており、その結果、血液は心臓や動脈の中をスムーズに流れなくなるのです。

あなたの猫の鼻が、ときどき、ピンクから白に変わるのに気がついたことはありませんか。これは循環に問題があることを示しています。また、行動の変化に気がつくかもしれません。猫はよく気分のむらをみせます。「さわらないで。さわって。仲良くなりたいの」から「さわらないで。かみつくわよ」まで。残念ながら、こういうことが、呼吸が困難になって突然衰弱したり、血栓《けっせん》が大動脈にできて麻痺《まひ》してしまう前にみせる、唯一のサインなのです。命にかかわる状態なので、獣医にみてもらいましょう。

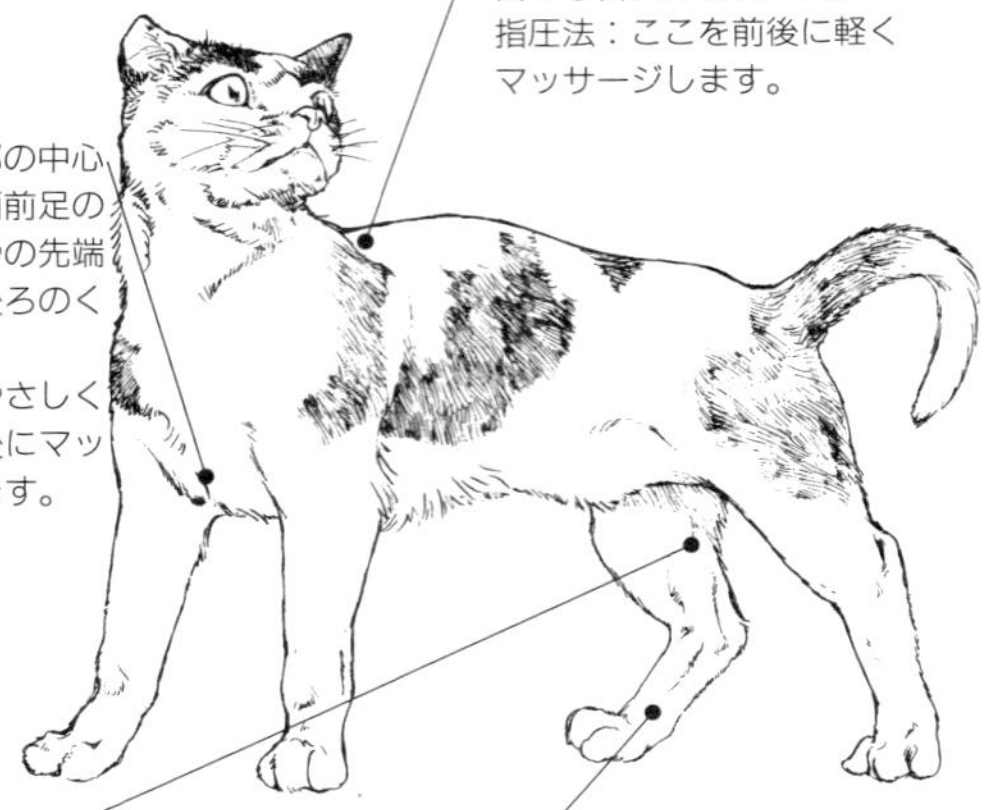
①心兪《しんゆ》
位置：背骨の両側で、４番目と５番目の肋骨《ろっこつ》の間。
指圧法：ここを前後に軽くマッサージします。
②膻中《だんちゅう》
位置：腹部の中心線上で、両前足の間で、胸骨の先端部のすぐ後ろのくぼみ。
指圧法：やさしく小さく前後にマッサージします。
③行間《こうかん》
位置：後ろ足の内側で、指の骨が足の中束骨《ちゅうそくこつ》に出会うところ。
④三陰交《さんいんこう》
位置：後ろ足の内側で、脛骨《けいこつ》のすぐ後ろ。アキレス腱《けん》の始点の下。
指圧法：ここを15秒間押します。

●ツボ療法で治す

①心兪《しんゆ》の指圧

背中にあるこのツボは、心臓機能のバランスをととのえるために使います。

②膻中《だんちゅう》の指圧

胸部にあるこのツボは横隔膜《おうかくまく》の働きを正常にし、患者を落ち着かせ、動悸《どうき》をおさえます。

③行間《こうかん》の指圧

後ろ足にあるこのツボは、亢進《こうしん》しすぎの肝臓《かんぞう》が原因の「熱」を冷まします。

④三陰交《さんいんこう》の指圧

後ろ足のこのツボは「血」と体液に栄養を与えます。

腎臓の病気、家庭での治し方

腎臓・膀胱の病気

腎臓は命の源を貯蔵しているところ

●「先天の元気」と「後天の元気」

現代医学における腎臓《じんぞう》は、血液を濾過《ろか》して尿を生成する器官ですが、漢方においてはちょっと違った機能をもった臓器と考えられています。漢方の腎臓の機能でもっとも大切なことは、命の源である「精気」または「元気」を貯蔵している臓器だということです。精気（元気）には、両親からもらった「先天の精（元気）」と食べ物などから得られる「後天の精（元気）」があります。この2つの精（元気）は生命の源で、これなしにはどんな生物も生きられません。言い換えれば、腎臓がからだの発達と成熟も担っているのです。つまり、漢方では骨格や骨自体も、腎臓の機能が支配していると考えているのです。

生まれたときから「先天の精（元気）」が弱い動物がいます。犬の兄弟のなかでいちばん弱く、小さな弱々しい子犬などです。よくみると膝《ひざ》がうまくつながっていない、腰骨の発達が不全で骨の奇形があるといった場合もまれではありません。こういった「先天の精（元気）」が弱いペットは、長生きできなかったり、年をとるにしたがって、歯に問題が起きたり、リウマチ、骨粗鬆症《こっそしょうしょう》になる可能性が高いのです。

腎臓はまた、生物が生きていくうえで必要な体液、つまり水分を保持し、ひとつひとつの細胞に水分補給を行い、膀胱《ぼうこう》を通じてからだにとって有害なものを排泄《はいせつ》しています。体内の正しい水分の流れのバランスを保つためには、腎臓機能が正常でなければなりません。それとともに、腎臓には腰部を温めたり、生殖《せいしょく》を支配する作用もあります。

●腎臓と関係の深いことがら

腎臓は寒さや冬が苦手です。冬は風邪から膀胱炎を起こしやすい季節です。外でトイレをする習慣のある猫だと、冬は寒い戸外に出かけて排尿するのが億劫《おっくう》になって、長時間排尿をがまんしたために膀胱炎を起こすこともあります。

腎臓に関係のある味は塩味です。ですから塩分の摂りすぎは腎臓を弱らせるのですが、ほとんどの市販のドライフードはペットの好みに合わせて塩辛く作られていることを覚えておいてください。

腎臓に関係の深い感覚器官は耳で、人間でも年をとって腎臓が弱ると、耳鳴りや難聴になりやすいのは、このためです。

また腎臓に関連する感情は恐怖です。恐怖はからだのうるおいに影響を与えます。恐怖のあまりに脂汗《あぶらあせ》を流したり、パンツを濡らすということが人間でもあることを考えれば、わかっていただけるでしょう。

そして腎臓の大切な働きは、からだの「熱」を適度に冷ます役割を果たしていることです。その作用とは、細胞ひとつひとつに水分を与え、体温を管理していることです。体温が一定に保たれているのは、この働きがあるからなのです。

もしこの働きが衰えると臓器は老化していき、まったくなくなると、生物は死んでしまうことになります。

●腎臓とからだの水分

腎臓のもうひとつの重要な役割は、からだの粘膜に湿り気を与え、便をうるおし、汗を生成し、膀胱に尿をつくらせることです。もし口が渇いたり、便がかたくなったり、皮膚《ひふ》が乾燥したりしたら、腎臓の機能が弱っている可能性が高いのです。

腎臓の体液、つまり水分が少なくなると、膀胱でつくられる尿の量が減少します。膀胱自体もうるおいを失って、炎症を起こし、排尿のたびに痛んだり、血の混じった尿を排泄するようになります。

また腎臓の機能が弱ると、血液を生成する能力も低くなります。漢方では血液をつくるのに重要な役割を果たしているのは、腎臓、脾臓《ひぞう》、肝臓《かんぞう》で、そのどの臓器の働きが弱まっても白血球や赤血球の数が不足することになるのです。自己免疫疾患《じこめんえきしっかん》や白血病《はっけつびょう》も、腎臓が弱ることに関係しているといえます。

先ほど述べた体温調節も、水分によって行われます。水分を調節して、腎臓はちょうどエアコンのように体温がオーバーヒートしないように守っています。人間でも年をとると、手足がほてりやすいものですが、これは腎臓のエアコンのシステムに問題が起きているのです。ちょっと気温が高くなると、木陰をさがしているようなペットは腎臓機能が弱って、エアコンシステムがうまく作動しなくなっているのかもしれません。このシステムがうまく働かないと、皮膚が乾燥してかゆくなります。

臓器もいつも水分でうるおされています。このうるおいがなくなると、臓器は正常な働きを失っていきます。それが健康な精神やバランスのとれた感情を維持している心臓や心包《しんぽう》に起こると、落ち着きがなくなり、こわがりになります。心臓や心包は腎臓と非常に関係の深い臓器なので、腎臓が弱ると、こわがりになったり、こわい夢を見るようになるのです。

●腎臓とからだを温める作用

腎臓は体温がオーバーヒートしないように見張っていますが、その反対にからだを適度に温める働きもしています。適度な体温を維持して臓器が正常に働くためには、腎臓の働きを欠かすことはできません。

この働きが不十分だと、水分をからだ全体にめぐらすことができなくなり、水分が胸部や腹部に閉じこめられてしまいます。水分が腹部で冷たい水になってしまうと、腹部が膨張し、嘔吐《おうと》、下痢《げり》を起こすもとになります。こういう状態になると、犬や猫は水を飲まなくなって、からだを温めようと火のそばでじっとしていたり、毛布にもぐりこんだりするようになります。

腎臓のこの作用が衰えると、骨盤《こつばん》を温める作用も弱まるので、腰痛、リウマチ、性欲の減退などの症状を現すようになるのです。

●膀胱の働き

膀胱は、腎臓でつくられた尿をためる臓器です。膀胱は風船のようなもので、尿が尿道を通って排泄されるまで、その中にため込んでおきます。もし膀胱や尿道が刺激を受けたり、炎症を起こしたり、病原菌に感染したりすると、しじゅう尿意をもよおしたり、排尿時に痛むといった症状が起きます。

膀胱炎などにかかると、尿意が頻繁にあるようになりますが、そのようなときは、たいてい少量の尿をしょっちゅう排泄しているのです。尿の中に血液や細菌が混じることもあります。結石《けっせき》、腫瘍《しゅよう》などで尿道がつまると、排泄できないということも起きます。尿が出なくなって尿毒症《にょうどくしょう》になると命にかかわります。飼っているペットが膀胱炎にかかった経験のある人は、しょっちゅう砂箱にしゃがんだり、排尿のため1時間に何度も外に出たがる様子に心を痛めたことでしょう。尿意があって排尿しても、少ししか出ず、少しも症状は楽にならないので、本当にどうしてよいかわからなくなってしまうのです。こんなときは迷わず、すぐに獣医を受診しましょう。

●５つの体質

五行《ごぎょう》の理論に基づいて体質も５つに分けられます。

◇「火」の体質

トイプードルのサマーは飼い主がいないときは異常なくらい過敏で、ヒステリックに吠《ほ》えます。夢の中で寝言を言ったり、足を動かしたりと少しも落ち着きません。そして飼い主が戻ると、大喜びで、おしっこを漏らしてしまいます。サマーは典型的な「火」の体質です。「火」は心臓と、それと対になっている小腸に深く関係しています。

◇「土」の体質

ラブラドールのキウイは、疲れやすく、日がな一日寝そべっているということがままあります。それに大変な心配性で、ストレスが高じると、吐いたり下痢をしたりします。朝寝坊が大好きで、たまに早く起きると、気むずかしがったりしますが、日中は活発になり、食欲も出てきます。

このキウイはまさしく「土」の体質です。「土」は、脾臓、膵臓《すいぞう》と胃にかかわっています。

◇「金」の体質

シャム猫の雑種、ローズはしじゅう鼻水が出ていて、鼻をいつもぐずぐずいわせています。春になると花粉症のため、くしゃみが止まりません。獣医には老齢になったら喘息《ぜんそく》になるかもしれないと言われています。フケが多く、毛並みはパサパサしていて、便秘がちです。

ローズは、肺と大腸にかかわる「金」体質の典型です。

◇「水」の体質

見知らぬ人、動くもの、大きな音、何でもこわがっている猫のテディーは、掃除機が動いていようものなら戸棚に隠れてしまいます。しじゅう喉《のど》が渇いているようで、トイレや浴槽の水を飲んでしまい、塩味のついた猫用ビスケットを猫缶より好んで食べます。そのため、テディーはずっと膀胱が悪く、冬の寒い時期には排尿障害が起こります。

テディーはまさに腎臓と膀胱にかかわる「水」の体質です。

◇「木」の体質

郵便屋さんに意地悪く吠えたて、他の犬をみると突っかかっていくのは、テリアの雑種のデキシーにとっては、つながれているときの大好きな遊びです。小さくても獰猛《どうもう》で、大声で吠えます。デキシーの機嫌をとるのは大変で、食べているときは他のものをいっさい寄せ付けません。

耳垢《みみあか》がくさく、しじゅう、緑色っぽい目やにをため、充血した目をよくイライラしながらかいています。デキシーは肝臓と胆嚢《たんのう》にかかわりのある「木」の体質なのです。

腎臓を丈夫にする
老化や生まれつき虚弱な場合

●症状の現れ方

腎臓《じんぞう》は両親からもらった生命力の源である「先天の元気」と、食べ物などからつくられる「後天の元気」を蓄えるところです。ですからペットに長生きしてもらうためには、腎臓が丈夫でなければなりません。

腎臓機能が弱くなると、人間の場合は足腰が弱って、顔や手足がほてります。犬や猫の場合も、歩き方に元気がなくなり、足の裏にさわるとなんとなく温かく感じます。足の裏はとても敏感になって、さわられるのをいやがります。空咳《からせき》をすることもあり、性格的にはこわがりになります。便秘、皮膚《ひふ》のかゆみといった症状もみられます。

●ツボ療法で治す

①太谿《たいけい》の指圧

後ろ足にあるこのツボは、まさに腎臓を丈夫にするツボで、全身のエネルギーの調整もします。喉《のど》の渇き、腰の弱り、尿量の減少、乾いた咳、便秘、乾燥してかゆい皮膚などに効果があります。

薬草・漢方薬名	効能・作り方
六味丸《ろくみがん》	腎臓を丈夫にして、足の裏のほてり、口や、喉の乾きを治し、尿量の減少、便秘などにもよい漢方薬で、老化防止に役立つ。
山薬《さんやく》	ヤマイモの根を乾燥させたもの。腎臓の機能を強化させる働きがある。山薬2グラムを1カップの水で煎じて、飲ませる。

②三陰交《さんいんこう》の指圧

後ろ足にあるこのツボは、脾経《ひけい》、腎経《じんけい》、肝経《かんけい》の3つの経絡《けいらく》が交わっているところです。脾臓《ひぞう》、腎臓《じんぞう》、肝臓《かんぞう》を強化し、喉の渇き、皮膚のかゆみ、貧血、情緒不安定などに効果のあるツボです。

③中脘《ちゅうかん》の指圧

お腹にあるこのツボは胃腸によいツボで、便秘や消化機能増進に役立ちます。

④腎兪《じんゆ》の指圧

背中にあるこのツボは、腎臓の病気を治すのにいちばん重要なツボです。腎臓の機能を正常にします。

●食事療法で治す

基本は良質のタンパク質を野菜や穀物といっしょに与

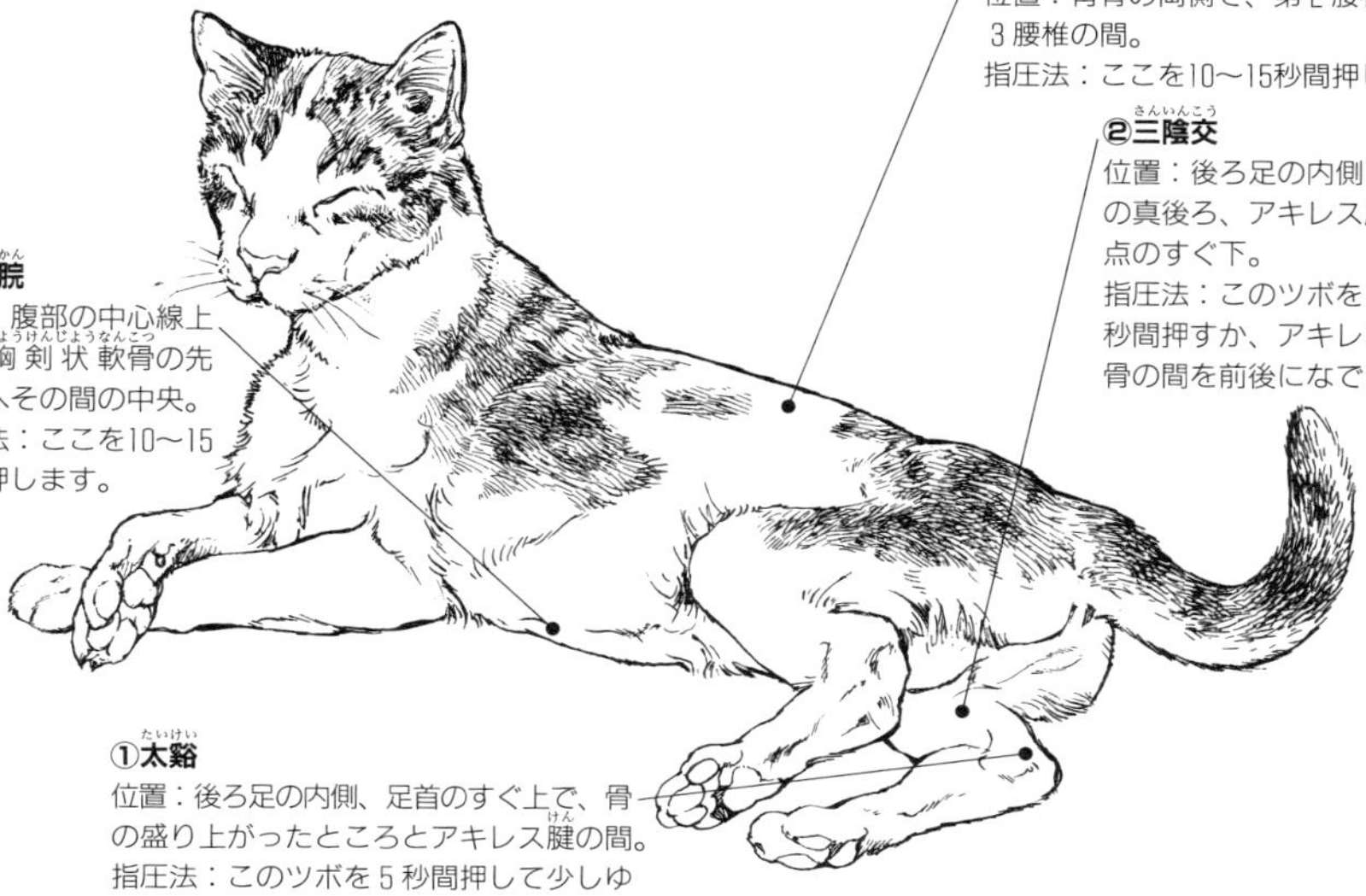
④腎兪《じんゆ》
位置：背骨の両側で、第２腰椎《ようつい》と第３腰椎の間。
指圧法：ここを10〜15秒間押します。
②三陰交《さんいんこう》
位置：後ろ足の内側で脛骨《けいこつ》の真後ろ、アキレス腱の始点のすぐ下。
指圧法：このツボを10〜15秒間押すか、アキレス腱と骨の間を前後になでます。
③中脘《ちゅうかん》
位置：腹部の中心線上で、胸剣状軟骨《きょうけんじょうなんこつ》の先端とへその間の中央。
指圧法：ここを10〜15秒間押します。
①太谿《たいけい》
位置：後ろ足の内側、足首のすぐ上で、骨の盛り上がったところとアキレス腱《けん》の間。
指圧法：このツボを５秒間押して少しゆるめ、また押すのを30秒間続けます。

えることです。良質タンパク質は脂身《あぶらみ》を取り除いた豚肉、タラ、イワシ、サバ、豆類など。野菜はサツマイモ、ホウレンソウ、セロリなど。穀物は全粒粉や玄米がお勧めです。エビ、サケ、鶏肉、羊肉は避けてください。

生まれつき弱かったジュディーの皮膚病

ジュディーは3歳の雑種犬です。皮膚のかゆみが治らないためにやってきました。皮膚はかさかさして、耳をさわると熱く、口は渇いていました。ジュディーは子犬のころからおどおどしていて、おそらくお乳を飲むのも兄弟のなかでいちばん後回しにされていた、弱い犬だったのでしょう。

飼い主の話では、夜になると神経質になり、どうも闇《やみ》をこわがるようです。足の裏をみると乾いており、皮膚は赤っぽい色をしています。舌も赤く、唾液《だえき》が少なく、舌苔《ぜったい》もほとんどありません。

そうです。ジュディーは生まれながらに腎臓が弱かったのです。腎臓を丈夫にする治療をしたおかげで、皮膚のかゆみは治りましたが、そのままほうっておいたら腎臓病になってしまったかもしれません。

精力が減退する
頻尿、尿もれ、失禁を起こすことも

●症状の現れ方

腎臓《じんぞう》の働きが弱ると、オス、メスともに性欲が低下していきます。とくにオスにおいては射精に問題が起きたり、精子の数が減ったり、異性に興味がなくなるといったことが起きます。メスでは卵巣《らんそう》の機能が低下したり、不妊症《ふにんしょう》といった問題が起きます。メスがさかりになるのは腎臓と脾臓《ひぞう》の働きによるもので、これらがうまくホルモンを出すように準備するのですが、腎臓が弱いとなかなかこの準備ができなくなるのです。

このようなペットの精力減退は、腎臓の温める能力が弱っているために起きているのですが、腎臓の働きが弱ると精力が減退するばかりでなく、頻尿《ひんにょう》や尿もれ、失禁を起こすこともあります。

●ツボ療法で治す

①命門《めいもん》の指圧

背中にあるこのツボは、腎臓のからだを温める作用を補い、脊髄《せきずい》を丈夫にします。足腰の弱り、尿もれにも効果があります。

②腎兪《じんゆ》の指圧

背中にあるこのツボは、腎臓機能をととのえる働きがあり、腎臓の病気に欠かせないツボです。背中の痛みや後ろ足のこりにも効果があります。

③関元《かんげん》の指圧

お腹にあるこのツボは、腎臓の状態を安定させ、からだを温める作用を取り戻すために有効です。失禁、不妊症、性欲喪失、精子減少のほか、さかりのサイクルの不順に効きます。

④足三里《あしさんり》の指圧

後ろ足にあるこのツボは、とくに下半身の「気」を充実させるために使います。老化によって、足腰が弱くなっているペットによいツボです。

薬草・漢方薬名	効能・作り方
八味丸《はちみがん》	寒がりで、足腰が弱り、尿もれを起こしたり、夜間の排尿が多く、精力が減退しているようなペットによく効く。
クコ	ナス科の落葉木クコの実。強壮《きょうそう》作用があり、老化防止に役立つ。クコの実2グラムを1カップの水で煎じて飲ませる。

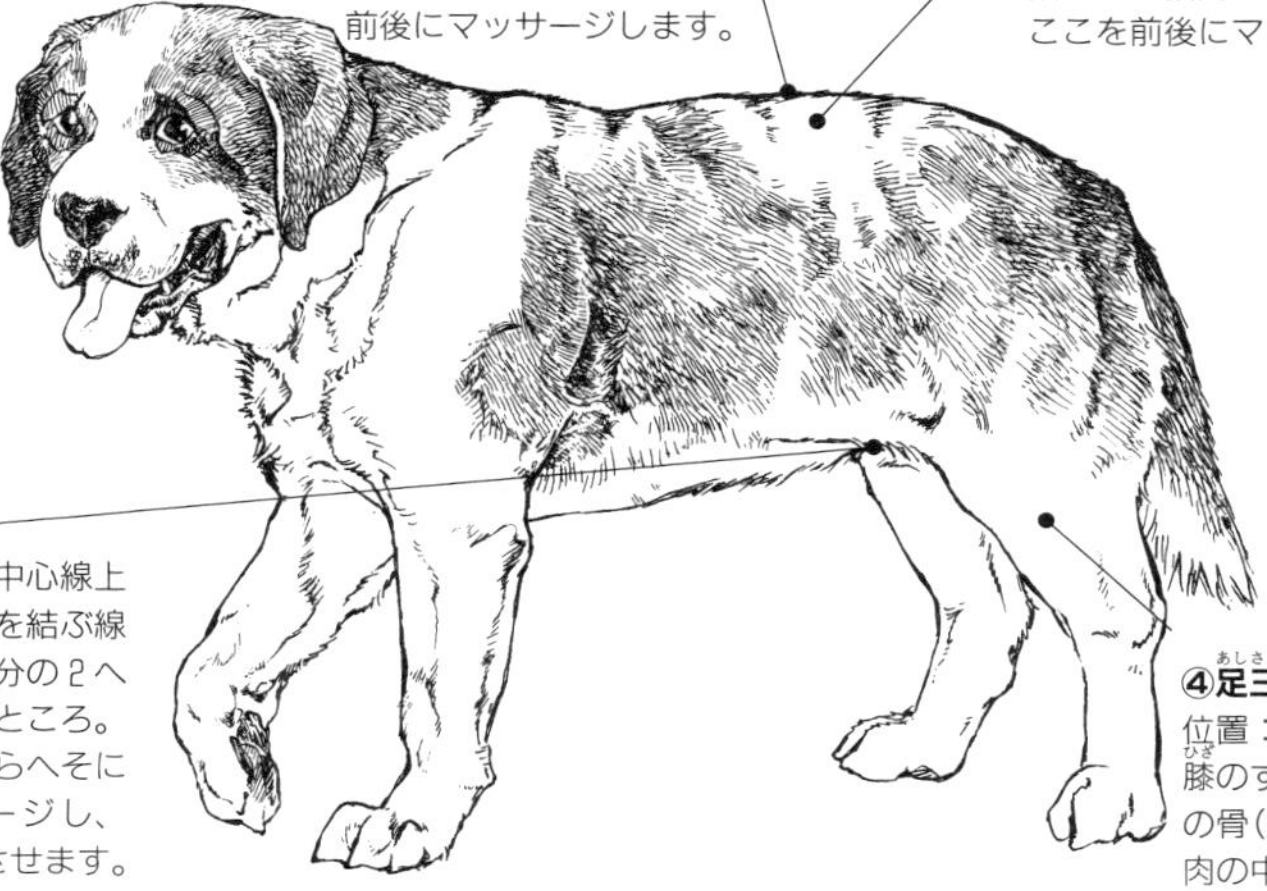
①命門《めいもん》
位置：背中の中心線上で第 2 腰椎《ようつい》と第 3 腰椎の間。
指圧法：このツボを小さく前後にマッサージします。
②腎兪《じんゆ》
位置：第 2 腰椎と第 3 腰椎の間。
指圧法：指先で10秒間押すか、ここを前後にマッサージします。
③関元《かんげん》
位置：下腹部の中心線上で、へそと恥骨《ちこつ》を結ぶ線を 3 等分して 3 分の 2 へそから下がったところ。
指圧法：恥骨からへそにかけてマッサージし、「陽気」を上昇させます。
④足三里《あしさんり》
位置：後ろ足の外側で、膝《ひざ》のすぐ下。垂直な足の骨（脛骨《けいこつ》）の外側の筋肉の中央。
指圧法：小さな円を描くように、10〜15秒間マッサージします。

背骨を傷めた種犬フェルナンド

フェルナンドは何度も賞を取ったことのある5歳のダックスフンドで、種犬として活躍していました。診察にきたのは、激しい背中の痛みのためでした。前年、冬にも椎間板《ついかんばん》に問題を起こし、突然歩けなくなってしまったことがありました。それ以来、フェルナンドはメスに興味を失い、子どもをつくる欲望がなくなってしまいました。尿もチョロチョロとしか出ず、夜中に排尿することもしばしばです。

先日、義務を思い出したのか、若いメスに乗りかかったまではよかったものの、動く気をなくして、ついには後ろ足で立っていられなくなって、のろのろとメスから離れると、へたりこんでしまったのです。飼い主は真っ青になって一般の獣医に連れていき、ステロイド治療を受けました。その2日後、私がフェルナンドをみると、足は冷たく、後ろ足の脈は遅く、飼い主の話ではその日の朝、軟便をしたということでした。

フェルナンドの腎臓のからだを温める作用は、確実に弱っていました。種犬としてあまりにもたくさん性交をしたためかもしれません。フェルナンドには薬草療法と指圧で腎臓を丈夫にし、これから同様の障害が起きないようにマッサージの治療を行いました。

慢性腎炎
尿が出にくい、衰弱などがみられる

●**症状の現れ方**

慢性腎炎《まんせいじんえん》にかかっている犬や猫は、生命を左右する場合があるため、必ず獣医にかからなければいけません。

腎臓機能がうまく働かないので、症状としては尿が出にくい、便秘、衰弱、体重減少のほか、下痢《げり》、嘔吐《おうと》などもみられます。

漢方ではこのような状態を腎臓機能が衰え、温める作用である「陽気」が不足していると考えます。こんなとき、ペットの舌をみてください。乾燥した赤い舌をしていることが多いものです。

このような病気の場合は、たとえ獣医にかかっていても、家庭で薬草・漢方薬療法やツボ療法で治療を助けることは可能です。

●**こんな場合はすぐ獣医へ**

もし、あなたの犬や猫が水も飲まず、排尿もしなくなったら、即、獣医にみせなければなりません。腎不全《じんふぜん》に陥っている可能性が高いからです。

腎不全は生命にかかわる病気で、猫の場合は12〜20歳、犬の場合は8〜14歳といった年をとったペットに起きやすいのです。

●**ツボ療法で治す**

腎臓、脾臓《ひぞう》、肺のバランスをととのえて、腎臓機能を回復させる、韓国で開発された「4つのツボ技術」と呼ばれている療法を紹介します。脾臓は腎臓を監督し、肺は腎臓を補助している関係にあるため、脾臓や肺の力を借りて腎臓を強化しようというものです。通常、週に2回、この4つのツボ刺激を同時に行います。最低、8週間は行ってください。

①太白《たいはく》の指圧

後ろ足の裏にあるこのツボは、昔から便秘、下痢などの治療に使われているツボで、排泄《はいせつ》をスムーズにして、腎臓の機能を助けます。

②太谿《たいけい》の指圧

後ろ足にあるこのツボは、腎臓の機能を増進させる働きがあります。喉《のど》の渇き、ほてり、嘔吐のある場合に有効です。

③経渠《けいきょ》の指圧

この前足にあるツボは肺の機能を丈夫にするツボですが、漢方では肺は機能的に腎臓を補助していると考え、肺を補って腎臓を強くします。

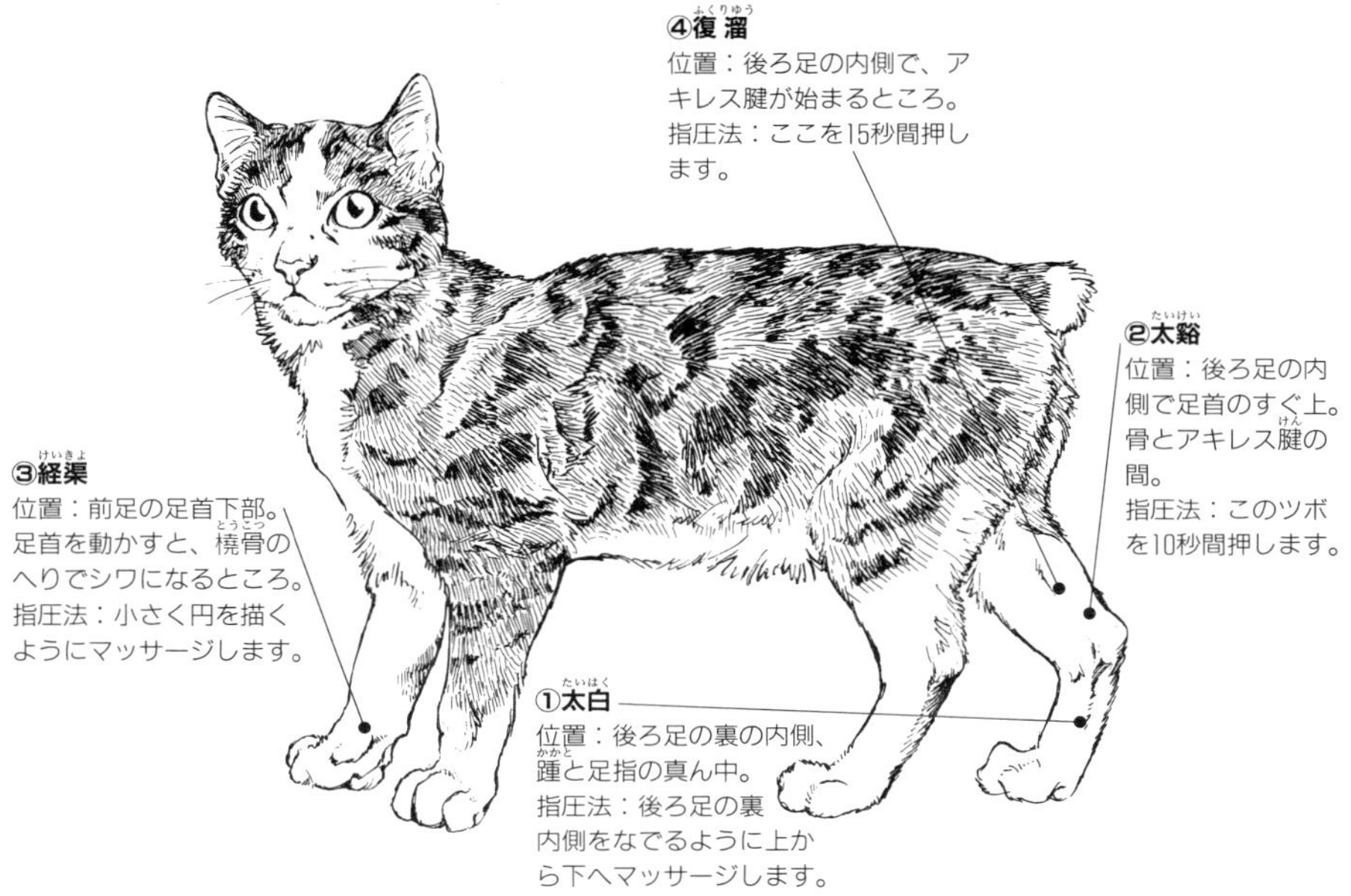
④復溜《ふくりゅう》
位置：後ろ足の内側で、アキレス腱が始まるところ。
指圧法：ここを15秒間押します。
②太谿《たいけい》
位置：後ろ足の内側で足首のすぐ上。骨とアキレス腱《けん》の間。
指圧法：このツボを10秒間押します。
③経渠《けいきょ》
位置：前足の足首下部。足首を動かすと、橈骨《とうこつ》のへりでシワになるところ。
指圧法：小さく円を描くようにマッサージします。
①太白《たいはく》
位置：後ろ足の裏の内側、踵《かかと》と足指の真ん中。
指圧法：後ろ足の裏内側をなでるように上から下へマッサージします。

④復溜《ふくりゅう》の指圧

後ろ足にあるこのツボは、腎臓の「気」を調整して腎臓を強化します。そのほか、ほてり、足腰の弱り、膀胱《ぼうこう》炎《えん》にも効果があります。

●食事療法で治す

西洋の食事療法ではタンパク質や塩分の摂取を少なくする方法をとりますが、漢方ではタンパク質、塩分といった観点ではなく、食べ物の性質を重要視します。

慢性腎炎にお勧めの食べ物は、動物性タンパク質なら脂身《あぶらみ》を取った豚肉、鶏肉、卵、野菜ならサヤインゲン、サヤエンドウ、アスパラガス、サツマイモ、穀類なら玄米、大麦などです。

薬草・漢方薬名	効能・作り方
トウモロコシのヒゲ	尿量が減少しているときに有効。トウモロコシのヒゲ2グラムを1カップの水で煎じて飲ませる。
柴苓湯《さいれいとう》	むくみ、吐き気、食欲不振、喉の渇き、発熱などがあるときによい。体質改善に役立つ。
八味丸《はちみがん》	寒がっていて、排尿回数が多く、足腰が弱っているペットに向く。

トイレが近い
急性膀胱炎・慢性膀胱炎

●症状の現れ方

西洋医学では、膀胱炎《ぼうこうえん》は細菌感染によって起きる膀胱の炎症であるととらえ、たいていは抗生物質による治療が行われます。さらに悪化すると、コルチゾンなどのステロイド剤を使用します。こうした薬物治療に加え、水をたくさん飲むような食事で尿の生成を促すと、ほとんどの場合はよくなります。

しかし、漢方では膀胱炎は細菌のあるなしにかかわらず、膀胱の「熱」や水分のとどこおりが原因と考えます。こうしたからだの変質があるために、細菌の感染による炎症を起こしやすくなるというのです。

まず、「熱」は腎臓《じんぞう》の臓器を冷やす働きが弱るか、体液、つまり水分が減少するために起きる症状です。腎臓の機能が弱ると十分な体液がつくられなくなり、それがまた必要以上に「熱」をつくることになります。

膀胱にも「熱」が生まれ、さらに体液が減少して尿が十分つくられなくなります。尿道も熱をもち、わずかにつくられた尿を排泄《はいせつ》するとき、痛みを伴うようになります。犬や猫は痛さで排尿時に悲鳴をあげることでしょう。猫だったら、痛みからのがれるために、走り回ったり、やたらに砂箱を引っかいて痛みから注意をそらそうとします。

「熱」に水分のとどこおりが加わると、症状はさらに悪化します。なぜなら腎臓、膀胱といった臓器のほかに脾《ひ》臓《ぞう》や肝臓《かんぞう》などの臓器まで関係してくるからです。水分のとどこおりの主な原因は、肝臓の「気」がスムーズに働かないためです。そのため、痛みや尿意が頻繁に起こることになります。血尿が出ることもあります。排尿回数は増えても、1回の尿量は少なく、犬や猫はそのたびに大変な苦痛を味わいます。

治療は水分のとどこおりと「熱」を取り去り、スムーズに排尿できるようにします。そのためにはかなり厳格な食事療法と薬草療法を行って、まず急性膀胱炎を治します。しかし、膀胱炎は再発しやすいため、膀胱がよくなっても、ほかの臓器を丈夫にして再発しにくい体質をつくる、根気強い治療が大切です。

●急性膀胱炎・ツボ療法で治す

①委中《いちゅう》の指圧

後ろ足にあるこのツボは、下半身の「熱」を取り去り、膀胱や結腸の炎症を解消させ、痛みを楽にするのに役立ちます。

②行間《こうかん》の指圧

後ろ足にあるこのツボは、肝臓の「気」の流れのとどこおりを治し、スムーズに排尿できるようにします。尿道の痛みをやわらげる効果もあります。

③腎兪《じんゆ》の指圧

背中にあるこのツボは、腎臓機能を正常化し、尿の生成を増加させて膀胱の痛みや乾燥を食い止めます。血尿のときにも有効です。

④中　極《ちゅうきょく》の指圧

下腹部にあるこのツボは、膀胱の病気を治す中心的なツボで、膀胱炎によく効きます。

⑤曲泉《きょくせん》の指圧

後ろ足にあるこのツボは、膀胱の「湿」と「熱」を緩和し、筋肉をやわらげるので、排尿時の痛みや、生殖《せいしょく》器《き》の痛みに効果があります。

⑥関元《かんげん》の指圧

下腹部にあるこのツボは、腎臓と生殖器の働きを正常にします。排尿時の痛み、血尿、下痢《げり》、腹部の痛みに効きます。

⑦復溜《ふくりゅう》の指圧

後ろ足にあるこのツボは、腎臓と膀胱の「湿」と「熱」を取り除きます。血尿や排尿時に緊張を伴う痛み、炎症に有効です。

●慢性膀胱炎・ツボ療法で治す

急性の炎症がおさまったら、次のツボを選んで指圧を続けて、腎臓と脾臓を丈夫にしてください。

①太谿《たいけい》の指圧

後ろ足にあるこのツボは、腎臓を丈夫にして膀胱炎の再発を予防するツボです。

②中　極《ちゅうきょく》の指圧

下腹部にあるこのツボは、膀胱の病気の特効ツボで、急性膀胱炎ばかりでなく慢性膀胱炎にも有効です。

③脾兪《ひゆ》の指圧

背中にあるこのツボは、脾臓を丈夫にして、腎臓に負担をかけないようにする働きがあります。

④膀胱兪《ぼうこうゆ》の指圧

腰にあるこのツボは、膀胱に異常があるときに反応が出るツボです。膀胱に関するあらゆる症状、生殖器の異常、尿が出ないとき、また、結腸が膀胱に近いことから、下痢、便秘、腰痛にも有効です。

こうしたツボ療法に加えて、背骨の両側を肩胛骨《けんこうこつ》の間から尾骶骨《びていこつ》の根元まで、軽く前後にマッサージをしたり、小さな円を描くようにマッサージします。次に後ろ足の

急性膀胱炎

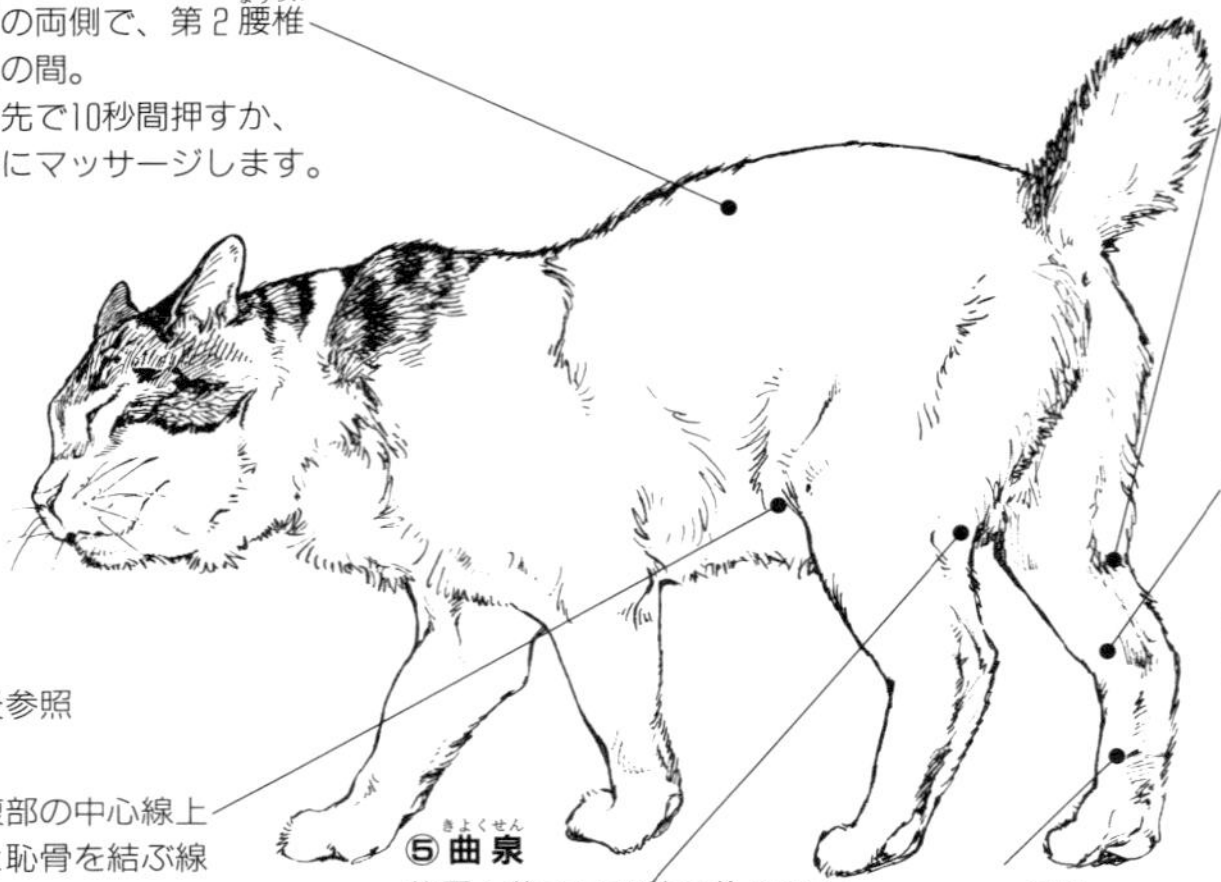

③腎兪《じんゆ》
位置：背骨の両側で、第2腰椎《ようつい》と第3腰椎の間。
指圧法：指先で10秒間押すか、ここを前後にマッサージします。

①委中《いちゅう》
位置：後ろ足の膝《ひざ》の裏のシワの中央。
指圧法：このツボを押すか、小さく円を描くように15〜30秒間マッサージします。

⑦復溜《ふくりゅう》
位置：後ろ足の内側、アキレス腱《けん》の始まるところ。
指圧法：ここを15秒間押します。

④中極《ちゅうきょく》
慢性膀胱炎参照

⑥関元《かんげん》
位置：下腹部の中心線上で、へそと恥骨を結ぶ線を3等分して、へそから3分の2下がったところ。
指圧法：小さく円を描くように下腹部中央をマッサージします。

⑤曲泉《きょくせん》
位置：後ろ足の膝の後ろのシワの内側。
指圧法：ここを15秒間押します。

②行間《こうかん》
位置：後ろ足の内側で、ちょうど足指の骨が足の骨と出会ったところ。
指圧法：下に向けて10秒間マッサージします。

内側、踝《くるぶし》の上のくぼみをマッサージします。こうすると経絡《けいらく》の「気」の流れがなめらかになり、「熱」や水分のとどこおりを改善してくれます。

●食事療法で治す

膀胱炎は「熱」や水分のとどこおりが原因であるため、このような作用を増長させる食べ物は避けます。「熱」の症状の場合は、エビ、サケ、マスなど「熱」を増やすものはやめます。3カ月もうまくいっていた猫の治療が、ある晩、エビを食べたことでまた逆戻りして血尿になってしまったことがあります。

水分のとどこおりを取り除くためには、大麦はよい食べ物です。アスパラガス、セロリ、脂肪を除いた豚肉の挽肉、卵、脂身を取った牛肉なども、安全な動物性タンパク質です。避けたい食べ物は、豆腐、乳製品、精製された小麦です。穀物なら玄米、そのほかアズキ、トウモロコシ、ジャガイモ、カボチャもよいでしょう。

脾臓が弱って水分のとどこおりと「熱」の問題が起きているときは、生の野菜は避け、加熱したもののほうがよいのです。犬の場合は動物性タンパク質を控えめにして、穀物や野菜を多くあげてください。猫の場合はそうはできないため、白身の魚か脂身を取った牛肉をあげましょう。

慢性膀胱炎

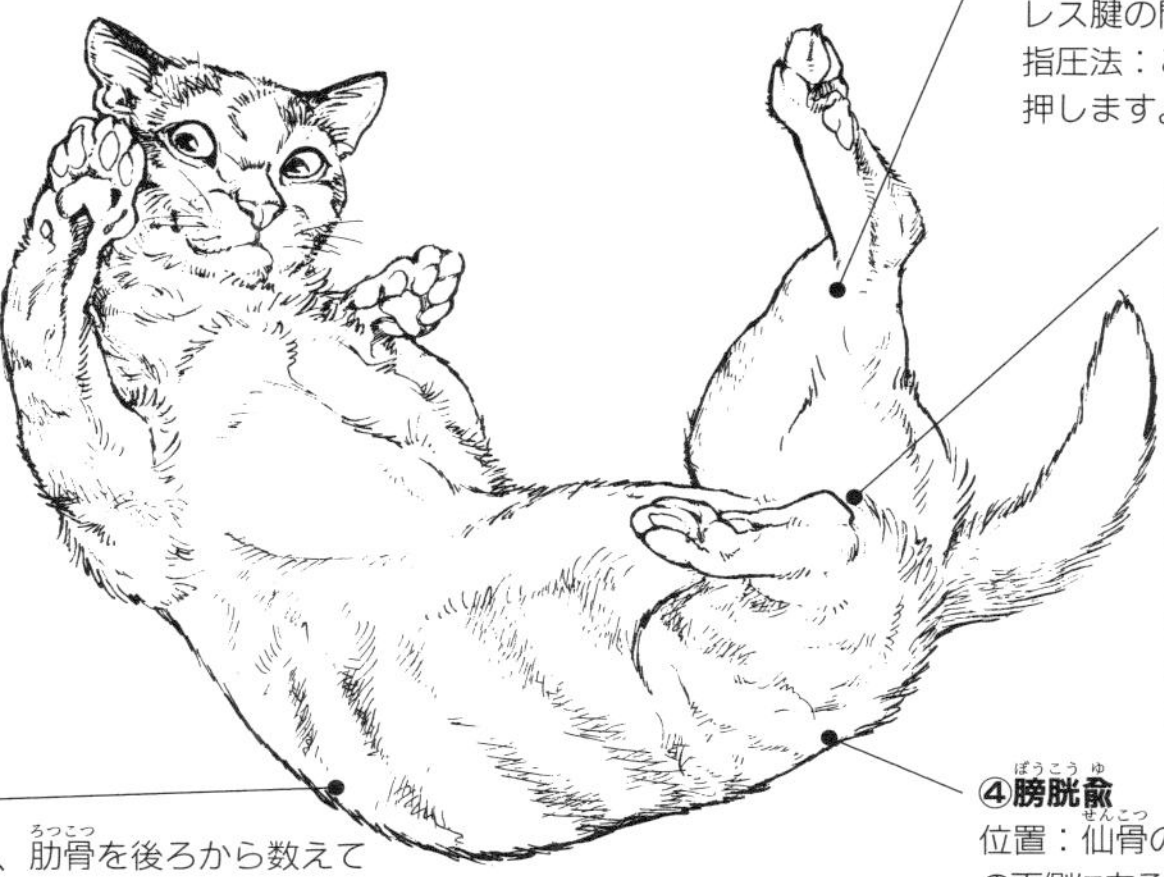

①太谿《たいけい》
位置：後ろ足の内側で足首のすぐ上。足首の骨とアキレス腱の間。
指圧法：ここを15〜30秒間押します。

②中 極《ちゅうきょく》
位置：下腹部の中心線上にあり、へそから恥骨《ちこつ》までを 5 等分して、へそから 5 分の 4 のところ。
指圧法：正確に位置をさがすのはむずかしいので、下腹部の中心部を丸く円を描くようにマッサージします。

③脾兪《ひゆ》
位置：背骨の両側で、肋骨《ろっこつ》を後ろから数えて 2 番目と 3 番目の間。
指圧法：ここを15秒間押すか、小さく前後に動かしてマッサージします。

④膀胱兪《ぼうこうゆ》
位置：仙骨《せんこつ》の上、背骨の両側にあるくぼみの中。
指圧法：ここを小さく前後にマッサージします。

薬草・漢方薬名	効能・作り方
キササゲ	キササゲの細長い果実は利尿作用にすぐれているので、尿が出にくい場合によい薬草。キササゲの果実2グラムを一カップの水で煎じる。
五苓散《ごれいさん》	喉《のど》が渇いて水分を欲しがって飲むが、そのわりに尿量が少ない場合に効果的。尿がにごるときにもよいが、膀胱炎の初期によい処方。
猪苓湯《ちょれいとう》	これも喉が渇いて水を飲むが尿量が少ないときによい。尿に血が混じったり、排尿時に痛みが激しいような場合にもよい。
当帰芍薬散《とうきしゃくやくさん》	虚弱な犬や猫で、膀胱炎を何度も繰り返すような場合によい。慢性膀胱炎にかかっている場合、再発の予防になる処方。

尿に血が混じる（尿路結石）

尿にできる結晶が原因の血尿や排尿障害

●症状の現れ方

尿に小さな石や砂のような結晶ができてしまうことがあります。石や砂は小さなものでは、そのまま排泄《はいせつ》されることもありますが、それが尿路にひっかかるとものすごい痛みを起こし、尿道をふさぐと尿が出にくくなったり、血尿が出たりします。

漢方では尿にこうした石や砂ができるのは、腎臓《じんぞう》に水分のとどこおりや「熱」が起きるためと考えています。水分のとどこおりや「熱」があると、体液の流れがスムーズでなくなり、尿の出が悪くなってたまってしまうことにもなります。また、「熱」が激しくなると、尿はいやなにおいを発するようになったり、血尿が出ることもあります。

石や砂が尿路にあると、炎症を悪化させ、激しい痛みや血尿を起こし、最悪の場合、それがつまると、尿は排泄できず戻ってしまうことになります。

ドライフードを食べている犬や猫は水分のとどこおりを起こしたり、「熱」をためやすく、結晶ができやすいのです。最近はほとんどのペットがドライフードを食べているため、よくみられる病気になっています。ドライフードを食べているペットには、なるべく水分を多く摂らせなければなりません。そして、予防のためにも以下にあげる治療法を行ってください。

●ツボ療法で治す

急性膀胱炎《ぼうこうえん》のところで紹介した曲泉《きょくせん》、関元《かんげん》、復溜《ふくりゅう》のツボに加えて、次のツボを指圧します。

①陰陵泉《いんりょうせん》の指圧

後ろ足にあるこのツボは、腎臓の機能を高め、水分のとどこおりを解消させ、尿を出やすくさせるツボです。そのため、結石《けっせき》のほか、排尿障害、失禁などにも効果があります。

●食事療法で治す

魚の場合は白身魚はよいのですが、青背の魚類は避けます。食事の大部分は鶏肉と鶏の砂肝《すなぎも》にします。ニンニクには抗菌作用があるので、少量混ぜることをお勧めします。ドライフードはお勧めできません。

結石は腎臓、心臓、肝臓《かんぞう》、脾臓《ひぞう》などの機能のバランスが崩れてできるため、それぞれの器官を正常に働かせることが大切です。

①陰陵泉《いんりょうせん》
位置：後ろ足の内側で膝《ひざ》のすぐ下。脛骨《けいこつ》と筋肉の間のみぞの中。
指圧法：ここを15秒間押します。

●薬草療法で治す

結石にはリン酸系のものと、尿酸系のものとがあります。リン酸系のものは、慢性腎炎《まんせいじんえん》にかかっている猫に多くみられます。尿がアルカリ性になっている場合にできる結晶です。そのため、尿を酸性に保つことが大切で、それにはビタミンC、クランベリージュースなどが有効です。

尿酸系の結晶の場合は、セロリの根、トウモロコシのヒゲなどが有効です。いずれも5グラムを1カップの水で煎じて、水がわりに飲ませます。もし、下痢《げり》をするような場合は、量を減らすか、使用を見合わせてください。

薬草・漢方薬名	効能・作り方
金銭草《きんせんそう》	別名カキドオシともいい、結石の妙薬といわれている。2グラムを1カップの水で煎じる。
猪苓湯《ちょれいとう》	尿量が少なく、血尿や排尿困難のある場合によい。痛みがあるときも、その後の再発防止にも役立つ。

おもらしをする（頻尿と失禁）

年をとると現れる症状

●症状の現れ方

犬や猫が年をとってくると、かなりの頻度で頻尿《ひんにょう》や失禁の問題が起きてきます。猫よりは犬、オスよりはメスに多くみられる症状です。漢方では、頻尿、排尿をコントロールできないことや、失禁は通常、腎臓《じんぞう》の「陽気」が弱るためと考えます。高齢になると、腎臓の「先天の元気」も「後天の元気」も弱ってくるので、ある程度は仕方のないことですが、指圧療法や漢方療法で少しでも改善させてあげましょう。

●ツボ療法で治す

①命門《めいもん》、②腎兪《じんゆ》、③関元《かんげん》、④足三里《あしさんり》の指圧。

これらのツボを、モグサを固めて棒状にした棒灸《ぼうきゅう》で温めてあげるとよいでしょう。棒灸のかわりに、線香を10本ほどゴム輪で束ねて火をつけたものを用いてもいいでしょう。その際、毛を燃やさないように、片手で棒灸または線香灸を持ち、もう一方の手はツボのそばに置いて棒灸の先が指のところにくるようにします。こうすると自分でも熱さを感じられるので、刺激を与えすぎず、毛も燃やさずにすみます。時間は10～15秒間が目安です。ほとんどのペットは喜びますが、もしすごくいやがるようでしたら、一般の指圧に変更してください。

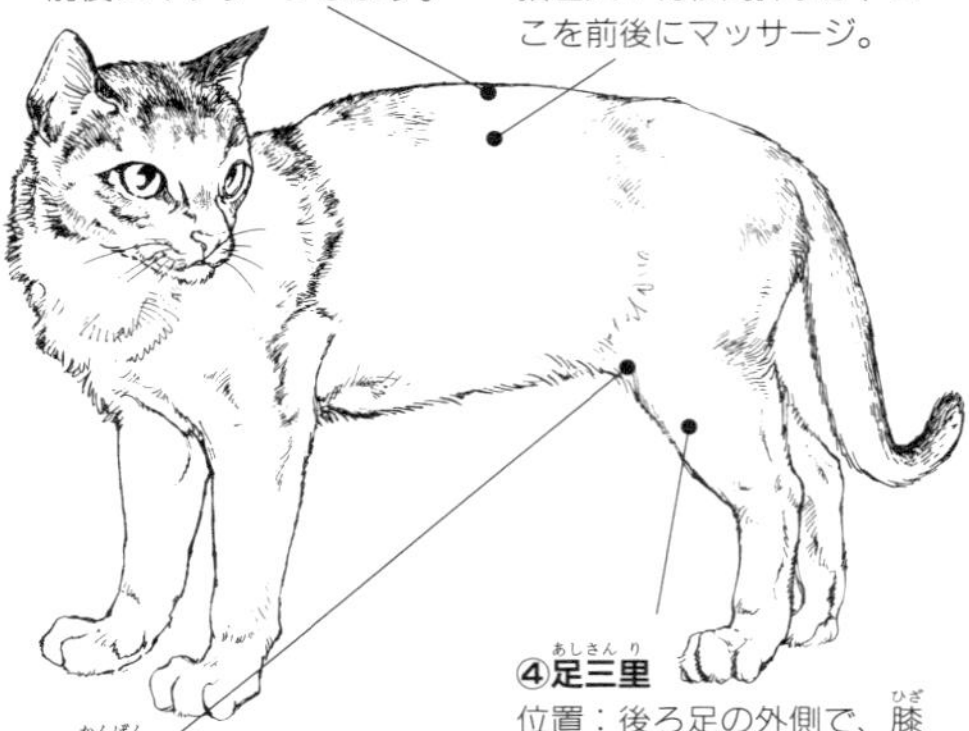

①命門《めいもん》
位置：背中の中心線上で第2腰椎《ようつい》と第3腰椎の間。
指圧法：このツボを小さく前後にマッサージします。

②腎兪《じんゆ》
位置：背骨の両側で第2腰椎と第3腰椎の間の筋肉のくぼみの中。
指圧法：10秒間押すか、ここを前後にマッサージ。

③関元《かんげん》
位置：下腹部の中心線上で、へそと恥骨《ちこつ》を結ぶ線を3等分して3分の2へそから下がったところ。

④足三里《あしさんり》
位置：後ろ足の外側で、膝《ひざ》のすぐ下。
指圧法：小さな円を描くように、10～15秒間マッサージします。

薬草・漢方薬名	効能・作り方
ヨモギ	からだを温める作用に富む薬草。腎臓の「陽気」を強化させる。2グラムを1カップの水で煎じる。
八味丸《はちみがん》	高齢になると起きるおもらしや頻尿に、たいへん効果がある漢方薬。

その他の病気、
家庭での治し方

骨と筋肉

腎臓に支配されている骨と筋肉

●骨と筋肉の仕組み

ペットのからだの骨格を形成している骨の外側は、非常に薄いカルシウムとリン酸塩からなる皮質でつくられています。中身には血液をつくる骨髄《こつずい》を宿しています。手足の長い骨の末端には、軟骨でできているクッションがあります。軟骨は骨より密度が少ないのですが、同じような性格をもっています。

背骨に沿って、軟骨様の椎間板《ついかんばん》が背骨の間のクッションになっていて、背骨に強靱《きょうじん》さや柔軟さを与えています。靱帯《じんたい》は繊維質の紐《ひも》のようなもので、骨と骨をつないでいます。腱《けん》は繊維質の筋肉の末端で、筋肉と骨をつないでいます。

関節は、2つの骨の間にある蝶番《ちょうつがい》のようなものです。この関節がなければ、私たちはからだを回したり、横に動かしたり、前後に動かすことができません。細かな動作ができるのは、関節が非常にうまくできているからなのです。

●漢方における骨と筋肉

漢方では骨を支配する臓器は腎臓《じんぞう》だと考えています。「腎臓と膀胱の病気」の項で述べたように、両親からもらった腎臓にある「先天の精（元気）」が、生まれる前からからだの全骨組みの青写真をつくっています。そのうえに、環境的なものや食事などが骨の発達に大きく影響しています。

また、骨の周辺にある腱や靱帯は、肝臓《かんぞう》と胆嚢《たんのう》によって支配されており、筋肉は脾臓《ひぞう》によって調整されています。

ですから漢方で考える健康な骨、関節、筋肉には、正

常に機能しているこれら腎臓、肝臓、胆嚢、脾臓の働きを欠かすことができません。

●関節の病気、リウマチ

骨と骨をつないでいる関節になんらかの異常が起きると、普通ならなめらかに動くはずの動作がギクシャクしてきます。また、老化などで筋肉が弱り、骨と骨とがこすれあって、骨の末端に変形が生じても、関節の表面の動きがしっくりしなくなります。

関節の病気の代表、リウマチは関節に炎症や痛みが起こる病気ですが、リウマチが起こると、骨が摩耗することがあります。からだはそれに反応して、少しずつ骨を補充していくのですが、これが望ましい場所にできるとは限りません。これらは骨芽《こつが》と呼ばれ、骨の表面がでこぼこになって痛みがひどくなり、手足が自由に動かないとか、筋肉がかたくなるなどの結果を招きます。骨はいつも絶え間なく形を変えていき、リウマチの多くは悪化していきます。

現代医学ではリウマチは一種の自己免疫疾患《じこめんえきしっかん》と考えられていますが、漢方では、「風邪《ふうじゃ》」や「寒邪《かんじゃ》」や「湿邪《しつじゃ》」などと呼ばれる病邪や、栄養分である「血」のとどこおりに関係がある、やはりとても複雑な疾患とされています。

もし、ペットが内臓のバランスを欠いていると、こういった病邪に対する抵抗力が弱くなってしまい、ペットの筋肉層に病邪が入り込んでしまいます。筋肉はかたくなり、関節を引っ張って、栄養分である「血」の循環がとどこおります。とどこおりが長引くほど痛みは激しく、まわりの骨に障害を与えます。

リウマチにはいくつかの種類があります。

そのひとつは急にきて急に去る風のようなものです。こういった症状がひんぱんに起こっても、ペットの場合は言葉で訴えられないため、正確にはどの関節に問題があるのかはわかりにくいのです。

もうひとつの症状は湿気が多かったり、寒い季節になると悪化するものです。もっとも悪化した状態ではその両方の性質をもち、よけいな骨芽をつくり、「血」のとどこおりで激しい痛みが出て、動くことがとても困難になります。漢方ではこれを「湿痺《しっぴ》」とか「血痺《けっぴ》」と呼んでいます。現代医学では、これを退行性関節障害といっており、ペットのリウマチでよくみられるものです。

腰が痛む
下半身をさわられるのをいやがる

●症状の現れ方

腰の形成異常の多くは、関節炎から起こります。非常にたちの悪い場合は、遺伝性の骨格形成異常があります。腰骨は通常、受け皿である骨盤《こつばん》に、一定の角度で収まっています。もしもその角度が広すぎたり、狭かったり浅かったりすると、腰の関節にひずみが生じます。

入れ物に入ったボールを想像してみてください。ちょうどよい形が受け皿になっていればボールはスムーズに回りますが、形が合わなければ一部は外にはみ出し、一部は中にあるといったことになり、角が当たってうまく動きません。これと同じことが腰関節にも起こるわけで、完璧な受け皿があってこそ完璧な動きになるわけです。

腰の形成異常は遺伝的なものなので、漢方ではこれを腎《じん》臓《ぞう》にある「精」の不足と考えます。

腰の形成異常の兆候は、若いペットではぎくしゃくした動き、ジャンプしたがらない、下半身にさわられると怒ったりすることでわかります。年をとるまで症状の現れないペットもいます。それはふだんから適度な運動をしたり、栄養のバランスがとれた食事をしているからため、それほどひどくない状態を保つことができているからです。

形成異常は通常腰に起きますが、前足に出てくることもあります。関節は物理的には全部つながっているので、1カ所の関節が障害を受けると、それをかばって、その近くか反対側にからだの重みをかけることになります。その結果、からだにさらにひずみをつくり出すことになります。といったわけで、腰が痛むと、背中の下のほうや膝《ひざ》に問題が起きてくることはめずらしくありません。

●こうして治す

関節炎の治療は、栄養分である「血」のとどこおりを解消させ、筋肉にある「風邪《ふうじゃ》」や内臓にある「寒邪《かんじゃ》」を追い出し、余分な水分を乾かして痛みをやわらげることにあります。すごく痛んでいる最中は別にして、毎日の運動を欠かさず続けることをお勧めします。散歩と軽いランニングは、スタミナを徐々につくっていくうえでいちばんよい運動なのです。

●ツボ療法で治す

健康な骨、筋肉、腱《けん》、靭帯《じんたい》にかかわる内臓は腎臓、膀《ぼう》胱《こう》、脾臓《ひぞう》、肝臓《かんぞう》、胆嚢《たんのう》なので、これらの経絡《けいらく》にあるツボが治療に含まれます。どれがいちばん顕著な症状かによって、それにかかわる内臓のバランスを取り戻すための

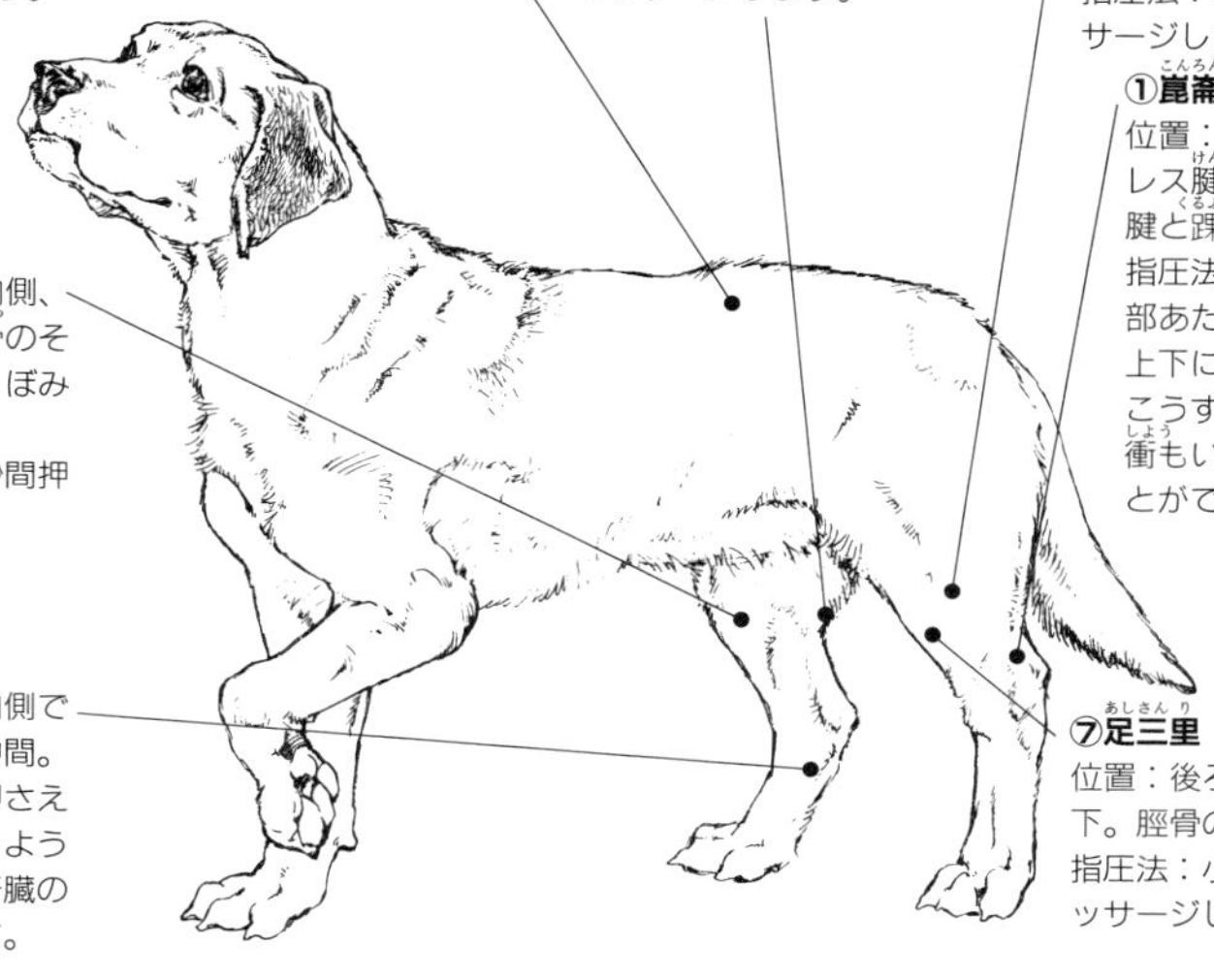
①崑崙《こんろん》
位置：後ろ足の外側、アキレス腱《けん》の下部のくぼみで、腱と踝《くるぶし》の骨の真ん中。
指圧法：やさしく、腱の前部あたりの両側の皮を握り、上下にマッサージします。こうすることによって、太《たい》衝《しょう》もいっしょに指圧することができます。
②太衝
位置：後ろ足の内側でつま先と足首の中間。
指圧法：ツボを押さえるか、軽い、掃くようなマッサージで肝臓の循環を刺激します。
③委中《いちゅう》
位置：後ろ足の膝《ひざ》の裏でシワの中央。
指圧法：小さく前後にマッサージします。
④腎兪《じんゆ》
位置：背骨の両側で、第2腰椎《ようつい》と第3腰椎の間。
指圧法：15〜30秒間、小さく前後にマッサージします。
⑤陽陵泉《ようりょうせん》
位置：後ろ足の外側、膝の下で、腓骨《ひこつ》頭部にある突起のすぐ下のくぼみの中。
指圧法：前後に小さくマッサージします。
⑥陰陵泉《いんりょうせん》
位置：後ろ足の内側、膝のすぐ下。脛骨《けいこつ》のそばにある筋肉のくぼみの中。
指圧法：10〜30秒間押します。
⑦足三里《あしさんり》
位置：後ろ足の外側で、膝のすぐ下。脛骨の外側で筋肉部分の中央。
指圧法：小さい円を描くようにマッサージします。

ツボが選ばれます。たとえば、脾経《ひけい》ツボは湿気が多いと悪化するときに使われます。肝臓や腎臓の経絡は停滞を散らし、痛みをやわらげるために、腎経と膀胱経の経絡は寒くなると悪化する関節炎用に、からだを温めるために使われます。胆経に沿った経絡は「風」を追い払い、筋肉の痛みをとって、関節から関節に動く、突発性の関節炎に使われます。

　それに加えて、場所にかかわらず、一般の関節の痛みに使われるツボもあります。次にあげる一般のツボから数個を選んでください。

①崑崙《こんろん》の指圧

　後ろ足にあるこのツボは痛みを止めます。首、肩、背中、前足、後ろ足の痛みやこりの治療に使えます。

②太衝《たいしょう》の指圧

　後ろ足にあるこのツボは「血」のとどこおりを解消します。背中下部、腰、踝《くるぶし》の痛みに効きます。

③委中《いちゅう》の指圧

　後ろ足にあるこのツボは、下半身の炎症をやわらげます。背中下部の痛み、坐骨神経《ざこつしんけい》の痛み、腰、膝、踝の痛みによく効きます。

④腎兪《じんゆ》の指圧

　背中にあるこのツボは、骨を強くし、背中下部や膝の痛みをやわらげます。からだを温め、湿気を除きます。

⑤陽陵泉《ようりょうせん》の指圧

後ろ足にあるこのツボは、腱と靭帯を強くします。湿気の多いときに悪化する関節炎にも効き目があります。

⑥陰陵泉《いんりょうせん》の指圧

後ろ足にあるこのツボは、湿気のあるときに悪化する関節炎によく、膝や下肢《かし》の関節炎にもよいでしょう。

⑦足三里《あしさんり》の指圧

後ろ足にあるこのツボは、「気」を強めることによって、抵抗力をつけ、骨を強くし、スタミナをつけます。

●痛む場所を治すツボ療法

次にあげる痛む場所を治すためのツボは、関節炎を患っているペットには過敏な場所です。マッサージするときには、それを考慮してやさしくしてあげてください。

◇腰の関節が痛むとき

①居髎《きょりょう》と②環跳《かんちょう》の指圧

いずれも腰関節にあるこれらのツボは、背中の痛み、腰の形成異常、関節炎、後ろ足の麻痺《まひ》、坐骨神経痛に効き目があります。これらのツボをさがすにはペットを横たえて、足を持ち、後ろ足を屈伸させて、腰関節をさがします。腰関節が確認できたら、腰のくぼみの前部（居髎）と後部（環跳）にあるくぼみにツボはあります。

・一般のツボを加えるには：陽陵泉、太衝、崑崙、委中など。あるいは、陽陵泉、委中、足三里。仙骨《せんこつ》のマッサージも後ろ足の筋肉をやわらかくするのに役立ちます。

◇膝が痛むとき

・膝眼《しつがん》の指圧

膝や下肢の痛みに効きます。

・一般のツボを加えるには：腎兪、環跳、陽陵泉、崑崙、委中。

◇踝が痛むとき

・丘墟《きゅうきょ》の指圧

後ろ足にあるこのツボは、踝の腫《は》れと痛みによく効きます。

指圧、マッサージの思わぬ効果

指圧やマッサージの第一の効果は、血液やリンパ液の循環をよくすることです。すると、皮膚《ひふ》やその下にある筋肉組織に血液やリンパ液がよく行き渡り、疲れた筋肉をやわらげ、痛みを軽くします。また、血液循環がよくなると、年とったペットによくみられる、疲労して弱くなった筋肉を丈夫にすることもできます。

痛む場所別
腰　膝　踝が痛む

①居髎《きょりょう》　②環跳《かんちょう》（腰が痛む）
位置：腰のくぼみの前に居髎、後ろに環跳のツボがあります。
指圧法：ツボを押さえるか、丸く円を描くようにマッサージします。

膝眼《しつがん》（膝が痛む）
位置：膝頭の両側にあるエクボです。
指圧法：やさしくツボをつかむとよいでしょう。

丘墟《きゅうきょ》（踝が痛む）
位置：後ろ足の前部、第３指骨と第４指骨との間、外側腓骨《ひこつ》と呼ばれる骨のすぐ下。
指圧法：ツボを押さえます。

私は治療の一環として、いつも飼い主にマッサージの指導パンフレットを渡しています。獣医の治療と並行して自宅でマッサージをすると、回復を早めることができるのです。若い健康なペットにも、毎日、マッサージすることがあります。なぜかというと、指圧やマッサージには症状の悪化を防ぐためばかりではなく、からだのバランスの崩れを防いで、病気にならないようにさせる効果もあるからです。

飼い主たちのなかには、子どもたちにマッサージさせて、ペットには気分をよくさせ、子どもたちには責任感を与えている人もいます。ペットとふれ合うことで、人と動物の間に育つ信頼感はなにものにも代えられません。

指圧やマッサージは、ペットの緊張やストレスを取り除きますが、実は指圧やマッサージをするほうにも鎮静作用をもたらします。ワシントン大学獣医学部長であったレオバスタッド博士が１９８０年に発表した論文によると、動物をなでたり、さわったりすることが、人の血圧を下げ、自信を与え、健康や幸せを自覚させるというのです。いまでは、アメリカじゅうの老人ホームや学習・行動障害のある子どもたちの施設で動物にふれさせるプログラムが組まれています。お年寄りや子どもたちは、こうした訪問を心待ちにし、動物たちも愛される喜びを感じているということです。

前足の膝が痛む
前足首が痛む
後谿《こうけい》
位置：前足の外側、第4指にあるくぼみ、骨が指につながるちょうど上にあります。
合谷《ごうこく》
位置：前足の親指と最初の長い指との間にある膜の中。
指圧法：膜を上に向かって、10〜60秒間さすります。

◇前足の膝が痛むとき

ここは前足でかなり負担のかかる部分です。このあたりには関節をとりまく筋肉があまりありません。前足のまわりのマッサージがよいでしょう。指と手のひらで、やさしく膝の内側を丸くマッサージして、掃きだすような動きで、内側から外側に向けて膝の外側をマッサージします。これを8回繰り返します。

・合谷《ごうこく》の指圧

上半身のいちばん主なツボです。「風邪」による筋肉の痛みと「気」や「血」のとどこおりを治します。

これに加えて崑崙、陽陵泉を指圧してください。

◇前足首に痛みがあるとき

前足首のマッサージは、内側から始め、あたり一面をマッサージするのが効果的です。やさしく上下にマッサージしてもよいでしょう。

・後谿《こうけい》の指圧

前足にあるこのツボは、筋肉を弛緩《しかん》させ、精神を鎮静させます。ねんざや外傷といった急性の疾患にもよく効きます。

これに加えて合谷、曲池《きょくち》、崑崙、陽陵泉のツボを指圧してください。

肩が痛む

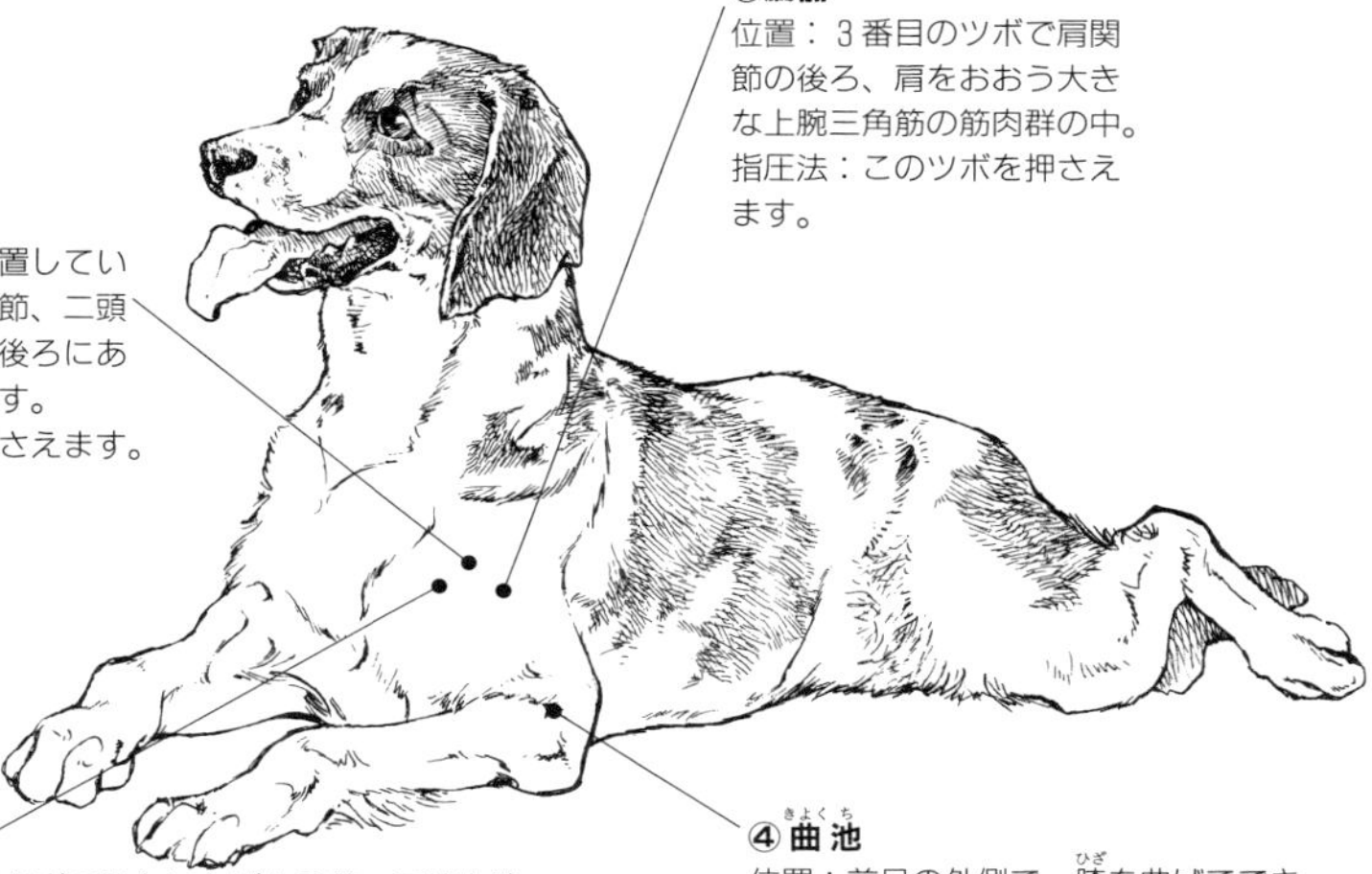

②肩髎《けんりょう》
位置：2番目に位置しているツボで、肩の関節、二頭筋の後ろ、肩峰の後ろにあるくぼみにあります。
指圧法：ツボを押さえます。

③臑兪《じゅゆ》
位置：3番目のツボで肩関節の後ろ、肩をおおう大きな上腕三角筋の筋肉群の中。
指圧法：このツボを押さえます。

①肩髃《けんぐう》
位置：肩の3つのツボのうちいちばん手前。肩峰と腕の主な筋肉である上腕二頭筋《じょうわんにとうきん》と上腕骨の頭部の間。
指圧法：ツボを押さえるか、小さな円を描くようにマッサージします。

④曲池《きょくち》
位置：前足の外側で、膝《ひざ》を曲げてできるシワのはし。
指圧法：ツボを押さえるか、小さな円を描くようにマッサージします。

◇肩が痛むとき

前足を手前に持ってきて、肩の位置を確認します。肩のツボは胸の高さにある肩の部分です。肩胛骨《けんこうこつ》は肋骨《ろっこつ》の脇に対して平らにあり、中央に高くなった個所があります。その尾根の麓《ふもと》の部分に、肩峰《けんぽう》と呼ばれる肩胛骨の外側の突起があります。肩峰は肩のはしにあるのです。肩関節はこの下にあり、上腕骨《じょうわんこつ》という長い腕骨の上にあるのです。ここにある筋肉と腱の間に3カ所のくぼみがあります。これらが肩の指圧のツボです。

①肩髃《けんぐう》の指圧
「湿」と痛みを肩から取り除くのに使われます。

②肩髎《けんりょう》の指圧
肩の痛みをとるのに使われます。

③臑兪《じゅゆ》の指圧
肩関節の痛み、歩行困難、前足の麻痺に使われます。

④曲池《きょくち》の指圧
前足にあります。前足を強くし、その部分から「熱」と「湿」を取り除きます。

これに加えて：崑崙、陽陵泉を指圧します。

肩の痛みは肩胛骨の間の筋肉がこることから生じます。肩胛骨のあたりから首にかけてのマッサージはとても有効です。

◇背中の関節炎と筋肉の痙攣

背中に障害が起きたら、すぐに獣医にみせなくてはなりません。椎間板《ついかんばん》損傷や外傷の場合は、専門的な治療が必要になってくることが多いからです。脊椎《せきつい》損傷を伴った脊椎の関節炎と診断されたら、現代医学では抗炎症剤の投与以外、効き目のある治療法はありません。ですから、獣医の処方に加えて、指圧が勧められます。背骨の両側に沿って、やさしく前後にマッサージしてやってください。寒くなると悪化するようなら、棒灸《ぼうきゅう》を使って筋肉を温めるのもよいでしょう。棒灸に火をつけたら、もう一方の手をペットの背骨に置いて、棒灸を動かします。棒灸をペットの上に置いた指先のちょっと先に置いて、熱さをはかりながら、毛をこがさないように温めます。棒灸は筋肉の痙攣《けいれん》や、寒くなると悪化する背中の痛みを減少させます。毎日欠かさず行うことが循環を促すのによい方法です。

背骨の施療といっしょに、背骨をリラックスさせる環跳、背中の上部をリラックスさせる風池《ふうち》（首の付け根）、太衝、足三里、委中、陽陵泉を加えてください。

◇椎間板障害の場合

椎間板はやわらかいスポンジ状の物質で、脊椎の間のクッションの役目をしています。これが傷つけられ、突き出したり腫れたりすると、背骨全体に圧力がかかって、痛みや感覚麻痺、背骨の麻痺を生じます。漢方では、椎間板の障害は弱まった腎臓の「陽気」が、背骨を温めたり、循環をさせたりすることができなくなって発生すると考えます。これは脾臓と肝臓に影響を与え、「湿」を増大させ、筋肉、腱、最後には骨に影響を及ぼすことになります。こういった状況がすでに存在していると、急激な運動が背中に痛みを与えたり、椎間板が裂けたり、腫れたりするわけです。

椎間板障害は緊急の事態であり、すぐに専門家の治療が必要になります。鍼《はり》で治療をしている獣医なら、鍼で治せるものか、現代医学による薬や手術が必要かを決めることができます。

傷んだ椎間板は治ってからも、その椎間板自体や周辺が、外傷や痛みに対してたいへん弱くなります。こうなると、慢性の椎間板の問題が起きてきます。傷んだ部分をかばうのはごく自然なことで、これがエネルギーであ

大杼《だいじょ》
位置：背骨の両側、肩胛骨《けんこうこつ》の前、1番目の肋骨《ろっこつ》の高さにあります。
指圧法：小さく円を描くようにマッサージします。
これに加えて陽陵泉《ようりょうせん》、崑崙《こんろん》、腎兪《じんゆ》、太衝《たいしょう》、足三里《あしさんり》が有効です。

る「気」や、栄養分である「血」のとどこおりを悪化させます。こうした問題が起きないようにするには、循環を活発にする必要があります。柔軟さを保つためには、背骨のあたりのマッサージとともに、骨と「気」を強くする次のツボ療法が効果的です。

一般の軽い背中のマッサージに加えて、次のツボ療法を行ってください。

・大杼《だいじょ》の指圧

背中にあるこのツボは、骨に影響力があり、骨の形成を補います。関節炎、背中の痛み、手足の麻痺に有効です。

薬草・漢方薬名	効能・作り方
ハトムギとシナモン	湿気をとるハトムギと、からだを温めてとどこおりをなくすシナモンが効く。各2グラムを1カップの水で煎じる。
麻杏薏甘湯《まきょうよくかんとう》	湿気の強い季節に悪化するタイプのリウマチによい。坐骨神経痛、腰痛にも効果がある。
芍薬甘草湯《しゃくやくかんぞうとう》	緊張感が強く、痙攣性の痛みを伴うリウマチによい。

●食事療法で治す

関節炎はさまざまな内臓の絡んだ複雑な疾患ですから、食事療法はそのペットに合ったものでなくてはなりません。ここにいくつかの例をあげることはできますが、あなたのペット自身がいちばんよい先生であるといえましょう。

よい骨をつくるにはカルシウム、リン酸塩、マグネシウムのバランスがとれていなくてはなりません。リウマチになってしまったら、カルシウムの補給は欠かせません。穀類はカルシウムに富み、野菜は骨の形成に必要な微量のミネラルを含んでいます。

乳製品は消化器官に湿気をもたらして、からだをけだるくさせることがあります。乳製品は肉同様、プロスタグランジンやロイコトリエンをつくり出します。これはアレルギー反応の原因になるアミノ酸の一種です。乳製品、肉、動物性脂肪は最小限におさえてください。でも、やせて衰弱したペットには少しは必要です。鶏肉や魚はよいタンパク源です。漢方の食事療法での鶏肉は温める食べ物なので、とくに寒いときに悪化するリウマチに効果的です。すぐにオーバーヒートするようなら魚のほうがよいし、野菜や穀類のタンパク質でもよいでしょう。

穀類は、寒くなると悪化するようなら、カラス麦、米、ライ麦のようなからだを温めるか中間のものを選んでください。呼吸が激しかったり、うろうろ歩き回ってイラだっているようなら、冷ます性質のある穀物のアワや大麦を選びます。

豆類では、少量のヒラマメ、エンドウマメ、黒豆、アズキかインゲンマメがお勧めです。豆類は利尿剤、また冷ます働きをもっていて、腫れた関節から余計な湿気を取り除きます。しかし、ダイズは「湿」をもたらすので、すでに湿気におかされている動物に与えるには十分な注意が必要です。豆類はカルシウムに富んでいるので、骨の形成に大いに寄与します。

野菜は有効なミネラルとビタミンBを含んでいます。アスパラガス、セロリ、パセリ、ブロッコリーは湿気を取り除きます。キャベツ、ニンジンは寒くなると悪化するリウマチによいでしょう。ニンニクやタマネギはペットの目が充血していたり、かゆがったりしていたら、最小限におさえます。

●若い犬の関節炎・食事療法で治す

関節炎は基本的に腎臓の「精（元気）」が弱いという問題ですから、患者は生まれながらに、他の兄弟よりも弱かったと考えられます。この場合、「精」の不足を補う薬草や少量の肉を食べさせます。鶏肉を選ぶとよいでしょう。最良の穀類はやわらかく炊いた玄米とカラス麦です。「熱」をもちやすいペットには、米とアワを混ぜたものをあげます。

●年をとった犬の関節炎・食事療法で治す

ペットが年とるにつれて、腎臓と肝臓にある栄養分である「血」と脾臓にある「気」が不足してきます。やせて虚弱なものには栄養を多めに与えることが必要です。これらの不足を補う薬草や食べ物を選びます。少量の肉、ゆで卵がよいでしょう。穀類は消化や腎臓を強くする助けになる米、カラス麦、大麦などにして、動物性タンパク質は食事量全体の15～20％にとどめます。豆類も消化によくないので量をおさえます。穀類はやわらかく炊き上げ、野菜は蒸して食べさせます。下痢《げり》症状のある場合は、下痢がおさまるまで野菜を控えめにするか、まったく野菜をメニューからはずしてしまいます。便秘症状のある場合には、野菜を増やしサツマイモを加えます。

●年をとった猫の関節炎・食事療法で治す

猫は犬よりも動物性タンパク質を必要とするので、ある程度しか動物性タンパク質を減らすことができません。鶏肉や少量の魚を使います。貧血症なら、「血」を強くし、からだを温めるために、少量の鶏の砂肝《すなぎも》を、1週間に1回食べさせます。内臓を用いる場合、必ず、地鶏や有機農業で育てたものを使うようにしてください。また、肝油あるいはイワシからとった不飽和脂肪酸がとくに勧められます。キャベツ、サツマイモ、サトイモなどは、やせて年老いた猫にむいています。猫はえり好みが激しいので、このようなものを与えても見向きもしないかもしれません。でもがっかりしないで、違った食べ物の組み合わせを試行錯誤して忍耐強くやってみてください。マッサージと薬草療法も猫がいやがらない程度にやってください。

皮膚の病気
外界の刺激からからだを守る

●皮膚の役割

皮膚《ひふ》は、外界の環境とからだの内側との境界線のような役割をしています。皮膚は呼吸しながら、さまざまな有害物を濾過《ろか》し、太陽の紫外線や、風、雨、雪からからだを守ります。皮膚の表面積は広いため、「風邪《ふうじゃ》」や「熱邪《ねつじゃ》」、そして内部の体液が不足してつくられる「熱」などに反応しやすい器官です。皮膚が「熱」に反応すると乾いてきます。健康なうるおいのある皮膚の状態を保てるかどうかは、消化器官の栄養物がからだの表面に行き渡っているかいないかで決まります。土地がひび割れて乾いたり、水浸しになったりするのと同様、皮膚にも干ばつや洪水、凍えなどがあれば影響が現れます。

●なぜ皮膚は乾燥してかゆくなるのか

「風邪」は乾燥させる性質に加えて、場合によってはゾクゾクする寒気や、熱さ、痛みを感じさせます。かゆみも「風邪」がもってきます。「風邪」の影響を受けやすいペットは生まれつきか、食事や環境のせいで「血」や体液、つまり水分の不足があるものです。体液が不足すると皮膚に栄養が行き渡らないので、不健康で乾いて見えます。乾燥した風の強い地方に生活している場合は、体液はもっと少なくなってしまいます。

漢方では肝臓《かんぞう》が「風邪」にかかわり、肺は空気の乾燥にかかわっています。ですから皮膚の問題の多くは肝臓の栄養分である「血」や、肺の体液と深い関係があります。

ある種の皮膚の疾患は、肝臓からの過剰な内部の「熱」が原因となっています。脂肪分の多い肉や、鶏肉や魚介類は内部の「熱」をつくり出し、循環を停滞させて、体液を使い果たしてしまいます。

ストレスも同様で、人にせよペットにせよ、家に閉じ

こめられていることからくるイラだち、運動不足、ひとりぼっちで留守番をしていることからくる退屈などが原因で、体液を使いきってしまうこともあるのです。

　肺の体液、つまり水分や、肝臓の栄養分である「血」が少ないと、皮膚は乾き、フケっぽくなってかゆくなります。毛皮は埃《ほこり》っぽく、薄くなり、黒や灰色が茶色っぽくなったり、明るい色が白髪になったりというふうに色が褪《あ》せてしまうこともあります。肝臓が「血」の流れをスムーズに調整したはずの睡眠後には、症状が悪化しやすくなります。朝起きたときや、昼寝のあとに皮膚をかきむしっているペットをみたことがあるでしょう。しかも、鼻が乾いて、ひび割れていたり、ふだんは考えられないほどイラだっていたり、頑固になっていることがあります。

　からだの抵抗力を支配している肺が弱くなると、疥癬《かいせん》を含めた細菌やかびに冒されやすくなります。軽い疥癬は、赤みやカサブタはなく、毛がなくなったり、乾いてかゆいという症状をみせます。

●一般の皮膚治療の知恵

　漢方での皮膚治療はからだの「熱」を冷ますか、栄養分である「血」を増加させることによって、かゆみのもとである「風」をおさめることが基本です。よくブラシをかけてやるとか、毎日のマッサージは循環を活発にするよい方法です。皮膚細胞は3～4週間に一度、生まれ変わります。乾いた古い皮膚のフケは取り除いたほうがよいのです。

　シャンプーをするとペットの皮膚は、もっと乾燥してしまいます。ですからシャンプーは、乾いた皮膚の犬は暑いときでは3～4週間おき、寒いときには2カ月おきくらいにしましょう。皮膚の乾燥した猫の場合は、ブラシを毎日でもかけてやり、シャンプーはほんの時たまにしたほうが、猫にとっては楽なのです。

皮膚がかゆい
しょっちゅう皮膚を噛んでいる

●症状の現れ方

ペットの皮膚《ひふ》が乾燥して、フケが多くなったように感じたことはありませんか。それにしょっちゅう皮膚を噛《か》んでいたり、床や地面にからだをこすりつけていませんか。こんなときは皮膚が乾燥してかゆくなっているのです。

皮膚の乾燥とかゆみの原因は、漢方では「風邪《ふうじゃ》」が起こすと考えています。この「風邪」の影響を受けやすいのは、栄養分である「血」や体液が不足しているペットです。肝臓《かんぞう》に蓄えられている「血」が不足したり、肺や腎臓《じんぞう》が支配している体液が減少しているときは、治療は塗り薬などで皮膚そのものを治療するだけでなく、肝臓、肺、腎臓の機能を高めて、からだの中から治していくことを心がけます。

●運動させるとかゆみが軽くなる

人間でもペットでも、かゆいとイライラします。ですから、治療には精神を鎮めることも含まれます。ほとんどの漢方医は、精神的なイラだちを治すことが現実のかゆみを治す成功率の高い治療法と考えています。ですから薬草や正しい食事療法、ツボ療法のほかに、毎日の規則正しい運動をぜひともお勧めします。猫の運動には紐《ひも》を追いかけさせたり、マタタビ入りの鼠《ねずみ》のおもちゃと遊ばせたりするのがよいでしょう。

ある飼い主は猫を外に出して、猫が家に入るためには木に登り、窓から入ってこなければならないようにしていました。もうひとりは休憩なしに30分間犬を走らせることで、かりかりかくのをやめさせられたということです。犬は疲れてかくのを忘れてしまったのです。漢方では、「気」のとどこおりに関係しているかゆい皮膚は、運動をすることで楽になるといっています。

●ツボ療法で治す

からだ全体をよくマッサージしてあげると、エネルギーである「気」や、栄養分の「血」のとどこおりが改善されます。皮膚がかゆくなりやすい犬や猫は、毎日、必ずマッサージしてあげましょう。それに加えて、次にあ

①風池《ふうち》
位置：頭の後ろで、耳の下と背骨の間、首の両側にあるくぼみの中。
指圧法：ここを20秒間押します。
④列缺《れつけつ》
位置：前足首内側のすぐ上。橈骨《とうこつ》のはしで小さいくぼみの中。
指圧法：小さく円を描くように、ツボと前足首の内側あたりをマッサージします。
②三陰交《さんいんこう》
位置：後ろ足の内側で脛骨《けいこつ》の後ろ、アキレス腱《けん》の始点の下。
指圧法：小さく円を描くようにマッサージします。
③合谷《ごうこく》
位置：前足の親指と第１指脇の膜の中。
指圧法：やさしくここをつかみます。

げるツボを指圧、マッサージしてください。

①風池《ふうち》の指圧

後頭部にあるこのツボは、体内の「風邪」を追い払うのに役立つツボです。イラだっている神経をなだめるのにも効果的です。

②三陰交《さんいんこう》の指圧

後ろ足にあるこのツボは、肝臓、腎臓、脾臓《ひぞう》の「血」と体液に栄養を与え、からだに体液をもたらします。

③合谷《ごうこく》の指圧

前足にあるこのツボは、頭部と上半身疾患の主要なツボです。「風」を散らし、からだの抵抗力を強めます。鼻のまわりのかゆみや乾きに効果があります。

④列缺《れっけつ》の指圧

前足にあるこのツボは、「風」を散らし、肺の「湿」を調整します。

●薬草療法で治す

冷たくしたカミツレやハコベの煎じ液はかゆみを除き、皮膚を快適にし、栄養を与えます。

いずれも乾燥させたものを２グラム、１カップの水で煎じてこしたものを冷まし、１日２～３回皮膚に塗ってあげます。

カサブタができ皮膚がにおう

イライラして冷たいところにいたがる

●症状の現れ方

体内の乾きがひどくなると、「熱」がさらにはびこってきます。多くは「虚熱《きょねつ》」といわれる内部の「熱」や炎症で、こうなると肝臓《かんぞう》や肺に蓄えられた水分である体液や、栄養分である「血」が確実に減っていきます。ペットに落ち着きがなくなり、さわると熱く、しじゅう噛《か》んだり、なめたり、引っかいたりするため、乾いて赤い発疹《ほっしん》や、血のにじんだカサブタができます。皮膚《ひふ》は赤くでこぼこになって、くさいにおいがしだします。においが強いほど、内臓に健康な体液が行き渡っていない証拠です。

「熱」が増すほど、渇きが激しく落ち着きがなく、イライラしてきて、冷たいタイルの床や木陰にいたがるようになります。犬の場合は呼吸が激しくなり、舌は濃いピンクか赤になりますが、体液が不足しているために乾いてみえ、舌苔《ぜったい》はほとんどありません。

栄養分の高い食べ物をあげすぎていたり、あまり怒ってばかりいたりすると、肝臓の「気」がとどこおり、停滞や「熱」を起こします。カサブタは肝臓が助けを求めているしるしで、正気を失ったように引っかくようになります。体内の「熱」が大きいほど、においもひどくなります。

不機嫌さやイラだちは乾燥した状態より、なおいっそう悪くなります。肝臓の「熱」がさらに多くなると、舌は赤く、黄色い舌苔ができます。

治療は皮膚にある「熱」を冷まし、かゆみを起こす「風邪《ふうじゃ》」を取り払い、からだのバランスを取り戻すことを目的に行います。その症状の重さや病気にかかってからの日数によりますが、内臓を元のバランスに戻すには、けっこう時間がかかると考えておいてください。

●ツボ療法で治す

①風池《ふうち》の指圧

後頭部にあるこのツボは「風」を除き、ペットをおだやかにするのに使われます。

②曲池《きょくち》の指圧

前足にあるこのツボは上半身の「熱」を除き、抵抗力を強くします。前足の合谷《ごうこく》といっしょに使うことができます。とくに上半身を引っかいてばかりいて、患部が赤い、発疹、カサブタなどによく効果を現します。

③行間《こうかん》の指圧

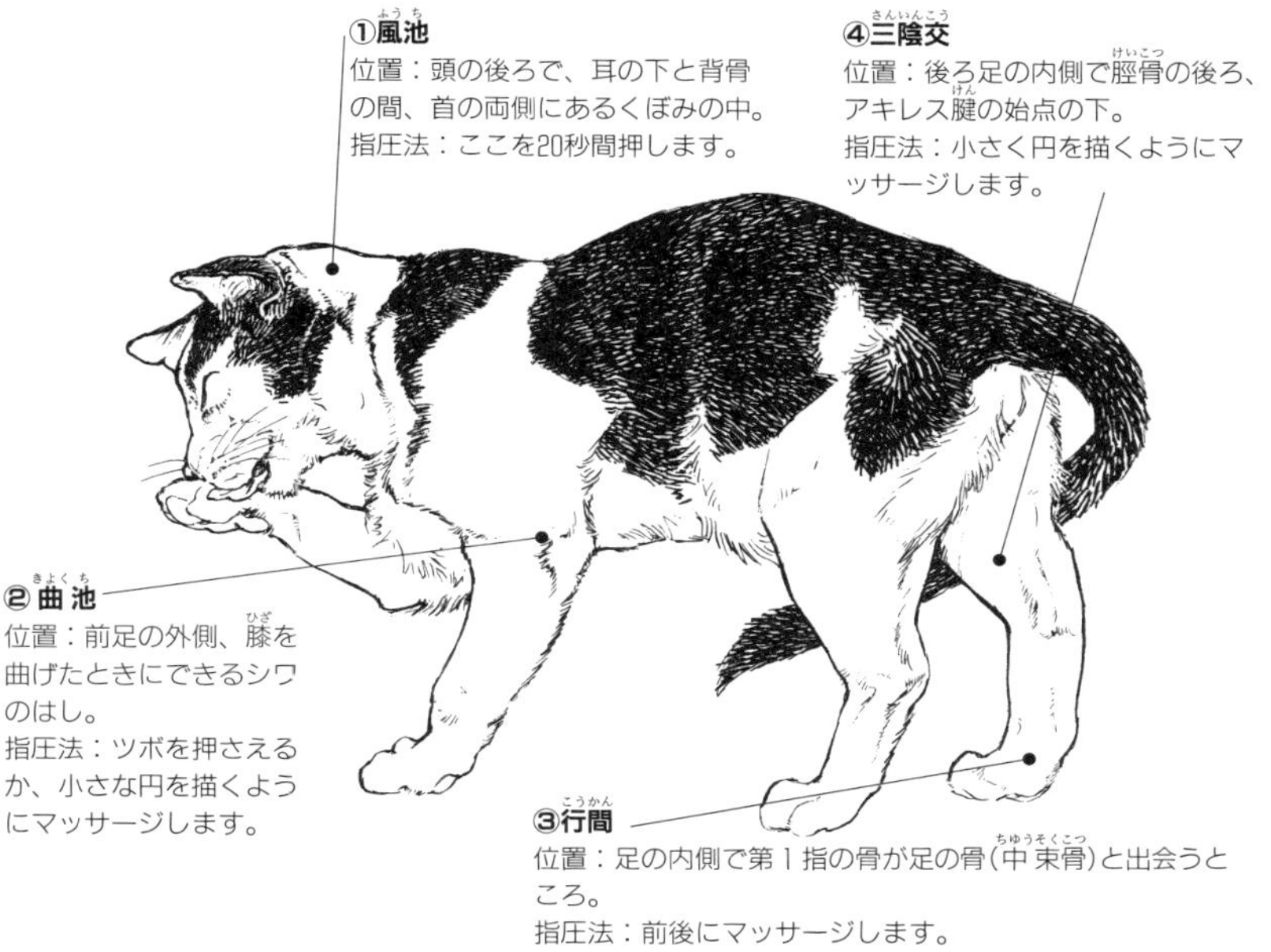
①風池《ふうち》
位置：頭の後ろで、耳の下と背骨の間、首の両側にあるくぼみの中。
指圧法：ここを20秒間押します。
④三陰交《さんいんこう》
位置：後ろ足の内側で脛骨《けいこつ》の後ろ、アキレス腱《けん》の始点の下。
指圧法：小さく円を描くようにマッサージします。
②曲池《きょくち》
位置：前足の外側、膝《ひざ》を曲げたときにできるシワのはし。
指圧法：ツボを押さえるか、小さな円を描くようにマッサージします。
③行間《こうかん》
位置：足の内側で第1指の骨が足の骨（中束骨《ちゅうそくこつ》）と出会うところ。
指圧法：前後にマッサージします。

後ろ足にあるこのツボは、肝臓から「熱」を取り除き、「気」と「血」の流れをよくするのに効果があります。「熱」でイラだち、喉が渇き、首のまわり、内股《うちまた》、背の後部、足にできものがある動物に使われます。曲池と併用します。

④三陰交《さんいんこう》の指圧

後ろ足にあるこのツボは、「血」を増やしバランスをととのえるために使われます。「熱」がなくなるにつれ、炎症やカサブタが消えていきます。かゆみもそのうちになくなりますが、皮膚は乾いてみえるかもしれません。その場合は、先に述べた乾燥に対するツボ刺激を行っていきます。

薬草・漢方薬名	効能・作り方
ラベンダー	このエッセンシャルオイルは循環を活性化し、皮膚の「熱」を冷ます。10倍に薄めたものを患部に塗る。
温清飲《うんせいいん》	皮膚ががさがさして、熱をもっている場合によい。強いかゆみも取り去る。慢性化したものにもよい。
白虎加人参湯《びゃっこかにんじんとう》	皮膚に「熱」をもち、かゆみが強く、喉が渇いてよく水を飲むペットによい。

じゅくじゅくした湿疹がある

からだがくさくなり潰瘍ができることも

●症状の現れ方

あなたのペットは運動したあと、汚れた靴下のようなくさいにおいがしませんか。湿疹《しっしん》ができていて、血液や粘液をベッドやソファにつけませんか。黄色っぽい茶色で、分厚く、薄くはがれるカサブタがありませんか。これらは動物が「湿」と「風」が原因の皮膚炎《ひふえん》にかかっていることを示しています。ということは、脾臓《ひぞう》も原因のひとつになっているという兆候です。

五行《ごぎょう》の体系では、肝臓《かんぞう》が脾臓を支配し、脾臓が腎臓《じんぞう》を支配しています。腎臓は肝臓に湿り気を与え、肺は腎臓にうるおいを与えます。かゆみ、皮膚潰瘍《ひふかいよう》、分厚い湿ったカサブタ、止まらないかゆみ、かびくさい体臭といった、「血」や体液のにじむ発疹《ほっしん》には、4つの内臓がかかわっています。それは腎臓、肝臓、脾臓と肺です。

現代医学ではこうした症状をコルチゾンと抗生物質で治療します。病名としては慢性ブドウ球菌感染、にきび、発疹、かびの感染症、乾癬《かんせん》、湿疹などと呼ばれます。

これは、ペットにも飼い主にもみじめな状況です。ペットは慰められたりなでられたりしたいのですが、飼い主にとっては、あまり気持ちのよいものではありませんから躊躇《ちゅうちょ》してしまいます。食欲はがつがつ食べるときと、さっぱり食べないときの両極端です。脾臓が食べ物からエネルギーである「気」と、栄養分である「血」をつくる役目をしていますが、脾臓が傷つくと消化できなくなってしまい、腹部の膨張、ガスの発生、嘔吐《おうと》の原因になります。そして、けだるく疲れやすくなってしまいます。

●ツボ療法で治す

治療は「血」を活性化して「熱」を除き、湿気を乾かし、「風邪《ふうじゃ》」を取り去ることです。皮膚を治してから、肝臓と脾臓のバランスを取り戻し、調和させます。

①大椎《だいつい》の指圧

首の付け根にあるこのツボは、「風」を除き、「陽気」を増やして、「気」や「血」の停滞を減少します。同時に精神をなだめて、逆上したりイライラしないようにする効き目もあります。

②曲池《きょくち》の指圧

前足にあるこのツボは「熱」と「風」を除きます。

③委中《いちゅう》の指圧

後ろ足にあるこのツボは、下半身の「熱」を除き、後

①大椎《だいつい》
位置：背骨のいちばん最後の頸《けい》椎《つい》といちばん最初の胸椎《きょうつい》の間にあるくぼみ。
指圧法：軽く指先で前後にマッサージします。
③委中《いちゅう》
位置：後ろ足の膝《ひざ》の裏の中央。
指圧法：ツボを押さえるか、小さな円を描くようにマッサージします。
⑤血海《けつかい》
位置：後ろ足の膝の上、股筋の出っ張ったところ。
指圧法：正確な場所を説明するのはむずかしいので、腿《もも》の内側、膝近くを円を描くようにマッサージすれば、ツボもカバーできるはずです。
④三陰交《さんいんこう》
位置：後ろ足の内側で脛骨《けいこつ》の真後ろ、いちばん大きな筋肉から伸びたアキレス腱《けん》の始点のすぐ下。
指圧法：小さく円を描くようにマッサージします。
②曲池《きょくち》

ろ足の「気」や「血」の循環をよくします。

④三陰交《さんいんこう》の指圧

後ろ足にあるこのツボは体内の「湿」を調整します。血がにじむ、にじまないにかかわらず、カサブタのある発疹に効きます。「熱」を冷まし、紫色をした蕁麻疹《じんましん》にも、膝《ひざ》の上の内側にある血海《けつかい》のツボといっしょに使うと効果があります。

⑤血海の指圧

後ろ足にあるこのツボは、「血」と「気」に栄養を与え調和させます。「熱」を冷まし、蕁麻疹や「熱」をもったカサブタのあるできものにも効き目があります。右記のように三陰交と併用します。

薬草・漢方薬名	効能・作り方
紫雲膏《しうんこう》と田七末《でんしちまつ》	漢方の軟膏、紫雲膏を患部に塗り、その上から田七末を振りかけると早く皮膚ができる。いずれも漢方専門薬局で求められる。
越婢加朮湯《えっぴかじゅつとう》	患部がじゅくじゅくして、かゆみの強い場合によく効く。

できものができる

気が狂ったように皮膚を噛む

●症状の現れ方

できものは、通常、湿ったものが多いのですが、なかには乾いたものもあります。突然皮膚《ひふ》にできて、ペットは正気を失ったように噛《か》んだりなめたりします。鼻をつくにおいもあります。毛の下にはカサブタができ、黄色っぽいべたつく膿《うみ》に取り囲まれているでしょう。周辺はとても過敏になっているので、ときには治療させるどころか、みることさえいやがるかもしれません。膿がなくて、血が出る潰瘍《かいよう》になっていることもあります。

べたついてじゅくじゅくしたできものは、湿り気のある「熱」の産物です。炎症が起きて潰瘍を生じ、血が出ているのは、「風邪《ふうじゃ》」の「熱」の産物です。

この場合、どこにできているかが重要で、その場所にかかわる経絡《けいらく》や関節を見分けてください。これらはふつう、からだの弱っている部分で、エネルギーである「気」や「熱」の循環が停滞しているところにできるようなのです。前足あたりにできたとしたら、首のあたりの障害に関係しているかもしれませんが、後ろ足の場合は腰や背の後部の障害と関係しています。なぜなら、その周辺の経絡とかかわっているからです。こうして原因となる可能性のある部分をつきとめてください。

下半身の左側だとしたら、結腸の障害を示しているといえます。その反対側は小腸を示しています。多くの場合、腰まわりや踝《くるぶし》、膝《ひざ》、肘《ひじ》、前足首に障害のある部分があります。できものを治療してから、その底辺にある原因をさぐりあて、治療を行ってみてください。

●ツボ療法で治す

治療は「熱」と余分な水分を取り除き、かゆみの原因の「風邪」を追い払い、循環を活発にさせます。

①風池《ふうち》の指圧

後頭部にあるこのツボは「風」を除き、かゆみをやわらげます。

②曲池《きょくち》の指圧

前足にあるこのツボは「熱」と「風」を除きます。

③委中《いちゅう》の指圧

後ろ足にあるこのツボは、下半身の「熱」を除き、後ろ足の「気」や「血」の循環をよくします。

これらのツボで「熱」と痛みをやわらげ、その後できものを治療することができます。

●手当てはこうしよう

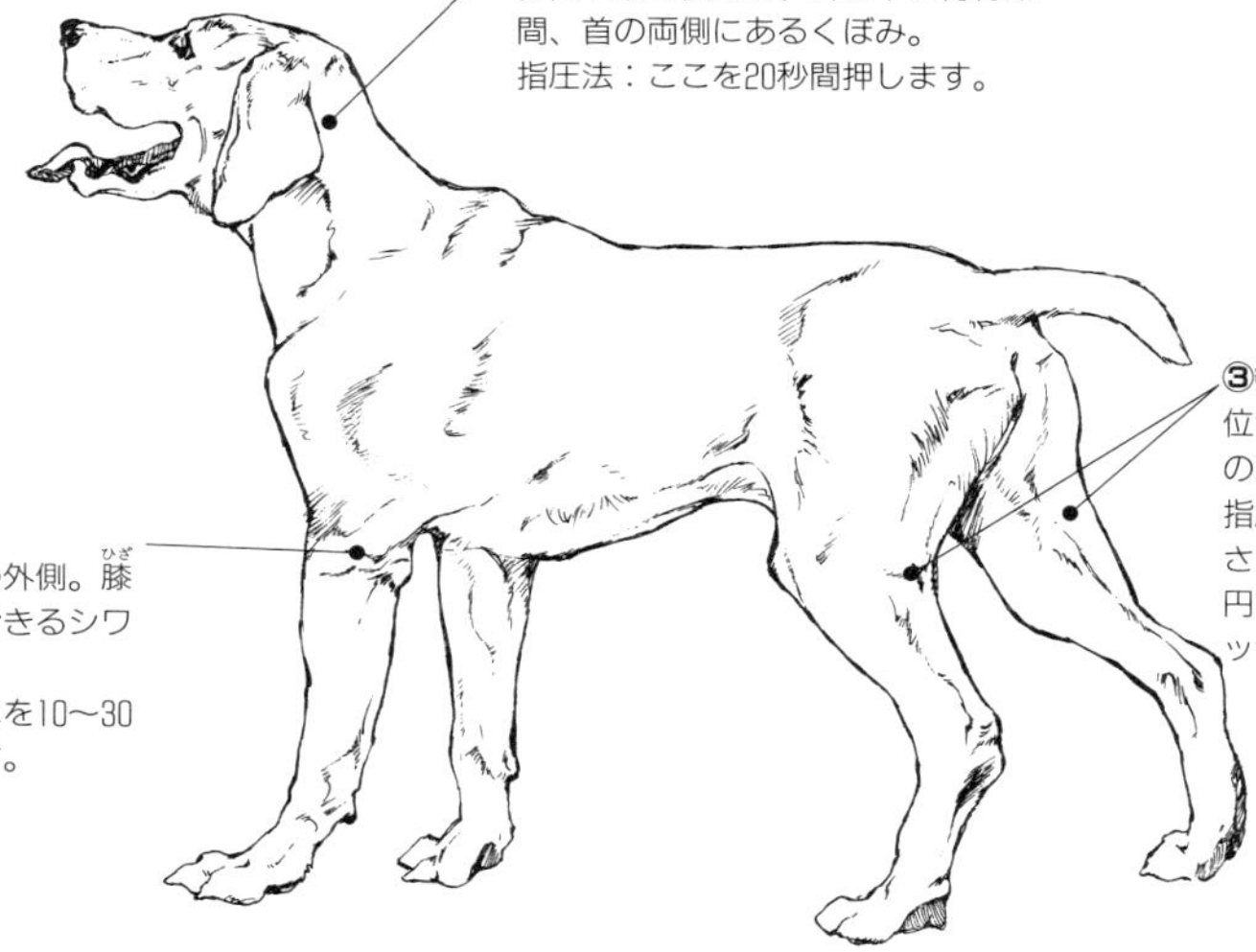

①風池《ふうち》
位置：頭の後ろで、耳の下と背骨の間、首の両側にあるくぼみ。
指圧法：ここを20秒間押します。

②曲池《きょくち》
位置：前足の外側。膝《ひざ》を曲げるとできるシワのはし。
指圧法：ここを10〜30秒間押します。

③委中《いちゅう》
位置：後ろ足の膝の裏の中央。
指圧法：ツボを押さえるか、小さな円を描くようにマッサージします。

周辺の毛を刈って、できものを露出させます。さわるとひどく痛むので、直接、軟膏《なんこう》や薬液を塗るよりも、スプレーしたり振りかけたりするほうがいいかもしれません。オオバコやカミツレの煎じ液を常温に冷ましたものを、できるだけたくさんスプレーして患部を洗浄します。できものが乾いていれば、アロエゼリーにラベンダーオイルを1滴落としたものを塗ります。できものが治ったら、オオバコとキンポウゲの液を使って患部を浸すと予後の改善を早めることができます。キュウリのしぼり汁も、できものの熱を冷まします。

ふつう、できものを治すにはこのような手当てで十分です。しかし、できものがなかなか治らないようなら、獣医に相談してください。

薬草・漢方薬名	効能・作り方
ドクダミ	生のドクダミには強い殺菌作用がある。生の葉をもんで汁をしぼり、その汁をつける。
十味敗毒湯《じゅうみはいどくとう》	膿をもつようなできものによく効く漢方薬。腫《は》れ、かゆみ、赤味の強い症状によい。

噛まれた傷・ノミの問題

深い噛み傷はじっくり治す

●噛み傷の手当

傷口を、まずオキシフルできれいにします。そして1日3～4回、2日間、オオバコの煎じ液で湿布します。こうすると傷口が消毒され、膿《うみ》を出しやすくすることができます。

噛まれたばかりのときには、傷口を早くふさいでしまうような薬剤は使ってはいけません。深い噛み傷の場合は、もし皮膚《ひふ》の下のほうにある組織が治らないうちに表面が治ってしまうと、傷口に酸素がなくなり、バクテリアが繁殖して炎症を起こしてしまうからです。

炎症が起こってしまうと、傷口をまた開いて、膿を出さなければなりません。このようなときはたいてい獣医を受診すると思いますが、もし獣医がいない場合には、ぬるめの塩湯の湿布を1日4～5回行うと、傷口を開けることができます。

膿瘍《のうよう》は細菌が繁殖して熱をもっています。もし患部が頭に近いときは、緊急の手当てが必要です。このような場合は、必ず獣医にみてもらわなければいけません。

漢方薬は排膿散《はいのうさん》がよく効きます。

●ノミに関するさまざまな問題

多くの皮膚の疾患は、ノミのアレルギーから起こります。漢方獣医たちはペットがノミアレルギーにかかるのは、ペットのからだにそれなりの受け入れ態勢があるからだと言います。つまり、ペットの肝臓《かんぞう》と腎臓《じんぞう》の「血」が不足していて、それが停滞を起こさせ、「熱」と「風」が生じるからだという意味です。

ペットの皮膚を強くするのに、いままでに述べた治療法を行うと、アレルギー性反応を緩和することができます。ニンニク、キャベツ、ニンジンを含む健康な食事療法は肝臓をきれいにして強くします。

もちろん、ノミを減らすこともこの治療の一環です。しかしここで私が言いたいのは、からだじゅうノミだらけになっていない限り、ノミアレルギーは単なるノミという寄生虫から派生している問題ではないということです。こうした症状は、ペットの側にそれなりのアレルギーを起こす状態がすでにあったということなのです。これが、ノミを退治してしまったあとにも、アレルギーが治らないことがある理由です。

日を決めて、ノミとり粉でノミ退治をすることをお勧めします。皮膚用にはヒマラヤスギ、お茶の葉、ユーカリ、ラベンダーなどから抽出したオイルがノミの予防になります。オイル10滴にオリーブオイル茶さじ1、1カップのぬるま湯を混ぜ、よく振ってスプレーします。

●栄養補助食品で治す

傷の治りをよくするため、またノミが多少いてもノミアレルギーにならないようにするために、次の栄養補助食品をあげるとよいでしょう。

・ビタミンC

猫と小型犬は1日250ミリグラム、中型犬と大型犬は1500ミリグラムまでを目安にあげます。下痢《げり》症状が起こったら用量を減らします。

・ビタミンE

抗炎症剤として効果が望めます。猫と小型犬は1日に50IU、中型犬には200IU、大型犬は400IU。

・ビタミンA

肝油として小さじ半分を1日おきに。

・ミネラル類

ノリ、ワカメの粉末を、猫や小型犬は1日に茶さじ4分の1、中型犬や大型犬は茶さじ1。

・アルファルファ

猫や小型犬は1日に茶さじ4分の1、中型犬や大型犬は1日に茶さじ1。

指圧の方法

指圧の方法にはいくつかありますが、筋肉の種類によって使い分けることができます。腹部や首、背中などの大きな筋肉群に適しているのは、手のひらや指先でなでる方法です。圧力はほどほどに、ペットが気持ちがいい程度にします。強すぎればペットは逃げようとするでしょうし、弱すぎればからだをすり寄せてくるはずです。ほとんどのペットはこの方法が大好きです。

もうひとつの方法は、指先で押す方法です。肩胛骨《けんこうこつ》の間、前足の指の間のほか、胸中央から腹部にかけて行うときに適します。通常、指先をツボに当てて、3秒間くらい前後にマッサージします。ただし、胸や腹部の場合は、あまり圧力をかけてはいけません。ペットが気持ちよさそうにしているかどうか確かめながら行ってください。

もし背中の筋肉が岩のようにかたくなっていたら、ロックンロール法というもうひとつのテクニックを使います。ペットをリラックスした状態で腹ばいにさせ、両手のひらを左右の肋骨《ろっこつ》の上部に置き、ペットのからだをやさしく前後に揺らし、次にやさしく左右に揺らすことを繰り返します。こうした交互のやさしい揺れを繰り返すと、筋肉のこりをほぐすことができます。

免疫組織と分泌腺

「気」が弱まると免疫力も衰える

●分泌腺というものと漢方

分泌腺《ぶんぴせん》は体温、消化、性機能、ホルモン、細胞の新陳《しんちん》代謝《たいしゃ》や抗体をコントロールしていて、まるで複雑な機械の歯車のような働きをしています。ここに故障やバランスの崩れがあると、さまざまな病気が起こります。

分泌腺は扁桃腺《へんとうせん》、唾液腺《だえきせん》、胸腺《きょうせん》、副腎《ふくじん》、卵巣《らんそう》、前立《ぜんりつ》腺《せん》、膵臓《すいぞう》、リンパ節を含みます。漢方では分泌腺の健康を保っているのは、腎臓《じんぞう》にある「陽気」と三焦《さんしょう》の働きと考えています。腎臓にある「陽気」にはからだを温める作用があり、三焦の経絡《けいらく》も同様の役割を担っています。

腎臓にある「陽気」は底辺にある免疫組織《めんえきそしき》（漢方では「衛気《えいき》」という）をつかさどっており、生まれながらに決まっている腎臓の「精（元気）」から派生したものです。三焦とは漢方独特の考え方で、からだの中間管理職のような働きをしているところです。からだを3つに仕切り、あるいはからだの仕切りの間に流れる体液の循環をなめらかにする働きを監督し、調整しています。ここでいう3つの仕切りとは、胸、中腹部、下腹部のことです。この三焦にはホルモンを調整したり、免疫組織を指揮する働きもあります。からだの表面近くを流れる「衛気」は外界からの強い風、熱、寒さ、病原菌などを防いでいます。

腎臓と三焦を助ける臓器といえば肺と脾臓《ひぞう》です。このいずれかがバランスを欠くと、臓器に必要な「血」と「気」をスムーズに流している肝臓にも影響を及ぼします。

●免疫組織と生命

免疫組織はからだの機構すべてに影響を与えており、それぞれの生命力あるいは「気」に密接に関係していま

す。「気」が弱まると、すぐさま免疫組織に衝撃を与えます。「気」には生まれながらの腎臓にある「先天の元気」と、食べ物やまわりの空気からつくり出される「後天の元気」がありますが、「気」の弱まりは病気に対する抵抗力を失わせます。「気」はまた、「血」や分泌液を循環させているので、「気」が弱まると免疫組織が弱まり、生命力に影響することはよく知られています。

漢方では、リンパ液は「血」に含まれるものです。リンパ液というのは白血球を運んだり、消化を助けたり、からだじゅうの有毒物質をきれいにする性質をもっています。

現代社会は、科学の進歩の代償として、水や土地、食べ物に汚染をもたらしています。これらの汚染は免疫組織や分泌液に影響を与えており、健康を保とうとするからだと絶え間なく戦っているのです。

●甲状腺とは

甲状腺《こうじょうせん》とは、からだの新陳代謝全般を管理するホルモンを出しているところです。心臓の鼓動《こどう》、消化の速度、消化器官を通しての動きや排泄《はいせつ》、皮膚《ひふ》細胞の代謝、からだの温度管理を補助しています。首の両側にある、人でいえば、喉仏《のどほとけ》にあたる喉頭部《こうとうぶ》近くにあります。甲状腺に起こる2つの基本的なバランスの欠如は、甲状腺機能低下症《こうじょうせんきのうていかしょう》と呼ばれる機能不全か、甲状腺機能亢進症《こうじょうせんきのうこうしんしょう》と呼ばれる過剰機能です。どちらの症状も腎臓、脾臓あるいは三焦にある「陽気」の異常から起こります。肝臓の過剰活動と異常から起きていることもあります。

新陳代謝が遅くなっている甲状腺機能低下症の場合は、胃に食べ物が入ると、十分な消化液が分泌されるまでに時間がかかり、その間、食べ物は消化器官を動いていけません。そして食べ物がやっとのことで大腸に達するまで、消化器官のあちこちを右往左往することになります。これらの長居しすぎた食べ物は簡単に排泄されなくなります。

これが甲状腺機能亢進症にかかっている動物の場合には、まったく逆の筋書きになってきます。食べ物がまるでジェットコースターに乗っているようなもので、消化液が働かないうちに胃を超特急で走り抜けてしまいます。吸収され、からだに使われるエネルギーになるどころか、大部分が未消化のままで、食べ物が大腸に下りていってしまいます。その結果、ちゃんと生成されない便が特急のように排泄されます。

甲状腺機能低下症

中年のペットがかかりやすい

●症状の現れ方

甲状腺《こうじょうせん》の機能が低下すると疲れやすくなったり、皮《ひ》膚《ふ》が乾いてフケっぽくなり、毛が固まって抜けおちることがあります。皮膚がたるんで分厚くなり黒ずむこともあり、とくに尾の付け根あたりがぼってりとしてきます。

この病気にかかったペットの多くは、食べ物をみただけでお腹がいっぱいになったようなそぶりをします。鳴き声は弱々しくてしわがれ、性欲減退、不妊症《ふにんしょう》、便秘が起こり、理屈ぬきに寒さを嫌います。甲状腺はからだの上部にあるので、肺と関係があり、第一線の免疫組織《めんえきそしき》としてからだを防御しているのです。通常、中年のペットがかかるものですが、若い純潔種、とくにゴールデンレトリーバー、ダックスフント、ドーベルマンがかかることもあります。

●こうして治療する

甲状腺機能低下症《こうじょうせんきのうていかしょう》はからだが弱って、温める能力が低下している状態ですから、治療は腎臓《じんぞう》にある「陽気」を強め、「気」と「血」を強くすることにあります。

「気」と「陽気」はからだを温めて、分泌液《ぶんぴえき》、消化器官を働かせ、それによって新陳代謝《しんちんたいしゃ》や甲状腺の働きを支えているのです。

症状が軽い場合でも、ツボ療法、薬草療法、食事療法の全部の治療が甲状腺機能を向上させるのに必要です。もっと重い症状になると、獣医はふつう甲状腺分泌薬を処方します。この治療を補うために漢方を処方すれば、さらに効果的です。甲状腺分泌薬を与えるだけでは奥底にある腎臓、脾臓《ひぞう》、三焦《さんしょう》にある「寒」や機能低下は改善されないのです。

●ツボ療法で治す

①復溜《ふくりゅう》の指圧

後ろ足にあるこのツボは、腎臓の「陽気」と「気」を調整します。

②気海《きかい》の指圧

腹部にあるこのツボは、腎臓の「陽気」を強め、脾臓の「気」と「陽気」、三焦の「気」を強くします。

③三焦兪《さんしょうゆ》の指圧

背中にあるこのツボは、三焦経の機能のバランスをととのえるために使われます。

④足三里《あしさんり》の指圧

後ろ足にあるこのツボは、消化と「血」を管理するか

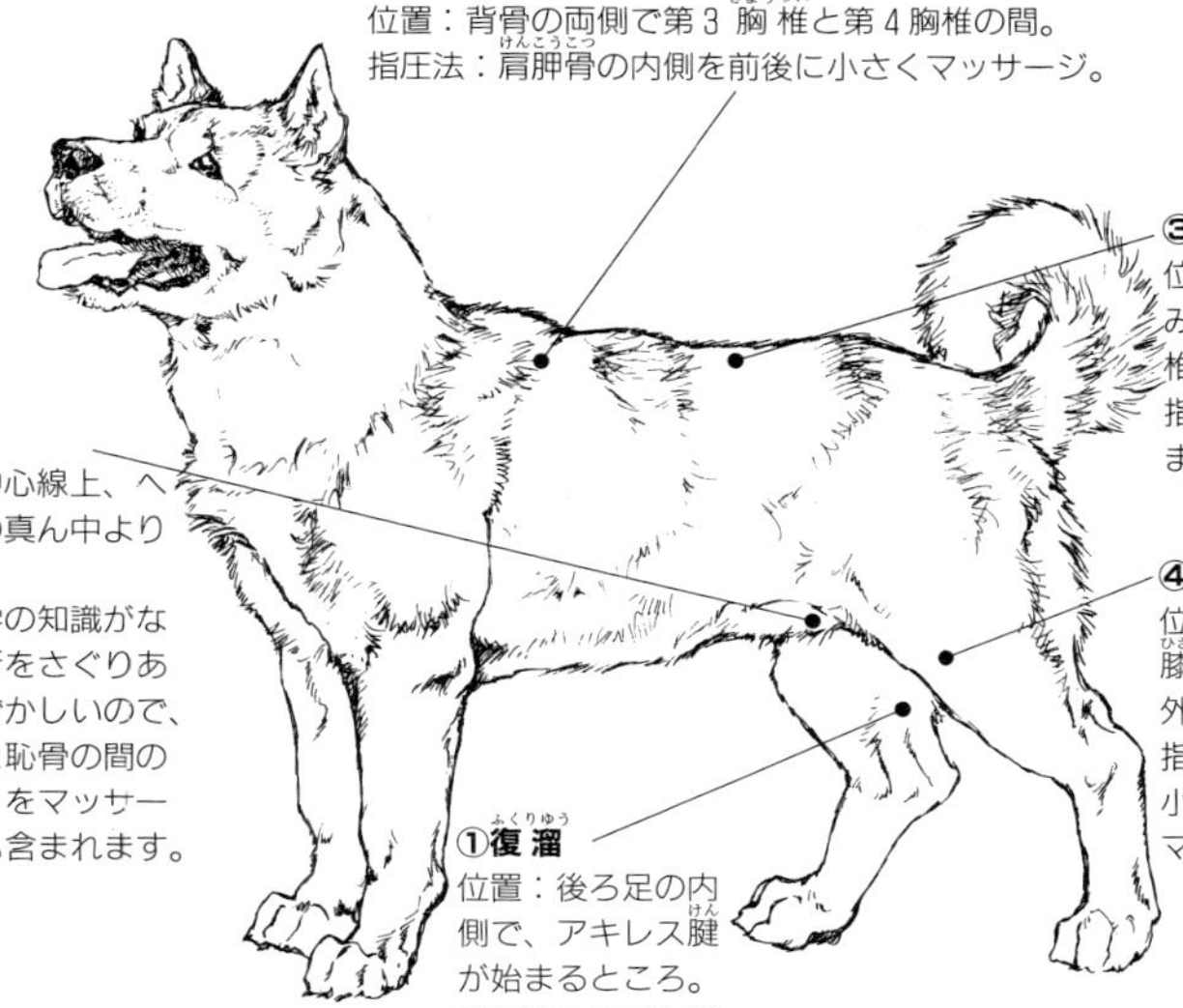
⑤肺兪《はいゆ》
位置：背骨の両側で第3胸椎《きょうつい》と第4胸椎の間。
指圧法：肩甲骨《けんこうこつ》の内側を前後に小さくマッサージ。
③三焦兪《さんしょうゆ》
位置：背骨両側のくぼみ、第1腰椎《ようつい》と第2腰椎の間。
指圧法：ツボを押さえます。
②気海《きかい》
位置：腹部の中心線上、へそと恥骨《ちこつ》の間の真ん中より1センチ上。
指圧法：解剖学の知識がないと正確な場所をさぐりあてることはむずかしいので、だいたいへそと恥骨の間の真ん中3分の1をマッサージすればツボも含まれます。
④足三里《あしさんり》
位置：後ろ足の外側、膝《ひざ》のすぐ下で、脛骨《けいこつ》の外側の筋肉の中央。
指圧法：ここを押すか、小さく円を描くようにマッサージ。
①復溜《ふくりゅう》
位置：後ろ足の内側で、アキレス腱《けん》が始まるところ。
指圧法：ここを10〜30秒間押します。

らだの「気」を強くします。

⑤肺兪《はいゆ》の指圧

背中にあるこのツボは、上半身を強くするツボです。

●食事療法で治す

食べ物は脾臓や腎臓を温めるものがお勧めです。動物性タンパク質は、鶏肉、砂肝《すなぎも》、羊肉、牛肉、マグロ、サケ、イワシから選びます。玄米、トウモロコシ、ジャガイモ、キャベツもよいでしょう。ニンニクもお勧めです。ショウガ、サフラン、ローズマリー、シナモンといったスパイスも「気」と「陽気」を強くするのに役立ちます。「湿」や「寒」をつくり出す豆腐やアワは避けます。

薬草・漢方薬名	効能・作り方
アルファルファ	この西洋のハーブは、たくさんの酵素を含み、消化の「気」と新陳代謝を助ける。食事に少量混ぜる。
ウイキョウ	この西洋の生薬《しょうやく》は腎臓の「陽気」を支え、無気力で停滞している消化器官に活力を与える。2グラムを1カップの水で煎じる。
八味丸《はちみがん》	腎臓を丈夫にして、元気がない、毛のつやが悪い、疲れやすい、寒がるなどの症状を改善する。

甲状腺機能亢進症

猫に多い、下痢と体重減少

●症状の現れ方

猫に多いこの病気は、臓器にある過剰な「熱」が原因で甲状腺《こうじょうせん》機能《きのう》が亢進《こうしん》しすぎて起こります。体温が上がると、心臓の鼓動《こどう》や消化器官を通過する食べ物の速度が速くなります。この状態が起こると、食べ物を消化するひまがないので体重が減ります。いやなにおいのする水っぽい下痢便《げりべん》になり、ときには便に粘液が混じります。胃が活発すぎると嘔吐《おうと》を起こすかもしれません。そうなると猫はもう食欲がまったくなくなるか、反対に異常に貪欲《どんよく》な食欲を示して、食べ物が吸収されないために起こる空腹感をなだめようとすることもあります。

●必ず獣医の受診を

感情的な激昂《げきこう》、とくに怒りや恐怖が、内部に「熱」を生み出して、甲状腺に影響を及ぼす複雑な状況を起こすことがあります。甲状腺はバランスを失いやすく、暑さやこってりした脂肪分の多い食べ物がそれを助長させます。甲状腺機能亢進症は重く深刻な状態で、この本ではとても書き尽くすことはできません。しかも命にかかわる重大な病気ですから、獣医を受診してください。

●食事療法で治す

牛肉、タラ、卵、鶏の砂肝《すなぎも》、玄米、サヤエンドウ、アズキ、ヒラマメ、インゲンマメ、ジャガイモといった食べ物を選びます。とくに患者の猫が興奮して怒りっぽい場合には大麦、アワ、精製されていない小麦粉のパン、セロリ、ホウレンソウなどをあげてください。脂肪分の多いものは体内で分解されにくいので避けましょう。

動物性タンパク質は40％、穀類50％、野菜10％の割合で混ぜてあげます。こういった症状の猫は貪欲に食べる

薬草・漢方薬名	効能・作り方
コンブ	ヨード分を豊富に含むコンブは、甲状腺の腫《は》れを治す。コンブ10グラムを1カップの水に一晩つけておく。少量ずつあげる。
黒豆皮とフスマ	疲労感が激しくみられる場合によい。黒豆の皮3グラム、小麦のフスマ3グラムを1カップの水で煎じる。
柴朴湯《さいぼくとう》	小柴胡湯《しょうさいことう》と半夏厚朴湯《はんげこうぼくとう》という2つの処方を合わせたもので、甲状腺が腫れているときによい。

ことがままあるので、与えられたものを何でも食べるでしょうから、消化がよく、吸収しやすいものをあげてください。歯ごたえのあるものを欲しがったら、割ったせんべいとアワを他の食べ物と混ぜてください。生ものを食べないようだったら、缶詰のキャットフードにせんべいを粉々にしたものを混ぜます。

新陳代謝が狂ったジェリー

ジェリーは黒白の猫で、昔はとてもスリムでした。昨年の夏の暑い盛りに、なにが起こったのか突然、新陳代《しんちんたい》謝《しゃ》機能が狂ってしまったのです。近所に現れてジェリーをいじめる、新しい猫の登場と同じ時期でした。ジェリーは最初怒って抵抗しましたが、新入りの猫にはかなわず、不安で欲求不満になっていきました。新入りの猫が待ち受けているかもしれないので、お気に入りの場所にも行かれないし、ジェリーは不安と恐怖のために心臓の鼓動《こどう》が激しくなりました。

その夏以来、動悸《どうき》は悪化し、胸にさわっただけでもドクドクいうのがわかるくらいでした。ジェリーは抱き上げられるのをいやがるようになり、人の膝《ひざ》にも乗らなくなりました。不安でいつも居心地悪そうにしており、塀《へい》の上で顔を風にふかれているのはがまんできても、日だまりには暑くて座っていられないという状態です。家の中では、暗い衣装ダンスの中や、浴室の冷たいタイルの上にいます。落ち着かないのですが、歩き回るには衰弱しすぎたようです。怒りや恐怖がジェリーの甲状腺のバランスを崩してしまったのです。

分泌腺とガン

長年のバランスのみだれがガンをつくる

●リンパ液の役割

漢方ではリンパ液は体液の一部で、すべての経絡《けいらく》、とくに脾臓《ひぞう》の経絡に導かれているとされています。リンパ液はリンパ節と呼ばれる貯蔵庫にたまり、また、そこを通って出されるのです。からだが炎症や細菌に出会うと、リンパ組織は細胞を回って侵略してくる病原菌と戦います。リンパ組織はからだに残った有毒物質も濾過《ろか》します。

ガンはたまたま起こるというものではありません。からだの抵抗力がどんどん低下していく状態のひとつの形状なのです。ガンが発生するまでには、かなりの期間、腎臓《じんぞう》、脾臓、三焦《さんしょう》、肺、肝臓《かんぞう》を含む免疫組織《めんえきそしき》がバランスを欠いていたはずです。ガンが内臓内に悪性の腫瘍《しゅよう》というかたちで発生すると、エネルギーの流れがせき止められて、その周辺を受け持つ経絡に影響を与えます。ペットが示す唯一の兆候は疲労、慢性の消化不良や呼吸器官の異常、治ってもすぐ腫《は》れてしまうリンパ腺です。

ペットの多くはバランスの欠如の兆候をみせないので、経験豊かな獣医にみてもらわないとわかりません。

●ガン、悪性の腫瘍ともつれた「気」

さまざまな慢性の症状は、「気」のとどこおりが原因で起こることがあります。「気」がもつれると、「血」と「気」を潤滑に流れさせる役目の肝臓に故障が出てきます。結果としてエネルギーあるいは「気」の停滞が悪化して、「血」と粘液をせき止めてしまいます。すると、体液が熱されてプディングのようなもの（漢方では「痰《たん》濁《だく》」という）ができます。こうした状態が進行すると、悪性腫瘍になる場合があるのです。

●ガンとストレス

20世紀になってクローズアップされた健康に関する最大の問題はストレスです。ストレスとは感情的なバランスを欠く怒り、欲求不満、不安などです。これらの感情は肝臓を痛め、「気」の停滞を引き起こします。こうした停滞が、腫瘍をつくることがあります。

どうしてペットにストレスが起こるのでしょうか。簡単にいえば、人間と住まざるをえないからです。ペットにとって飼い主はよい友達であり、リラックスさせてくれ、安らぎと愛を与えてくれる存在なので、飼い主にストレスがあると、ペットにも影響してしまうのです。

犬と猫は、飼い主のストレスをそれぞれ違ったふうに感じています。猫は感情の海綿のようなものです。猫の

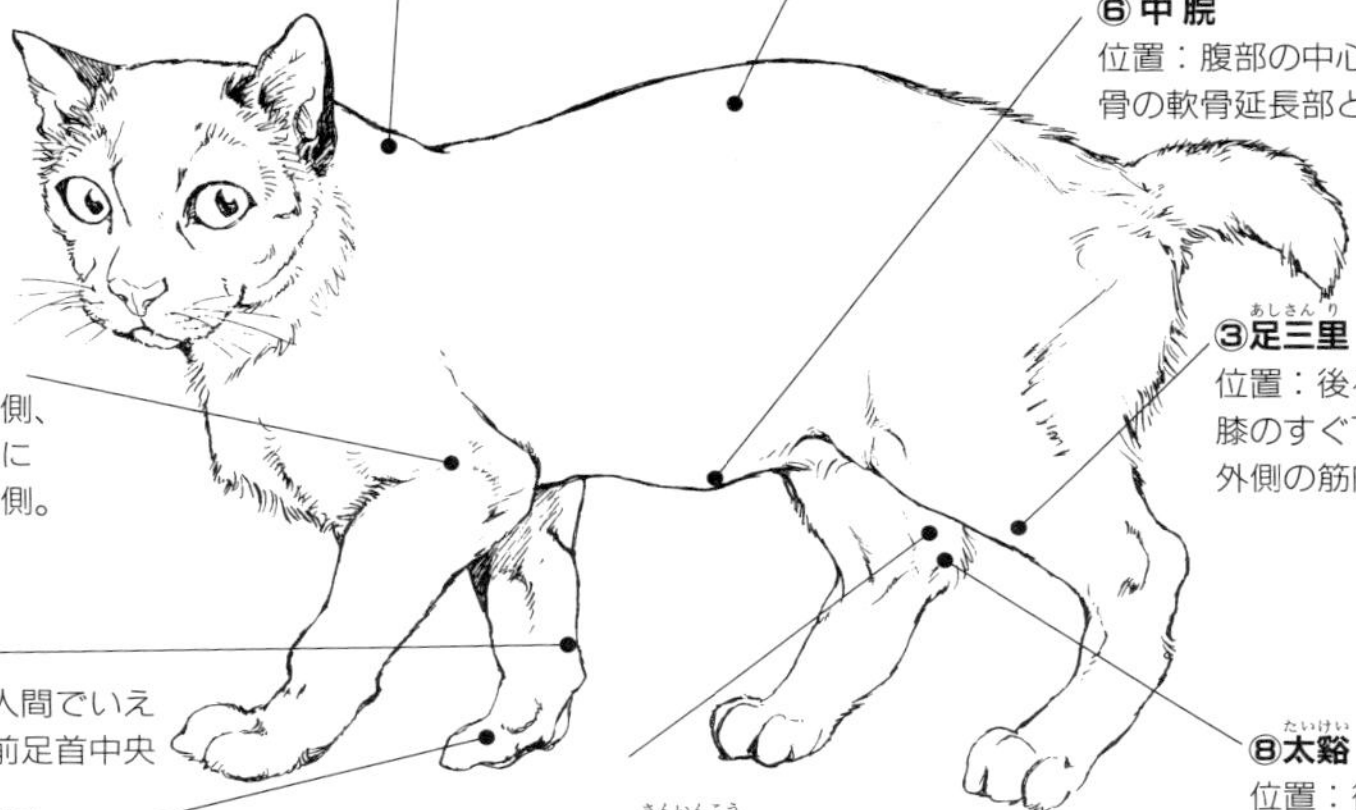
⑦大椎《だいつい》
位置：首の後ろで、最後の頸椎《けいつい》と最初の胸椎《きょうつい》の間。
⑨腎兪《じんゆ》
位置：背骨の両側で２番目と３番目の腰椎《ようつい》の間。
⑥中脘《ちゅうかん》
位置：腹部の中心線上で、胸骨の軟骨延長部とへその間。
②曲池《きょくち》
場所：前足の外側、膝《ひざ》を曲げたときにできるシワの外側。
③足三里《あしさんり》
位置：後ろ足の外側、膝のすぐ下で、脛骨《けいこつ》の外側の筋肉の中央。
⑤内関《ないかん》
位置：前足の、人間でいえば手のひら側、前足首中央のすぐ上。
⑧太谿《たいけい》
位置：後ろ足の内側、足首のすぐ上で、骨の盛り上がったところとアキレス腱の間。
①合谷《ごうこく》
位置：前足の親指と第１指の間の膜にあります。
④三陰交《さんいんこう》
位置：後ろ足の内側、脛骨のすぐ後ろ。いちばん大きな筋肉から伸びたアキレス腱《けん》の始点の下。

飼い主にはよくわかるでしょうが、あなたが感情的になっていると、膝《ひざ》の上で丸くなった猫は、悩みを吸い込んで気分を楽にさせてくれます。犬は飼い主に遊んでくれと騒いだり、そばに寄ってきたりして喧嘩腰《けんかごし》の議論をやめさせたり、悩みから飼い主の目をそらさせようとします。

他のストレスとしては、他のペットがいっしょに住んでいる場合にどうしてもそりの合わないものがいたり、砂箱をいっしょに使わなくてはならなかったり、外で排《はい》泄《せつ》したいのに出してもらえなかったりといったことから起こります。飼い主のスケジュールのために長時間犬を閉じこめたり、ものがこわれないように動きを制限したりということもあるでしょう。十分な運動ができないと、ペットは欲求不満になり、ふだんは行儀のよいペットでもソファやクッションをおもちゃにしたくなるのです。

●健康な免疫組織を管理する

ペットの免疫組織はつねによく管理しておきたいものです。指圧、マッサージ、毎日の運動、よい食事療法、栄養補助食品はその助けになります。毎日ツボ療法をしてあげていれば、異常なしこりや皮膚《ひふ》の盛り上がりなどに早く気づきます。ツボ療法と運動の両方をしていると、「気」のとどこおりを少なくして「血」やリンパ液を潤滑に動かすことができるでしょう。「気」や「血」の循環が十分に行われていればいるほど、しこりや腫れを生じることが少なくなります。

異常なしこりや腫れがあり、そのうえ、行動や食べ物に対する性癖や排泄のくせが変わったり、急激な体重の増減があったら、すぐに獣医の診断をあおがなければなりません。ちょっとした予防は多くの治療にまさります。

●免疫力を高めるツボ療法

ツボのいくつかは白血球や赤血球の生成を増やし、抵抗力を増強することは、よく知られた事実です。

①合谷《ごうこく》の指圧

前足にあるこのツボは、白血球の生成と活動を活発にして有毒物質をきれいにする抵抗力を増大させます。またウイルスによる感染を防ぐのに役立つインターフェロンの生成を促します。

②曲池《きょくち》の指圧

前足にあるこのツボは、合谷と同様、白血球の生成を促し、有毒物質を排除するのに使われます。

③足三里《あしさんり》の指圧

後ろ足にあるこのツボは、からだじゅうの「気」を強め、「衛気《えいき》」を増大させて白血球の生成を刺激します。

④三陰交《さんいんこう》の指圧

後ろ足にあるこのツボは、体液と「血」を増大させます。足にある三陰とは腎臓、脾臓、肝臓の経絡です。「血」は「気」のおおもとですから、「血」を強くし「気」の活動を助けます。

⑤内関《ないかん》の指圧

前足にあるこのツボは、とくに足三里といっしょに使われて白血球の生成を助けます。不安のあまりに起きた吐き気などに効果があります。

⑥中脘《ちゅうかん》の指圧

お腹にあるこのツボは、食べ物から生じる「気」のバランスをとり、胃を丈夫にするツボです。抵抗力を強め、とくに胃腸障害に効果的です。またその周辺のリンパ節の腫れにも役立ちます。

⑦大椎《だいつい》の指圧

首の付け根にあるこのツボは、有毒物質を排除するための白血球の活動を刺激します。また熱を下げ、とくに急性炎症に効果があります。

⑧太谿《たいけい》の指圧

後ろ足にあるこのツボは、免疫組織を調整する腎臓に刺激を与えます。貧血、白血病、骨髄《こつずい》の疾患と脱水症状によく効きます。

⑨腎兪《じんゆ》の指圧

背中にあるこのツボは、腎臓の重要なツボで抵抗力を刺激します。太谿と同様に使います。

・指圧法：これらすべてのツボに使うテクニックはツボを押さえるか小さな円を描くようにして、15秒間を限度として行います。ペットの状態によって、ツボは３つを１回に使います。ペットが衰弱していたら１回の施療は１つのツボにとどめます。

炎症がある場合は、炎症と炎症の間隙《かんげき》をぬって、免疫組織とペット自体を強くするツボを選びます。たとえば、曲池や大椎は「熱」のある「風邪《ふうじゃ》」の場合に、足三里と合谷はその後にからだを強くするために使います。

マッサージの日課とその目的

マッサージをする前にまずお互いに慣れた方法であいさつをします。私の飼っていた猫は尾の手前をなでてもらえるように、尻《しり》を持ち上げるのがあいさつでした。犬によっては頭をなでられるより、胸を軽くたたいてもらうのが好きな場合や、猛烈に頭や耳をなでられるのが好きなものもいます。そしてお互いにリラックスしてからマッサージを始めます。マッサージには次のような目的があります。

①ペットも飼い主も双方リラックスできる特別な時間がもてる。

②血液の循環をよくして、筋肉に活力を与え、筋肉を柔軟にし、からだを健康にする。

③経絡を刺激して、病気を治す。

だんだん慣れてくると、ちょっとした動作や状態に飼い主も敏感になってきます。ペットが寄ってきたときに、柔軟に動いているか、動きがかたいか、ぎこちないといったことに気づきます。からだが片側にかしいでいたら、首か足に問題があります。頭のもたげ方も重要です。それで、楽しそうか、悲しそうか、心配そうかがわかります。こうした観察が早めに病気を食い止める力になるのです。

化学療法や放射線治療のあと

全体のバランスをとることが大事

●症状の現れ方

化学療法や放射線治療を受けたあと、ペットはとても体力を消耗《しょうもう》しています。これらの治療は生命を救っても、免疫《めんえき》組《そ》織《しき》や消化組織を台なしにしてしまうのです。これはとても大事なことなのですが、ガン細胞が縮小あるいは除去されても、根本にある問題はかたづいていないことがあるのです。血管肉腫《けつかんにくしゅ》のために脾臓《ひぞう》を摘出したペットでは、脾臓はもはやないにせよ、脾臓、肝臓《かんぞう》、腎《じん》臓《ぞう》間のバランスの欠如が歴然とある場合があります。このバランスの欠如が治らなければ、ガンはまた他の臓器に再発する可能性があるのです。

ツボ療法や薬草療法は回復途中のペットによい治療法です。①吐き気と食欲不振には内関《ないかん》、②嘔吐《おうと》、腹部のガス、食欲減退、胃の痛みに使う中脘《ちゅうかん》、③下痢《げり》と腹部の膨満感のためには三陰交《さんいんこう》、④エネルギー全般を強くする足三里《あしさんり》などのツボから選んでください。

●自己免疫疾患

自己免疫疾患は動物の免疫組織にひずみが出てくると起こる病気で、自分の健康な細胞を病原菌のようなものと認知してしまう病気です。そのため、免疫組織は自分で自分の細胞を攻撃して破壊してしまうのです。結果的には炎症や痛みが生じてきて、感染症にかかりやすくなってしまいます。

からだが有毒物質として認識するものが実は赤血球だったりするので、ときとして貧血も起こします。血液障害の一例は血小板減少症で、ワイマラナー、ドーベルマン、標準種プードルといった純潔種の犬に起こります。赤血球の障害は動脈出血や貧血を起こします。自己免疫疾患は膠原病《こうげんびょう》のような、関節から関節に移って関節を腫《は》れさせる急激な疾患として起こることもあります。いずれの場合にせよ、疾患はペットのいちばん弱いところに出てきます。といったわけで、漢方では「血」が攻撃の的になったら、底辺にある腎臓、脾臓、肝臓といった「血」に深くかかわる内臓が弱っていると考えます。

④足三里《あしさんり》
位置：後ろ足の外側、膝《ひざ》のすぐ下で、脛骨の外側の筋肉の中央。
指圧法：小さく前後にマッサージします。
①内関《ないかん》
位置：前足の、人間でいえば手のひら側、前足首中央のすぐ上。
②中脘《ちゅうかん》
位置：腹部の中心線上で、胸剣状軟骨《きょうけんじょうなんこつ》とへその間。
③三陰交《さんいんこう》
位置：後ろ足の内側、脛骨《けいこつ》のすぐ後ろ。アキレス腱《けん》の始点のすぐ下。

関節が攻撃の的になったら、障害は必ず腎臓と肝臓にあるのです。皮膚《ひふ》がその的になって潰瘍《かいよう》が生じたなら、腎臓、肺、脾臓のバランスを欠いているということなのです。

薬草・漢方薬名	効能・作り方
冬虫夏草	昆虫の死骸《しがい》に生えたキノコの一種で、ガンに効力があると評判の薬草。最近は粉末のものが健康食品として手に入る。
オタネニンジン	中国や朝鮮半島原産の生薬《しょうやく》で、朝鮮人参と呼ばれているもの。スタミナをつけ、からだを強くする。根３グラムを一カップの熱湯に15分間つける。
補中益気湯《ほちゅうえっきとう》	黄耆と人参という「気」を強くする生薬を含む漢方薬。食欲を増進させ、渇きを減らす。とくに白血病《はっけつびょう》やエイズにかかった猫に効果がある。
十全大補湯《じゅうぜんたいほとう》	術後の回復時によい漢方薬。免疫力を高める効果にすぐれる。
加味帰脾湯《かみきひとう》	リンパ腫や白血病に効果をあげている漢方薬。

猫の白血病と猫のエイズ

免疫組織を強化して対処

●症状の現れ方

白血病《はっけつびょう》とその新しい友達（?）エイズは、どちらの場合もウイルス感染症と同様、かかったペットにはそれだけの弱さや問題があったと考えるべきです。多くのペットがこれらのウイルスにさらされていますが、普通は免疫《めんえき》組織《そしき》が防いでいるのです。つまり、こうしたウイルスに感染してしまうペットは、ストレスや栄養不良、あるいは「先天の元気」が弱いことなどを意味します。

感染してしまったら、最初に起こる激しい発作に耐えられたとしても、免疫組織が損なわれてしまい、他の病原菌に対して戦う力をなくしてしまいます。そこで、免疫組織を強くしていくことが大切になってきます。

●ツボ療法で治す

発作と発作の間に行う免疫組織を強くするツボ療法は、どんな治療を行っている場合にも効果があるものです。白血球の生成を促す指圧のツボ、足三里《あしさんり》、内関《ないかん》は「熱」の間隙《かんげき》をぬって治療するのに最適です。曲池《きょくち》と大椎《だいつい》は解熱に効果的です。発熱はからだを熱することでウイルスをやっつけて追い出そうとする、からだの使う武器なのです。しかし、発熱が長い間続くのは、ウイルスを追い出せるほどにからだが丈夫でなく、それでもやっきになって追い出そうとしているということになります。

三陰交《さんいんこう》、合谷《ごうこく》、太谿《たいけい》、足三里といったツボは体内の「血」や「気」を取り戻すのに役立ちます。免疫組織さえ正常になってくれれば、多くのペットはウイルスが入ってきても長く普通の生活ができるのです。

●食事療法で治す

食事療法は免疫組織を助けるうえでいちばん大切な要素です。人間もペットも食事は便利になりましたが、それは抵抗力を弱らせ、発ガンを促進しているともいえるのです。市販の缶詰やドライフードばかりでは、からだに悪影響が出ることになるかもしれません。免疫組織が弱くなった場合は、よみがえらせるために、新鮮な食べ物が必要になってきます。

まず、ヨーロッパで発ガン物質として知られているBHAなどの保存剤が使われているものは避けます。市販のペットフードだけを使っているなら、精製していない自然な食べ物を加えてください。精製していない穀物はマグネシウムやリンや繊維質のバランスがよくとれた栄養源です。ある漢方医はからだのバランスを取り戻すために五行《ごぎょう》の体系にのっとった穀類をそれぞれ混ぜて食べることを勧めています。よく炊いた玄米、トウモロコシ、大麦、アワ、ライ麦のフレークとカラス麦を同量ずつ混ぜるとよいでしょう。トウモロコシと米は甘く、脾《ひ》臓《ぞう》と胃、大腸と心臓によい食べ物で、ライ麦は苦く、湿気を乾かして、やはり心臓によい食べ物です。大麦とアワは「熱」を冷まし、塩と甘みの両方があり、腎臓《じんぞう》と胃を丈夫にします。カラス麦はからだを温め、甘く、脾臓、胃、心臓と「気」一般によいのです。精製されていない小麦を加えて肝臓《かんぞう》に栄養を与えます。

　野菜は煮たものも生のものもよく、ミネラルや葉緑素に富み、体液を支える性質があります。ニンジン、ブロッコリー、菜っ葉、キャベツ、サツマイモは抵抗力が落ちたペットには最良です。

　新鮮な魚、とくにイワシは必須脂肪酸のよい供給源で、タンパク源としてもお勧めです。肉もできれば餌《えさ》にホルモン剤、抗生物質などを使っていないものから選びます。筋肉を育《はぐく》み、「気」と「血」を支えます。肉類は化学療法や放射線治療を受けたペットにはとくに大切です。肉や骨でとっただしやスープは消化がとてもよいのです。

　体重が十分ある犬には少量の肉と多量の野菜が勧められます。タンパク質をヒラマメやアズキなどの豆類から補うと、繊維質と野菜の複合タンパク質を摂取できることになります。猫は犬よりも肉類が必要で、野菜中心の食事療法は勧められません。しかし、肉の量を多少減らすほうが結果的にはよいのです。

　とくに内臓に問題がある場合には、それぞれの内臓に関係した食事療法を参照してください。

　最後に、もっとも大切なのは毎回の食事と治療に愛情をもって接することです。ペットに本当に気にかけているのだということを示してやってください。治そうという意気込みが、その回復に大切な役目を果たします。

　ペットは私たちにたくさんのものを与えてくれるのに、ほんの少しの見返りしか望みません。私たちは動物たちが人間社会になじむことを当然と思っていますが、それはペットにとってうれしくもなければ、よいことでもないのです。健康なときも病気のときも、できるだけのことをしてやるのがせめてもの、私たちのペットに対する思いやりではないでしょうか。

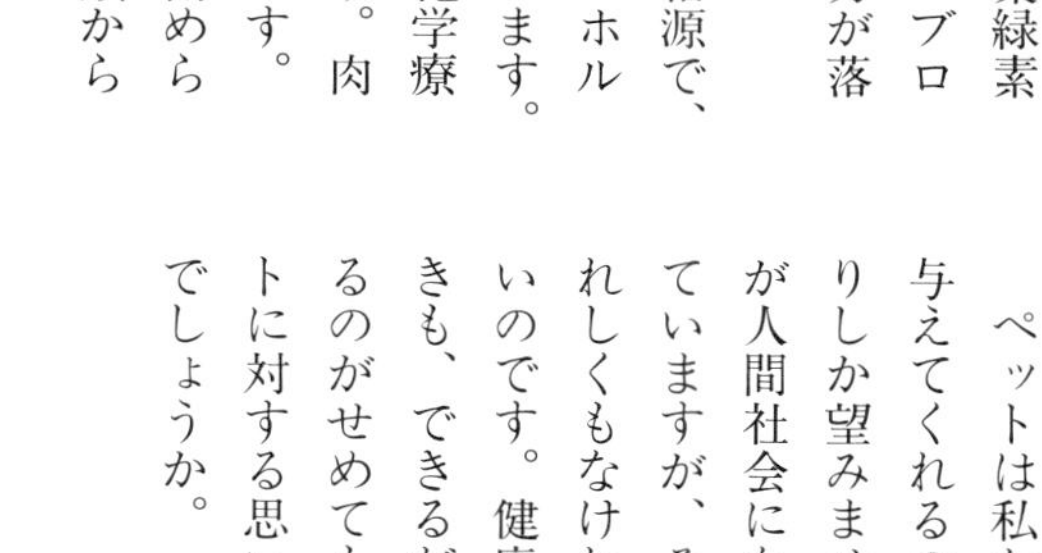

イラスト　宮内環
写真　UFP写真事務所
©artlist／amanaimages
（カバー写真：柴犬）
編集協力　渡辺南都子（翻訳）
校正　株式会社円水社
装丁　サイクルデザイン
編集　内田 威
江川企画（江川全喜）

※本書は『犬・猫に効く指圧と漢方薬』（1999年小社刊）を加筆・修正し、再構成したものです。

指圧と漢方でみるみる元気になる
決定版 犬・猫に効く
ツボ・マッサージ

発行日　2011年9月5日　初版第1刷発行
2024年2月10日　第6刷発行

著者　シェリル・シュワルツ
監修　根本幸夫
翻訳　山本美那子、園部智子
発行者　竹間 勉
発行　株式会社世界文化ブックス
発行・発売　株式会社世界文化社
〒102-8195
東京都千代田区九段北4-2-29
電話　03-3262-5118（編集部）
03-3262-5115（販売部）
印刷・製本　中央精版印刷株式会社

ISBN 978-4-418-11414-6